21世纪高等院校计算机网络工程专业规划教材

计算机网络管理

肖刚强 主 编

张晓艳 王艳娟 副主编

清华大学出版社

北京

内 容 简 介

本书在简单介绍计算机网络知识的基础上,全面介绍网络管理的基本概念、网络管理的体系结构、简单网络管理协议 SNMP 操作原理和网络信息库以及远程监视器 RMON 等,同时也介绍了 Windows Server 2003 操作平台工具。

全书分为 6 章,第 1 章复习了计算机网络基础知识;第 2 章主要讲述网络管理概论;第 3～5 章分别介绍管理信息库 MIB、简单网络管理协议 SNMP 和远程监视器 RMON 的基本原理;第 6 章讨论了如何规划部署 Windows Server 2003,详细介绍了其安装方法和具体配置。同时,每一章节都附有大量的应用实例以及习题。

本书结构清晰、语言简练、循序渐进、通俗易懂。

本书可以作为大专院校计算机网络工程专业、软件工程专业学生的教材,也可供广大工程技术人员自学参考。

图书在版编目(CIP)数据

计算机网络管理/肖刚强主编. —北京:清华大学出版社,2011.10
(21 世纪高等院校计算机网络工程专业规划教材)
ISBN 978-7-302-25714-1

Ⅰ. ①计…　Ⅱ. ①肖…　Ⅲ. ①计算机网络—管理　Ⅳ. ①TP393.07

中国版本图书馆 CIP 数据核字(2011)第 106844 号

责任编辑:魏江江　李玮琪
责任校对:时翠兰
责任印制:何　芊

出版发行:清华大学出版社　　　　　　　　地　　　址:北京清华大学学研大厦 A 座
　　　　　http://www.tup.com.cn　　　　邮　　　编:100084
　　　　　社　总　机:010-62770175　　　邮　　　购:010-62786544
　　　　　投稿与读者服务:010-62795954,jsjjc@tup.tsinghua.edu.cn
　　　　　质　量　反　馈:010-62772015,zhiliang@tup.tsinghua.edu.cn
印　刷　者:北京富博印刷有限公司
装　订　者:北京市密云县京文制本装订厂
经　　销:全国新华书店
开　　本:185×260　印　张:14.75　字　数:367 千字
版　　次:2011 年 10 月第 1 版　　印　　次:2011 年 10 月第 1 次印刷
印　　数:1～3000
定　　价:25.00 元

产品编号:038917-01

前　言

随着信息技术的飞速发展,尤其是计算机网络的发展、普及,网络管理越来越重要。计算机网络的应用规模呈几何级数增长,硬件平台、操作系统和应用软件已变得越来越复杂,大的、复杂的、由异构设备组成的计算机网络靠人工是难以统一管理的。这就需要功能强大的管理工具和有效的管理技术。如何更有效地利用 IT 资源,实现稳定的网络支持和网络效益一直是管理者们倍感棘手的问题。为了保持和增加网络的可用性,减少故障的发生,人们亟须对网络本身进行管理。

正是在这种背景下,我校于 2004 年开设了计算机网络管理课程。根据多年的教学经验并结合学生的特点和需求,编写了《计算机网络管理》教材。该教材主要讲述基于 SNMP 的计算机网络管理的相关知识,同时也简单介绍了目前流行的网络管理系统状况及安装、配置和使用方法等。

《计算机网络管理》是大连交通大学计算机网络工程、软件工程专业学生的必修课程之一。本书由浅入深地介绍了计算机网络管理的相关知识,充分考虑应用性本科学生培养目标和教学特点,注重基本概念的同时,重点介绍实用性较强的内容。

本书参考了清华大学、大连理工大学、全国自学考试指导委员会等多所院校及机构应用多年的教材内容,结合作者本校学生的实际情况和教学经验,有取舍地改编和扩充了原教材的内容,使本书更适合于作者本校本科学生的特点,具有更好的实用性和扩展性。

本书共分 6 章,全面、系统、深入地讲解了计算机网络基础知识、计算机网络管理概论、管理信息库 MIB、简单网络管理协议 SNMP 和远程监视器 RMON 的基本原理,最后讨论了如何规划部署 Windows Server 2003,详细介绍了其安装方法和具体配置。同时,每一章节都附有大量的应用实例及习题。其中,第 1 章、第 5 章、第 6 章由肖刚强编写,第 2 章、第 3 章由张晓艳编写,第 4 章由王艳娟编写。

本书在编写过程中力求符号统一,图表准确,语言通俗,结构清晰。

本书既可以作为大专院校计算机网络工程专业、软件工程专业学生的教材,也可供广大工程技术人员自学参考。

肖刚强

2011 年春于大连

目　　录

第 1 章　　计算机网络基础

当前,因特网已经渗透到人们的日常生活、工作、学习和娱乐当中,目前世界上已有近200个国家和地区介入因特网,拥有2亿多个用户。在我国,因特网也得到了飞速发展,覆盖了全国各省市。本章主要回顾计算机网络的基础知识。

1.1　计算机网络产生及发展

1.1.1　计算机网络的产生

计算机网络涉及通信与计算机两个领域,它们的相互结合主要有两个方面:一方面,通信网络为计算机之间的数据传递和交换提供了必要的手段;另一方面,数字计算机技术的发展渗透到通信技术中,又促进了通信网络的发展,提高了通信网络的各种性能。下面就几个方面介绍计算机网络的产生。

1. 具有远程通信功能的单机系统

这种系统实际上就像早年的远程多用户系统,即在计算机内增加一个通信装置,使主机具备通信功能。将远程用户的输入输出装置通过通信线路与计算机的通信装置相连。这样,用户就可以在远程终端上输入自己的程序和数据,再由主机进行处理,处理结果通过主机的通信装置,经由通信线路返回给用户终端,如图1-1所示。

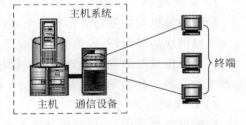

图 1-1　具有远程通信功能的单机系统

2. 具有远程通信功能的多机系统

为了提高主机的使用效率,在主机前设置一台通信处理机,专门负责与终端的通信工作。同时,可以协助主机对信息进行预处理,这样就显著地提高了单机系统中主机进行数据处理的效率。在用户终端较集中的区域设置集中器,大量终端先通过低速线路连到集中器上,由集中器按照某种策略分别响应各个终端,并把终端送来的信息按一定格式汇集起来,再通过高速传输线路一起送给前端处理机进行预处理,如图1-2所示。

3. 具有统一体系结构、国际化标准协议的计算机网络系统

将分布在不同地理位置上的、具有独立功能的计算机及其外部设备,通过通信线路和通信设备连接起来,在网络操作系统的管理下,按照约定通信协议进行信息交换,以实现硬件和软件资源共享的系统称为计算机网络系统,如图1-3所示。

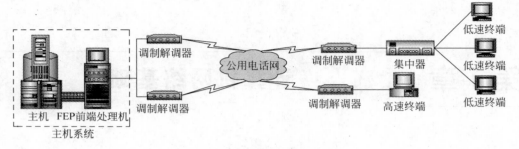

图 1-2 具有远程通信功能的多机系统

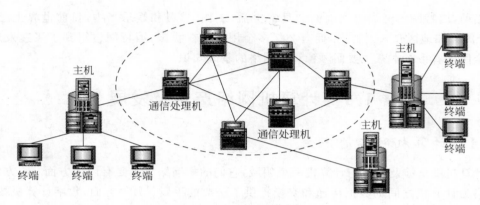

图 1-3 计算机网络系统

1.1.2 计算机网络的发展

计算机网络从无到有从小到大经历了几个阶段,即局域网、广域网、互联网。

1. 局域网

局域计算机网络是指分布于一个部门、一个校园或一栋楼内局部区域的计算机网络,简称为局域网或局部网,一般覆盖距离在 1 平方公里内。

一个单位或部门拥有的计算机数量越来越多,共享资源、互联通信的要求促使了局域网的诞生和发展。典型局域网有 Ethernet 等。

2. 广域网

广域网络覆盖面大,通常跨越许多地区、整个国家乃至更大的区域。广域网的发展是以美国国防部的 ARPANET 为基础的。

早期的公用数据网采用的是模拟通信电话网,进而发展成为新型的数字通信公用数据网。典型的公用数据网有美国的 Telenet 网等,我国也于 1993 年和 1996 年分别开通了公用数据网 ChinaPAC 和 ChinaDDN。

3. 互联网

由于 ARPANET 使用的 TCP/IP 是一个适用于异构网接入的协议簇,因此,它开创了网络的一个新纪元,ARPANET 成为互联网(Internet)的主干网。

美国国家科学基金会于 1986 年建成了基于 TCP/IP 的国家科学基金网 NSFNET。NSFNET 也和 ARPANET 相连,并逐步成为 Internet 的主干网。

ANS 公司于 1993 年建造了一个速率为 45Mbps 的主干网 ANSNET,以取代速率只有 1.544Mbps 的 NSFNET。1996 年主干网速率已提升到 155Mbps,目前,因特网的一些主干网速率已提升到 10Gbps,部分实验线路速率已超过 100Gbps。

1.1.3 计算机网络的发展趋势

1. 开放性方向发展

计算机网络系统开放性的体现是基于统一网络通信体系结构协议标准的互联网结构,而统一网络分层体系结构标准是互联异种机或者异构网的基本条件。标准化始终是发展计算机网络开放性的一项基本措施。

这种全球开放性必然引起网络系统容量需求的极大增长,从而推动计算机网络系统向广域、宽带、高速、大容量方向发展。21 世纪的计算机网络将是不断融入各种新信息技术,进一步面向全球开放的广域、宽带、高速网络。

2. 一体化方向发展

"一体化"是一个系统优化的概念,其基本含义是:从系统整体性出发,对系统进行重新设计、构建,以达到进一步增强系统功能,提高系统性能,降低系统成本和方便系统使用的目的。

目前计算机网络系统的这种一体化发展方向正沿着两条不同的基本路径展开。

一是重新安排网络系统内部元素的分工协同关系,例如客户机/服务器结构、各种专用浏览器、"瘦客户机"、网络计算机、无盘工作站等,被设得更专门化、更高效。

二是基于虚拟技术,通过硬件的重新组织和软件的重新包装所构成的各种网络虚拟系统。

3. 多媒体网络方向发展

多媒体技术与计算机网络的融合是必然的趋势。目前,多媒体处理控制技术的蓬勃发展,为多媒体计算机网络的形成和发展提供了有力的技术支持。电信网、电视网和计算机网的"三网合一"也在更高层次上体现了多媒体计算机网络系统的发展趋势。21 世纪的计算机网络必定是融合包括电信、电视等更广泛功能,渗入到千千万万家庭的多媒体计算机网络。

4. 高效、安全的网络管理方向发展

由于计算机网络是这样一个复杂的大系统,如果没有有效的管理方法、管理体制和管理系统的支撑与配合,很难使它维持正常的运行,保证其功能和性能的实现。计算机网络管理的基本任务包括系统配置管理、故障管理、性能管理、安全管理和计费管理等几个主要方面。

网络管理系统已成为计算机网络系统中不可分割的一部分。当前网络管理应着眼于网络系统整体功能和性能的管理,趋于采用适应大系统特点的集中与分布相结合的管理体制。网络系统的高效管理,特别是网络系统的安全管理,显得尤为重要。21 世纪的计算机网络应该是更加高效管理和更加安全可靠的网络。

5. 智能化网络方向发展

人工智能技术在传统计算机基础上进一步模拟人脑的思维活动能力,包括对信息进行分析、归纳、推理、学习等更高级的信息处理能力。在现代社会信息化的过程中,人工智能技术与计算机网络技术的结合与融合,构成了具有更多思维能力的智能计算机网络,也是综合

信息技术的必然发展趋势。21 世纪的计算机网络将是人工智能技术和计算机网络技术更进一步融合的网络系统，它将使社会信息网络更加有序化，更加智能化。

1.1.4　计算机网络对社会信息化发展的影响

基于计算机网络的各种网络应用，信息系统由于其技术综合性和功能社会性正以不可抗拒之势渗入到工业、农业、科技、军事、金融、商贸和教育等各行各业以及人们生活的各个方面，正在深刻地影响和改变着人类社会传统的生产、工作和生活方式。

1. 管理信息化

管理信息系统 MIS、办公自动化 OA 及决策支持系统 DSS 的应用，将推动一切企事业单位管理的信息化、科学化，提高管理的有效性。这也是社会信息化的基础。

2. 企业生产自动化

计算机集成制造系统 CIMS 的应用，是把企业生产管理、生产过程自动化管理及企业 MIS 系统统一在计算机网络平台上，推动了企业生产和管理的自动化进程，提高了生产效率，降低了生产成本，增加了企业效益。企业成为"社会的细胞"，企业信息化也是社会信息的重要一环。

3. 商贸电子化

电子商务、电子数据交换 EDI 等网络应用把商店、银行、运输、海关、保险以至工厂、仓库等各个部门联系起来，实行无纸、无票据的电子贸易。它可提高商贸特别是国际商贸的流通速度，降低成本，减少差错，方便客户和提高商业竞争能力，也是全球化经济的体现，是构造全球信息社会不可缺少的纽带。

4. 公众生活服务信息化

公众生活服务信息化体现在：与电子商务有关的网上购物服务；基于信息检索服务 IRS 的各种生活信息服务，如天气预报信息等；基于联机事物处理系统 TPS 的各种事物性公共服务，如飞机、火车联网订票系统等；各种方便、快捷、价廉的网络通信服务，如网络电子邮件等；网上广播、电视服务，如网上新闻组等。

5. 军事指挥自动化

基于 C4I 的网络应用系统，把军事情报采集、目标定位、武器控制、战地通信和指挥员决策等环节在计算机网络基础上联系起来，形成各种高速高效的指挥自动化系统，是现代战争和军队现代化不可少的技术支柱。这种系统在公安武警、交警、火警等指挥调度系统中也有广泛应用。

6. 网络协同工作

基于计算机支持合作工作 CSCW 系统的各种分布式环境协同工作的网络应用，如合作医疗系统、合作著作系统、合作科学研究、合作软件开发以及合作会议、合作办公等，不仅有利于提高工作效率、工作质量，还能大量减少人和物的流动，减少交通能源的压力。

7. 教育现代化

计算机辅助教育系统 CAES 实际上也是一种基于计算机网络的现代教育系统，它更能适应信息社会对教育高效率、高质量、多学制、多学科、个别化、终身化的要求，因此，有人把它看做教育领域中的信息革命或科教兴国的重要措施。

8. 政府上网和电子政府

政府上网可以及时发布政府信息和接收处理公众反馈的信息,增强人民群众与政府领导之间的直接联系和对话,有利于提高政府机关的办事效率,提高透明度与领导决策的准确性,有利于廉政建设和社会民主建设。政府还是直接领导和规划社会信息化的权利机构。政府上网使政府领导和干部直接置身于信息化的网络环境中,感受社会信息化进程的脉搏,了解社会信息化的问题,对于领导好社会信息化建设也具有特殊的意义。

9. 网络安全

计算机犯罪正在引起社会的普遍关注,而计算机网络是攻击的重点。计算机犯罪是一种高技术型犯罪,由于其犯罪的隐蔽性,对计算机网络安全构成了巨大的威胁。国际上计算机犯罪正在以 100% 的速度增长,Internet 上的"黑客"攻击事件则以每年 10 倍的速度在增长,计算机病毒从 1986 年发现首例以来,10 年间正以几何级数增长,现已有 2 万多种病毒,给计算机网络带来了很大的威胁。因此,网络安全问题已引起了人们普遍的重视。

1.1.5 我国计算机网络的发展

1. 我国公用网的初步建立

1) 中国公用分组交换数据网(ChinaPAC)

1989 年 11 月通过试运行和验收,开始有 3 个分组节点(北京、上海、广州)和 8 个集中器。在北京、上海设有国际出入口。

2) 中国数字数据网(ChinaDDN)

它是我国的高速信息国道,是利用光纤(包括数字微波和卫星)数字电路传输和数字交叉复用节点组成的数字数据传输网。目前 DDN 可达最高传输速率为 150Mbps,用户速率可达 2Mbps。

2. 大型国有企业、机关专用计算机网络的建立

我国较早在铁道部建立了自己的专用计算机网络,在 20 世纪 80 年代后期,还有一些国民经济的重要部门,如银行、民航、海关、证券、卫生等部门也建立了自己的计算机网络,如以北京的海关总署为中心连接全国 39 个海关的数据网、上海的万国证券公司的全国资金清算网络系统、全国民航的订票系统、全国工商银行联网的 OA 系统等,它们采用了各种先进的网络技术和通信技术,为我国网络通信技术的发展开创了一个极好的机遇。

3. 中小型企业、机关局域网的建立

除了上述远程广域网外,20 世纪 80 年代,PC 的发展带动了局域网的大力发展。国内许多中小型单位、企业机关、大学、研究院都陆续安装了大量的局域网。局域网的价格便宜,所有权和使用权都属于本单位,便于开发、管理和维护,同时技术比较简单,便于人们理解和接受,所以发展很快。我国广大的公职人员、工程技术人员、产业工人等成为计算机网络的用户,计算机局域网的普及和应用在我国得到了迅速发展。

4. 我国"三金"工程的建成

国务院直接组织的"三金"工程,于 1993 年下半年开始启动。"三金"工程指"金桥"、"金卡"和"金关"工程。"金桥"工程就是要建设我国社会经济信息平台。"金桥"工程是"三金"工程的基础。"金卡"工程是指电子货币工程,是银行信用卡支付系统工程。它是金融电子化和商业流通现代化的重要组成部分,将与银行、内贸等部门紧密配合实施。"金关"工程

指国家对外经济贸易信息网工程,当前主要推广电子数据交换,实现无纸贸易。

5. 我国 Internet 的建立

目前,我国有可以与因特网互联的 8 个全国范围的主要互联网,它们是中国公用计算机互联网 ChinaNET、中国教育和科研计算机网 CERNET、中国科学技术网 CSTNET、中国网通公用互联网(网通控股)CNCNET、中国联通互联网 UNINET、宽带中国 China169 网(网通集团)、中国国际经济贸易互联网 CIETNET 和中国移动互联网 CMNET。

1.2 计算机网络的定义和组成

1. 计算机网络的定义

计算机网络的定义有很多说法,基本上是大同小异。一种说法是:计算机网络是计算机技术与通信技术相结合的产物,是独立式计算机相互连接的集合。独立式意味着每台连网的计算机是完整的计算机系统,可以独立运行用户的作业;相互连接意味着两台计算机之间能够相互交换信息。

另一种更详细的定义,即:"计算机网络是用通信线路和网络连接设备将分布在不同地点的多台独立式计算机系统互相连接,按照网络协议进行数据通信,实现资源共享,为网络用户提供各种应用服务的信息系统。"其实,无论怎样定义,都离不开独立资源计算机、通信线路和资源共享这三个要素。

2. 计算机网络的基本组成

1) 计算机网络硬件系统

计算机网络硬件系统包括主计算机、终端、集中器、前端处理机、通信处理机、通信控制器、线路控制器等。

2) 计算机网络软件系统

计算机网络软件系统包括网络操作系统、网络通信软件、网络协议和协议软件、网络管理软件、网络应用软件等。

3. 通信子网与资源子网

资源子网专门负责全网的信息处理任务,以实现最大限度地共享全网资源的目标。资源子网包括主机及其他信息资源设备。

通信子网是计算机网络中负责数据通信的部分,传输介质可以是架空明线、双绞线、同轴电缆、光纤等有线通信线路,也可以是微波、通信卫星等无线通信线路。

1) 资源子网

用户子网的组成部分如下。

(1) 主计算机。

(2) 终端。

(3) 通信控制设备。

2) 通信子网

(1) 两种类型的通信子网:点对点通信子网、广播式通信子网。

(2) 通信子网的三种组织形式:结合型、专用型、公用型。

(3) 节点处理机:节点处理机也称为通信处理机或前端处理机,是一种专用计算机,一般由小型机或微型机配置通信控制硬件和软件组成。主要完成以下三个功能:网络接口功能、存储/转发功能、网络控制功能。

(4) 通信线路：通信线路用来连接上述组成部件，可以是有线通道，也可以是无线通道。

1.3 计算机网络的分类

1.3.1 计算机网络的不同分类

(1) 按网络的拓扑结构可分为集中式网络、分散式网络、分布式网络。

(2) 按网络的交换方式可分为电路交换网、信息交换网、分组交换网、帧交换网、信元交换网(即 ATM 网)。

(3) 按传输媒体可分为细缆网、双绞线网、光纤网、卫星网、无线网。

(4) 按使用单位或性质可分为企业网、校园网、政府网、教育科研网。

(5) 按应用性质可分为证券业务网、新闻综合业务网、多媒体公用信息网。

(6) 按网络操作系统可分为 NetWare 网、Windows NT 网、LAN Manager 网。

(7) 按生产厂家可分为 Novell 网、IBM Token-Ring 网、3Com Ethernet 网。

(8) 按网络的控制方式可分为集中式网络、分布式网络。

(9) 按网络协议可分为 TCP/IP 网、X.25 网、ATM 网、FDDI 网。

(10) 按网络的传输带宽可分为窄带网、宽带网。

(11) 按普及程度可分为专用网络、公众网络。

1.3.2 根据网络的传输技术进行分类

1. 广播式网络

在广播式网络中，所有联网计算机都共享一个公共通信信道。当一台计算机利用共享通信信道发送报文分组时，所有其他的计算机都会"接收"到这个分组。由于发送的分组中带有目的地址与源地址，接收到该分组的计算机将检查目的地址是否与本节点地址相同。如果被接收报文分组的目的地址与本节点地址相同，则接收该分组，否则丢弃该分组。

2. 点到点式网络

与广播式网络相反，在点到点式网络中，每条物理线路连接一对计算机。假如两台计算机之间没有直接连接的线路，那么它们之间的分组传输就要通过中间节点的接收、存储、转发，直至目的节点。由于连接多台计算机之间的线路结构可能是复杂的，因此从源节点到目的节点可能存在多条路由。决定分组从通信子网的源节点到达目的节点的路由需要有路由选择算法。采用分组存储转发与路由选择是点到点式网络与广播式网络的重要区别之一。

1.3.3 根据网络的覆盖范围进行分类

1. 局域网

局域网(LAN)用于将有限范围内(如一个实验室、一幢大楼、一个校园)的各种计算机、终端与外部设备互连成网。局域网按照采用的技术、应用范围和协议标准的不同可以分为共享局域网与交换局域网。局域网技术发展迅速，应用日益广泛，是计算机网络中最活跃的领域之一。

计算机网络基础

2. 城域网

城市地区网络常简称为城域网(MAN)。城域网是介于广域网与局域网之间的一种高速网络。城域网设计的目标是要满足几十公里范围内的大量企业、机关、公司的多个局域网互联的需求,以实现大量用户之间的数据、语音、图形与视频等多种信息的传输功能。

3. 广域网

广域网(WAN)也称为远程网。它所覆盖的地理范围从几十公里到几千公里。广域网覆盖一个国家、地区,或横跨几个洲,形成国际性的远程网络。广域网的通信子网主要使用分组交换技术。广域网的通信子网可以利用公用分组交换网、卫星通信网和无线分组交换网,它将分布在不同地区的计算机系统互连起来,达到资源共享的目的。

1.4 计算机网络的功能和应用

1.4.1 计算机网络的功能

1. 通信功能

通信功能是计算机网络最基本的功能,且通信功能还是计算机网络其他各种功能的基础。所以,通信功能是计算机网络最重要的功能。

2. 资源共享

计算机资源主要指计算机硬件资源、软件资源和数据资源,所以计算机网络中的资源共享包括硬件资源共享、软件资源共享和数据资源共享。

总之,通过资源共享,大大地提高了系统资源利用率,使系统的整体性能价格比得到改善。

3. 提高系统的可靠性

在一个系统中,当某台计算机、某个部件或某个程序出现故障时,必须通过替换资源的办法来维持系统的继续运行,以避免系统瘫痪。而在计算机网络中,各台计算机可彼此互为后备机,每一种资源都可以在两台或多台计算机上进行备份。这样当某台计算机、某个部件或某个程序出现故障时,其任务就可以由其他计算机或其他备份的资源所代替,避免了系统瘫痪,提高了系统的可靠性。

4. 网络分布式处理与均衡负载

所谓网络分布式处理,是指把同一任务分配到网络中地理上分布的结点机上协同完成。通常,对于复杂的、综合性的大型任务,可以采用合适的算法,将任务分散到网络中不同的计算机上去执行。另一方面,当网络中某台计算机、某个部件或某个程序负担过重时,通过网络操作系统的合理调度,可将其任务的一部分转交给其他较为空闲的计算机或资源去完成。

5. 分散数据的综合处理

网络系统还可以有效地将分散在网络各计算机中的数据资料信息收集起来,从而达到对分散的数据资料进行综合分析处理,并把正确的分析结果反馈给各相关用户的目的。

1.4.2 计算机网络的应用

综上所述,计算机网络具有数据通信、资源共享、提高系统可靠性和均衡负载等诸多功能。因此,计算机网络自 20 世纪 60 年代末诞生以来,仅几十年时间,就以异常迅猛的速度发展起来,并在工业、农业、商业、交通运输、文化教育、国防军事以及科学研究等领域获得越来越广泛的应用。

1.5　计算机网络的拓扑结构

1. 计算机网络拓扑的概念

拓扑学是几何学的一个分支,它是从图论演变过来的。拓扑学首先把实体抽象成与其大小、形状无关的点,将连接实体的线路抽象成线,进而研究点、线、面之间的关系。计算机网络拓扑通过网中节点与通信线路之间的几何关系表示网络结构,反映出网络中各实体间的结构关系。拓扑设计是建设计算机网络的首步,也是实现各种网络协议的基础,它对网络性能、系统可靠性与通信费用都有重大影响。计算机网络拓扑主要是指通信子网的拓扑构型。

2. 网络拓扑分类方法

网络拓扑可以根据通信子网中通信信道类型分为两类:点到点线路通信子网的拓扑和广播信道通信子网的拓扑。

在采用点对点线路的通信子网中,每条物理线路连接一对节点。采用点到点线路的通信子网的基本拓扑构型有五类:环型、星型、树型、总线型和网状型,如图 1-4 所示。

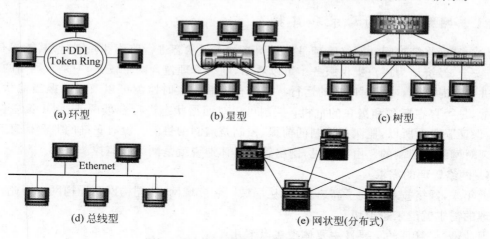

(a) 环型　　　(b) 星型　　　(c) 树型

(d) 总线型　　　(e) 网状型(分布式)

图 1-4　计算机网络拓扑结构(点到点)

1.6　习　　题

1. 计算机网络的发展可划分为几个阶段? 每个阶段各有何特点?
2. 计算机网络可从哪几个方面进行分类?
3. 局域网、城域网与广域网的主要特征是什么?
4. 通信子网与资源子网各有哪些功能?
5. 常见的计算机网络拓扑有几种? 各有什么特点?

第2章 | 网络管理概述

随着信息技术的飞速发展,尤其是计算机网络的发展、普及,网络管理越来越重要。计算机网络的应用规模呈爆炸式增长,硬件平台、操作系统和应用软件已变得越来越复杂,大的、复杂的、由异构设备组成的计算机网络靠人工是难以统一管理的。这就需要功能强大的管理工具和有效的管理技术。如何更有效地利用 IT 资源,实现稳定的网络支持和网络效益一直是管理者们倍感棘手的问题。为了保持和增加网络的可用性,减少故障的发生,人们亟须对网络本身进行管理。本章主要讲述网络管理的基础知识,包括网络管理和 OSI 系统管理的基本概念,同时也简单介绍目前流行的网络管理系统。

2.1 网络管理的基本概念

2.1.1 网络管理的需求和目标

什么是网络管理呢? 网络管理是指对网络的运行状态进行监测和控制,使其能够有效、可靠、安全、经济地为用户提供服务。可以看出,网络管理包含两个任务,一是对网络的运行状态进行实时监测,二是对网络的运行状态进行控制。实时监测可以及时掌握当前状态是否正常,是否存在瓶颈和潜在的危机;控制可以对网络状态进行合理调节,纠正偏差,提高性能,保证服务。所以,监测是控制的前提,控制是监测的目的。没有正确的监测信息,是无法实现对网络的控制的。由此可见,网络管理具体地说就是网络的监控。

1. 网络管理的需求

近年来,网络技术得到了高速发展,从局域网到广域网,从同构网到异构网。因此,对网络管理的需求就越来越迫切。

因此,网络管理的重要性主要体现在以下几点。

(1) 用户对网络的依赖程度越来越高。

(2) 用户对网络应用的需求不断提高。

(3) 用户对网络性能、运行状况及安全性越来越重视。

第一,网络设备的复杂化使网络管理变得更加必要。网络设备复杂化有两个含义,一是功能复杂;二是生产厂商众多,产品规格不统一。这种复杂性使得网络管理无法用传统的手工方式完成,必须采用先进有效的自动管理手段。

第二,网络运营商的经济效益越来越依赖先进的网络管理。现代网络已经成为一个极其庞大而复杂的系统,它的运营、管理、维护和开通(OAM&P)越来越成为一个专门的学科。如果没有一个有力的网络管理系统作为支撑,就难以在网络运营中有效地疏通业务量,提高接通率，就难以避免诸如拥塞、故障等问题，使网络经营者在经济上受到损失，给用户带来麻烦。同时，现代网络在业务能力等方面具有很大的潜力，这种潜力也要靠有效的网络管理来挖掘。

第三，先进可靠的网络管理也是网络本身发展的必然结果。当今时代，人们对网络的依赖越来越强，个人通过网络打电话，发传真，发 E-mail；企业通过网络发布产品信息，获取商业情报，甚至组建企业专用网。在这种情况下，用户不能容忍网络的故障，同时也要求网络有更高的安全性，使得通话内容不被泄露，数据不被破坏，专用网不被侵入，电子商务能够安全可靠地进行。一般来讲，网络管理是指通过一定的方式对网络进行调整，使网络中的各种资源得到更加有效的利用，以保障网络的正常运行，当网络出现故障时能够及时报告，并进行有效处理。

因此，网络管理的必要性主要体现在以下几点。

（1）网络规模不断扩大。

（2）网络越来越复杂（设备、结构等）。

（3）简单的管理工具和方法已不适应管理大型和异构网络。

2. 网络管理的目标

网络管理的根本目标就是满足运营者及用户对网络的有效性、可靠性、开放性、综合性、安全性和经济性的要求。

网络应是有效的。网络要能准确而及时地传递信息。这里所说的网络的有效性（Availability）与通信的有效性（Efficiency）意义不同，通信的有效性是指传递信息的效率，而这里所说的网络的有效性，是指网络的服务要有质量保证。

网络应是可靠的。网络必须保证能够稳定地运转，不能时断时续，要对各种故障以及自然灾害有较强的抵御能力和有一定的自愈能力。

现代网络要有开放性，即网络要能够接受多厂商生产的异种设备。

现代网络要有综合性，即网络业务不能单一化，要从电话网、电报网、数据网分立的状态向综合业务过渡，并且还要进一步加入图像、视频点播等宽带业务。

现代网络要有很高的安全性。随着人们对网络依赖性的增强，对网络传输信息的安全性要求也越来越高。

网络要有经济性。对经营者而言，网络的建设、运营、维护等开支尽可能最小。

当然，不同的网络其管理目标是不同的，因网而异。简单地说网络管理应该要做到以下几点。

（1）减少停机时间，改进响应时间，提高设备利用率。

（2）减少运行费用，提高效率。

（3）减少、消灭网络瓶颈。

（4）适应新技术（多媒体、多平台）。

（5）使网络更加容易使用。

（6）安全。

2.1.2 网络管理系统体系结构

1. 网络管理系统的层次结构

网络管理系统组织成层次结构。最下层是操作系统和硬件，操作系统之上是支持网络管理的协议簇,协议簇之上是网络管理框架,网络管理框架之上是网络管理应用系统。

网络管理框架 NMF(Network Management Framework)是网络管理应用的基础结构,其特点如下。

(1) 管理框架分为管理站和网管代理两部分。

(2) 为存储管理信息提供数据库支持,例如关系数据库或面向对象的数据库。

(3) 提供用户接口和用户视图功能,例如图形用户接口 GUI(Graphical User Interfaces)和管理信息浏览器。

(4) 提供基本的管理操作,例如获取管理信息,配置设备参数等操作过程。

2. 网络管理系统管理模式

网络管理一般分为集中式网络管理模式、分布式网络管理模式和复合式网络管理模式,这些模式是在网络系统发展过程中自然形成的几种不同的管理模式。不同的模式各有特点,当然也就适用于不同的网络系统结构和不同的应用环境。

集中式网络管理模式是所有的网管代理在管理站的监视和控制下协同工作实现集成的网络管理,如图 2-1 所示。

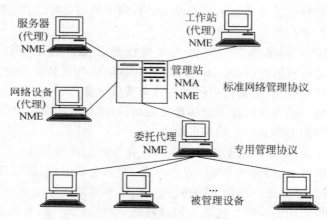

图 2-1　集中式网络管理模式

在集中式网络管理配置图中,有一个叫做委托网管代理的节点。主要是因为网络中存在非标准设备,所以要通过委托网管代理来管理一个或多个非标准设备。委托网管代理的作用是进行协议转换。

该配置中至少有一个节点担当管理站的角色,其他节点在网管代理模块(NME)的控制下与管理站通信。其中 NME 是一组与管理有关的软件,也叫网络管理实体,NMA 是指网络管理应用。

NME 的主要作用有以下 5 个方面。

(1) 收集有关通信和网络活动方面的统计信息。

(2) 对本地设备进行测试,记录其状态信息。

(3) 在本地存储有关信息。

(4) 响应网络控制中心的请求,传送统计信息或设备状态信息。

(5) 根据网络控制中心的指令,设置或改变设备参数。

NMA 和 NME 之间的关系如图 2-2 所示。

集中式网络管理模式在网络系统中设置专门的网络管理节点。管理软件和管理功能主要集中在网络管理节点上,网络管理节点与被管一般节点是主从关系。

图 2-2　NME 与 NMA 的关系

网络管理节点通过网络通信信道或专门网络管理信道与所有节点相连。网络管理节点可以对所有节点的配置、路由等参数进行直接控制和干预,可以实时监测全网节点的运行状态,统计和掌握全网的信息流量情况,可以对全网进行故障测试、诊断和修复处理,还可以对被管一般节点进行远程加载、转储以及远程启动等控制。被管一般节点定时向管理节点提供自己位置信息和必要的管理信息。

从集中式网络管理模式的自身特点可以看出,其优点是管理集中,有专人负责,有利于从整个网络系统的全局对网络实施较为有效的管理;缺点是管理信息集中汇总到网络管理节点上,导致网络管理信息流比较拥挤,管理不够灵活,管理节点如果发生故障有可能影响全网正常工作,管理站负担较重,等等。

为了降低中心管理控制台、局域网连接、广域网连接以及管理信息系统人员不断增多的负担,就必须对那种被动式的、集中的网络管理模式进行一个根本的转变。具体的做法就是将信息管理和智能判断分布到网络各处,使得管理变得更加自动,使得在问题源或更靠近故障源的地方能够做出基本的故障处理决策,这种管理称为分布式管理,如图 2-3 所示。

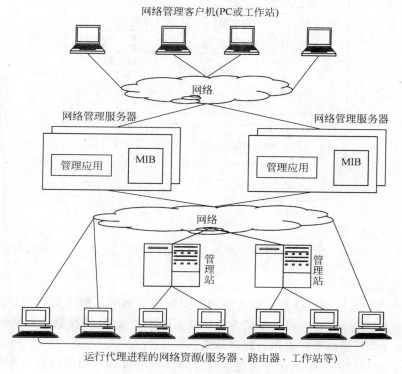

图 2-3　分布式网络管理系统

分布式管理将数据采集、监视以及管理分散开来。它可以从网络上的所有数据源采集数据而不必考虑网络的拓扑结构。分布式管理为网络管理员提供了更加有效的、大型的、地理分布广泛的网络管理方案。

当今计算机网络系统正向进一步综合、开放的方向发展，因此，网络管理模式也在向分布式与集中式相结合的方向发展，这就是复合式网络管理模式。这种模式集中了两种模式的优点，应用起来更为灵活适用。

目前，计算机网络正向着局域网与广域网结合、专用网与公用网结合、专用 C/S(Client/Server)与互动 B/S(Browser/Server)结构结合的综合互联网方向发展。计算机网络的这种发展趋势，促使网络管理模式向集中式与分布式相结合的方向发展，以便取长补短，更有效地对各种网络进行管理。按照系统科学理论，大系统的管理不能过分集中，也不能过于分散，采取集中式与分布式相结合应该是未来计算机网络管理的发展趋势。

3. 网络管理软件的结构

网络管理软件包括三部分：用户接口软件、管理专用软件和管理支持软件，如图 2-4 所示。

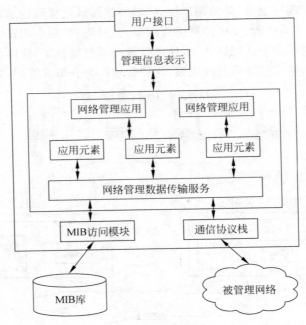

图 2-4　网络管理软件的结构

1）用户接口软件

所谓用户接口是一个软件与软件的使用者交互的那部分。用户接口有许多形式，从简单的命令行接口到图形用户接口，形式各异。在系统的最低级，操作系统将鼠标和键盘输入的信息传送给程序，并提供像素作为程序输出。

这里所说的接口软件是指用户通过网络管理接口与管理专用软件交互作用，监视和控制网络资源。接口软件不但存在于管理主机上，而且也可能出现在网管代理系统中，以便对网络资源实施本地配置、测试和排错。若要实施有效的网络管理，用户接口软件应具备下列特点。

（1）统一的用户接口。不论主机和设备出自何方厂家，运行什么操作系统，都需要统一的用户接口，这样才可以方便地对异构网络进行监控。

（2）具备一定的信息处理能力。对大量的管理信息要进行过滤、统计、求和，甚至进行简化，以免传递的信息量太大而阻塞网络通道。

（3）图形用户接口。具有非命令行或表格形式的用户操作维护界面。

2）管理专用软件

复杂的网管软件可以支持多种网络管理应用，例如配置管理、性能管理和故障管理等。这些应用可以适用于各种网络设备和网络配置，虽然在实现细节上可能有所不同。图 2-4 还表示出用大量的应用元素支持少量管理应用的设计思想。应用元素实现初等的通用的管理功能（例如产生报警、对数据求和等），可以由多个应用程序调用。根据传统的模块化设计方法，还可以提高软件的重用性，产生高效率的实现。网络管理软件的最底层提供网络管理数据传输服务，用于在管理站和网管代理之间交换管理信息。管理站利用这种服务接口可以检索设备信息，设置设备参数，网管代理则通过服务接口向管理站通告设备事件。

3）管理支持软件

管理支持软件包括 MIB 访问模块和通信协议栈。网管代理中的 MIB 包含反映设备配置和设备行为的信息，以及控制设备操作的参数。管理站的 MIB 除保留本地节点专用的管理信息外，还保存着管理站控制的所有网管代理的有关信息。MIB 访问模块具有基本的文件管理功能，使得管理站或网管代理可以访问 MIB，同时该模块还能把本地的 MIB 数据转换成适用于网络管理系统传送的标准格式。通信协议栈支持节点之间的通信。由于网络管理协议位于应用层，原则上任何通信体系结构都能胜任，虽然具体的实现可能有特殊的通信要求。

2.1.3 被管理的网络资源

计算机网络中有大量的设备和信息，这些设备和信息就构成了网络中的各种资源，概括起来包括两大类：硬件资源和软件资源。

硬件资源是指计算机设备和网络互联设备、物理介质。计算机设备包括处理机、打印机和存储设备及其他计算机外围设备。常用的网络互联设备有中继器（集线器——多口中继器）、网桥（桥接器）、路由器、网关等。物理介质通常是物理层和数据链路层设备，例如 IEEE802 网卡、集线器、中继器等，当然也包括 FDDI、FR、B-ISDN、ATM、SONET(Synchronous Optical Network，同步光纤网)。

软件资源主要包括操作系统、通信软件和应用软件。通信软件指实现通信协议的软件，例如 FDDI、ATM 和 FR 这些主要依靠软件的网络就大量采用了通信软件。应用软件指用户为了完成具体工作而开发的软件。另外，软件资源还有路由器软件、网桥软件以及各种设备的驱动程序等。

网络环境下资源的表示是网络管理的一个关键问题。目前一般采用"被管对象(Managed Object)"来表示网络中的资源。ISO 认为，被管对象是从 OSI 角度所看的 OSI 环境下的资源，这些资源可以通过适用 OSI 管理协议而被管理。网络中的资源一般都可用被管对象来描述，但通常要以多个被管对象的方式。如网络中的一个路由器就可用一些被管对象来描述,说明它的制造厂商、路由表的结构等。对网络中的软件、服务及网络中的一些事件等都可用被管对象来描述。

被管对象的一个概念上的集合被称为 MIB(Management Information Base),即管理信息库。所有相关的网络被管对象信息都放在其中。不过应当注意的是,这里的 MIB 仅是一个概念上的数据库,实际网络中并不存在一个这样的库。目前网络管理系统的实现主要依靠被管对象和 MIB,所以它们是网络管理中非常重要的概念,是进行网络管理的主要依据。

2.1.4 网络管理标准

学习网络管理的标准,首先有必要了解制定网络管理标准的相关组织,当前主要有 4 个重要的组织,分别是 ISO、IETF、IEEE 和 ITU-T(CCITT)。

1. 国际标准化组织网络管理标准

国际标准化组织(International Standerdization Organization,ISO)是世界上最大的非政府性标准化专门机构,是国际标准化领域中一个十分重要的组织。ISO 的任务是促进全球范围内的标准化及其有关活动,以利于国际间产品与服务的交流,以及在知识、科学、技术和经济活动中发展国际间的相互合作。它显示了强大的生命力,吸引了越来越多的国家参与其活动。ISO 制定了一系列的网络管理标准,其中:

ISO DIS7498-4(X.700)定义了网络管理的基本概念和总体框架;

ISO9595 定义了公共管理信息服务 CMIS(Common Management Information Protocol);

ISO10164 定义了系统管理功能 SMFS(System Management Functions);

ISO10165 定义了管理信息结构 SMI(Structure of Management Information)。

2. 互联网工程任务组网络管理标准

国际互联网工程任务组(Internet Engineering Task Force,IETF)是一个公开性质的大型民间国际团体,汇集了与互联网架构和互联网顺利运作相关的网络设计者、运营者、投资人和研究人员,并欢迎所有对此行业感兴趣的人士参与。IETF 的主要任务是负责互联网相关技术标准的研发和制定,是国际互联网业界具有一定权威的网络相关技术研究团体。IETF 制定了一系列的网络管理标准,其中包括:

简单网关控制协议 SGMP(Simple Gateway Monitoring Protocol);

简单网络管理协议第一版 SNMPv1(Simple Network Management Protocol),其请求注释 RFC(Request For Comments),也就是 Internet 标准草案分别为 RFC1155(SMI)、RFC1157(SNMP)、RFC1212(MIB)、RFC1213(MIB-2 规范);

简单网络管理协议第二版 SNMPv2,其 Internet 标准草案是 RFC2570-2575;

公共管理信息与服务协议 CMOT(Common Management information service and protocol Over TCP/IP)。

3. 电气和电子工程师协会网络管理标准

美国电气和电子工程师协会(Institute of Electrical & Electronics Engineers,IEEE)是一个国际性的电子技术与信息科学工程师的协会,是世界上最大的专业技术组织之一(成员人数),拥有来自 175 个国家的 36 万会员(到 2005 年)。IEEE 制定了超过 900 个现行工业标准。每年它还发起或者合作举办超过 300 次国际技术会议。IEEE 由 37 个协会组成,还组织了相关的专门技术领域，每年本地组织有规律地召开超过 300 次会议。IEEE 出版广泛的同级评审期刊，是主要的国际标准机构（900 现行标准，700 研发中标准）。其中包括 CMOL（CMIP Over LLC），即局域网标准 IEEE 802.1（B）中的网络管理规范。

4. 国际电信联盟电信标准部门网络管理标准

国际电信联盟电信标准部门，英文全称为 International Telecommunications Union-Telecom，简称 ITU-T。国际电信联盟是联合国的一个专门机构，也是联合国机构中历史最长的一个国际组织，简称"国际电联"、"电联"或 ITU。国际电联是主管信息通信技术事务的联合国机构。国际电联因标准制定工作而享有盛名。标准制定是其最早开始从事的工作。身处全球发展最为迅猛的行业，电信标准化部门坚持走不断发展的道路，简化工作方法，采用更为灵活的协作方式，满足日趋复杂的市场需求。来自世界各地的行业、公共部门和研发实体的专家定期会面，共同制定错综复杂的技术规范，以确保各类通信系统可与构成当今繁复的 ICT 网络与业务的多种网元实现无缝的互操作。其中 TMN（Telecommunication Management Network）就是电信管理网标准。

2.2　OSI 系统管理的基本概念

2.2.1　OSI 管理框架

现代计算机网络的设计，是按高度结构化方式进行的。为减少协议设计的复杂性，大多数网络都按层或级的方式来组织，每一层都建立在它的下层之上。不同的网络，其层的数量，各层的名字、内容和功能都不尽相同。然而，在所有的网络中，每一层的目的，都是向它的上一层提供服务的，而把这种服务是如何实现的细节对上层加以屏蔽。最著名的网络体系结构是国际标准化组织 ISO 的开放系统互联 OSI（Open System Interconnection）参考模型，即我们通常所提的 OSI 模型。OSI 模型有七层，其分层原则如下。

（1）根据功能的需要分层。

（2）每一层应当实现一个定义明确的功能。

（3）每一层功能的选择应当有利于制定国际标准化协议。

（4）各层界面的选择应当尽量减少通过接口的信息量。

（5）层数应足够多，以避免不同的功能混杂在同一层中；但也不能过多，否则体系结构会过于庞大。

在网络管理中，一般采用管理站——网管代理模型，如图 2-5 所示。网络管理系统结构的核心是一对相互通信的系统管理实体。它采用一个独特的方式使两个管理进程之间相互作用。即，管理进程与一个远程系统相互作用，来实现对远程资源的控制。在这种简单的框架中，一个系统中的管理进程担当管理者角色，而另一个系统中的对等实体担当代理者角色，代理者负责提供对被管对象的访问。前者被称为管理站，后者被称为网管代理。

无论是 OSI 的网络管理，还是 IETE 的网络管理，都认为现代计算机网络管理系统基本上由以下 4 个要素组成。

图 2-5　管理站和代理的关系

（1）网络管理站（Network Manager）。

（2）网管代理（Manager Agent）。

（3）网络管理协议（Network Management Protocol）。

（4）管理信息库（Management Information Base，MIB）。

管理站（管理进程）是各种管理指令的发出者。管理站通过各网管代理对网络内的各种设备、设施和资源实施监视和控制。网管代理负责管理指令的接收和执行，并且以通知的形式向管理站报告被管对象发生的一些重要事件。网管代理具有两个基本功能：一是根据指令从 MIB 中读取相关变量值；二是根据指令在 MIB 中修改相关变量值。MIB 是被管对象结构化的一种抽象，它是一个概念上的数据库，由管理对象组成。各个网管代理管理 MIB 中属于本地的管理对象，各网管代理控制的被管理对象共同构成全网的管理信息库。网络管理协议是最重要的部分，它定义了管理站与网管代理间的通信机制，规定了管理信息库的存储结构、信息库中关键词的含义以及各种事件的处理方法。

需要指出的是，在这个管理框架中，管理站角色与网管代理角色不是固定的，而是由每次通信的性质来决定的。也即，管理站也可以是网管代理，而网管代理也可以是管理站。

2.2.2　通信机制

在网络运行期间，管理站要实时监控被管理设备，这就需要管理站和网管代理间不断进行信息交换。管理站和代理之间的信息交换是通过协议数据单元 PDU（Protocol Data Unit）进行，通常是管理站向代理发送请求 PDU，代理响应 PDU 应答，管理信息就包含在 PDU 参数中。在某些情况下，代理也可能向管理站发送消息，特别地把这种消息叫做事件报告或通知，管理站可根据报告的内容决定是否做出应答。

为了及时了解被管理对象的最新状态，网管代理必须经常地不间断地查询管理对象的各种参数，这种固定的查询叫轮询。轮询的时间间隔或频度对于网络管理的性能有很大影响。轮询频繁，网络通信负载加重，容易造成网络阻塞；轮询稀少，不能及时掌握管理对象的状态。所以，应根据网络配置和管理目标认真设计轮询间隔。另外，如果管理对象中出现了特殊情况，例如打印机缺纸，管理对象不必等待代理的主动查询，可直接向代理发出通知。如果必要，代理也可以把管理对象的通知以事件的形式发往管理站。

管理站还可以使用心跳机制（Heartbeats）知道代理是否存在，是否可以随时与之通信。所谓心跳机制就是代理每隔一定时间间隔向管理站发出信息，报告自己的状态。如果一旦管理站在特定的时间间隔里收不到代理的报告信息，就意味着该代理出现了不正常状态。

当然,和轮询一样,心跳间隔也是需要慎重设计的。

2.2.3 管理域和管理策略

对于分布式管理模式,管理域是非常重要的概念。管理域是为了对一组管理对象实施不同的管理策略而划分的管理对象的集合。管理域的划分可能是基于地理范围的,也可能是基于管理功能的。其目的是对不同管理域中被管对象实施不同的管理策略。每个管理域有一个唯一的名字,包含一组被管理的对象,代理和管理对象之间有一套通信规则。属于一个管理域的对象也可能属于另一个管理域。

行政域是为了划分和改变管理域,协调管理域之间的关系而划分的更大范围的管理对象的集合,是由一个或几个管理域组成的更大的区域。行政域也可直接对本域中的管理对象和代理实施管理和控制,如图 2-6 所示。

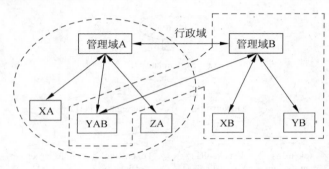

图 2-6 管理域和行政域

2.2.4 管理信息结构

在 MIB 中,所有被管理对象都按层次性的结构或树型结构来排列。树结构端结点对象就是实际的被管理对象,每一个对象都代表一些资源、活动或其他要管理的相关信息。树型结构本身定义了如何把对象组合成逻辑相关的集合,并且层次树结构有三个作用。

(1) 表示管理和控制关系。

(2) 提供了结构化的信息组织技术。

(3) 提供了对象命名机制。

1. 继承层次树

管理信息描述管理对象的状态和行为。OSI 标准采用面向对象的模型定义管理对象,按照对象类的继承关系,表示管理信息的所有对象组成一个继承层技术,这种继承性反映了软件重用性。例如,设计一个新的对象不必全部从头开始,可以根据新数据类型的属性和已有对象的相似关系,把新类插入到继承层次树中。相同的属性可以从父类中继承,然后再在父类的基础上设计新对象类的特性,从而减少设计工作量。

2. 多继承性

所谓多继承是指派生类具有多个基类,派生类与每个基类之间的关系仍可看作是一个单继承。也即,多继承性是指一个子类继承了多个超类的属性。

3. 多态性

多态性就是多种表现形式,具体来说,可以用"一个对外接口,多个内在实现方法"表示。

多态性源于继承性,子类继承超类的操作,同时又对继承的操作做了特别的修改,这样不同的对象会对同一操作做出不同的响应,这种特性叫多态性。

4. 同质异晶性

同质异晶性是指某对象可以是多个对象的实例,例如某个协议有两个兼容版本,那么这个协议实体既是老版本的实例,又是新版本的实例。

5. 包含关系

一个管理对象可以是另外一个管理对象的一部分,这就形成了管理对象之间的包含关系。包含关系仅适用于对象实例,绝不能应用于对象类。

6. 包含树

包含关系可以表示成有向树,即包含树。包含树与对象的命名有关,因而包含树对应于对象命名树,如图2-7所示。

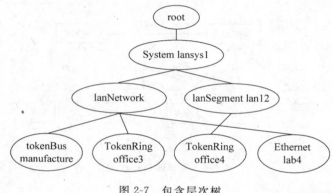

图 2-7　包含层次树

7. 对象名

对象名可分为全局名和本地名。全局名从包含树的根开始,向下级联各个被包含对象的名字,本地名则可以从任意上级包含对象的名字开始向下级联。

8. 对象标识符

在OSI标准中管理对象类由ASN.1(抽象语法句法)的对象标识符表示。对象表示符是由圆点隔开的整数序列。这一列整数序列反映了对象注册的顺序,即在注册层次树中的位置。

2.2.5　网络管理应用层的概念

下面对应用层的复杂结构进行分析。

1. 应用层结构

网络管理功能是在应用层实现的,应用层由应用进程AP(Application Process)及其使用的应用实体AE(Application Entity)组成。

2. 应用进程

应用进程AP主要有两个功能,一个是信息处理功能,另一个是通信功能。应用进程把它们组合在一起通过一个全局的名字来调用。

3. 应用进程和应用实体的关系

应用进程的通信功能是通过应用实体来实现的。为了实现不同性质的通信，一个应用进程可使用一个或多个应用实体。

2.2.6 网络管理功能

网络管理功能是在网络管理平台的基础上开发实现的，不论什么网络管理系统，按照OSI 的定义，都应包括以下 5 个基本功能。

（1）故障管理（Fault Management）：网络管理中最基本的功能之一。当网络发生故障时，①必须尽可能快地找出故障发生的确切位置；②将网络其他部分与故障部分隔离，以确保网络其他部分能不受干扰继续运行；③重新配置或重组网络，尽可能降低由于隔离故障后对网络带来的影响；④修复或替换故障部分，将网络恢复为初始状态。对网络组成部件状态的监测是网络故障检测的依据。不严重的简单故障或偶然出现的错误通常被记录在错误日志中，一般需做特别处理；而严重一些的故障则需要通知网络管理器，即发出报警。因此网络管理器必须具备快速和可靠的故障监测、诊断和恢复功能。

（2）配置管理（Configuration Management）：也是网络管理的基本功能。计算机网络由各种物理结构和逻辑结构组成，这些结构中有许多参数、状态等信息需要设置并协调。另外，网络运行在多变的环境中，系统本身也经常要随着用户的增、减或设备的维修而调整配置。网络管理系统必须具有足够的手段支持这些调整的变化，使网络更有效地工作。

（3）性能管理（Performance Management）：目的是在使用最少的网络资源和具有最小延迟的前提下，确保网络能提供可靠、连续的通信能力，并使网络资源的使用达到最优化的程度。网络的性能管理有监测和控制两大功能，监测功能实现对网络中的活动进行跟踪，控制功能实施相应调整来提高网络性能。性能管理的具体内容包括：从被管对象中收集与网络性能有关的数据，分析和统计历史数据，建立性能分析的模型，预测网络性能的长期趋势，并根据分析和预测的结果，对网络拓扑结构、某些对象的配置和参数做出调整，逐步达到最佳运行状态。如果需要做出的调整较大时，还要考虑扩充或重建网络。

（4）计费管理（Accounting Management）：在商业性有偿使用的网络上，该功能统计哪些用户、使用何信道、传输多少数据、访问什么资源等信息；另一方面，还可以统计不同线路和各类资源的利用情况。因此，可见，计费管理的根本依据是网络用户资源的情况，例如，信息传输量、占用线路的时间等统计量。

（5）安全管理（Security Management）：目的是确保网络资源不被非法使用，防止网络资源由于入侵者攻击而遭受破坏。其主要内容包括：与安全措施有关的信息分发（如密钥的分发和访问权设置等），与安全有关的通知（如网络有非法侵入、无权用户对特定信息的访问企图等），安全服务措施的创建、控制和删除，与安全有关的网络操作事件的记录、维护和查询日志管理工作，等等。一个完善的计算机网络管理系统必须制定网络管理的安全策略，并根据这一策略设计实现网络安全管理系统。

5 个功能之间既相对独立，又存在着千丝万缕的联系。在 5 大网络管理功能中，故障管理是整个网络管理的核心。配置管理则是各管理功能的基础。其他各管理功能都需要使用配置管理的信息。性能管理、安全管理和计费管理相对来说具有较大的独立性，特别是计费管理，由于不同应用单位的计费需求有着很大区别，计费应用的开发环境也是千差万别，因此计费管理应用一般是根据实际情况专门开发的。

下面分别详细介绍在网络管理平台的基础上如何实现 5 大网络管理功能。

1. 故障管理

用户都希望有一个可靠的计算机网络。当网络中某个组成成分发生故障时,网络管理器必须迅速查找到故障并及时排除。故障管理的主要任务是发现和排除网络故障。故障管理用于保证网络资源的无障碍无错误的运营状态,包括障碍管理、故障恢复和预防故障。障碍管理的内容有报警、测试、诊断、业务恢复、故障设备更换等。预防保障为网络提供自愈能力,在系统可靠性下降、业务经常受到影响的准故障条件下实施。在网络的监测和测试中,故障管理参考配置管理的资源清单来识别网络元素。如果维护状态发生变化,或者故障设备被替换,以及通过网络重组绕过故障时,要与资源 MIB 互通。在故障影响了有质量保证承诺的业务时,故障管理要与计费管理互通,以赔偿用户的损失。

通常不大可能迅速隔离某个故障,因为网络故障的产生原因往往相当复杂,特别是当故障是由多个网络组成部分共同引起的,在此情况下,一般先将网络恢复,然后再分析网络故障的原因。分析故障原因对于防止类似故障的再次发生有重要作用。

故障管理的主要任务是及时发现并排除网络故障,它是网络管理的诸多任务中最重要的任务。故障管理通常包括三个步骤。

(1) 发现网络故障。

(2) 查找和分析故障原因,分离故障。

(3) 如有可能,自动排除故障,或者给管理员提供排除故障的提示。

显然,发现故障是故障管理系统必须具备的功能。故障管理系统依赖各种不同的手段来获知网络所出现的问题,而分析网络故障并给出故障排除提示则依赖于不同的网络管理系统。一个好的网络管理系统在遇到故障时,甚至会在没有管理员干预的情况下自动启用备用设备来排除故障。

一般来说,故障管理系统应该包括以下基本功能。

1) 故障报警

接收故障监测模块传来的报警信息,根据报警策略驱动不同的报警程序,以振铃报警、电子邮件等方式发出网络故障警报。

要发现网络故障,就要收集各种网络状态信息。通过获取这部分的专题信息和各种服务及应用的状态信息,就可以及时发现网络中出现的问题。收集网络状态信息一般有两种方法:一种是异步报警,即在故障发生时,由发生故障的设备或服务器主动向网络管理系统报告;另一种是主动轮询,即由网络管理系统定期查询各设备和服务器的状态。一般的网络管理系统都同时使用了这两种方法。由发生故障的设备或服务器主动向网络管理系统报告网络故障是一种十分有效的故障发现机制。它可以及时地发现端口故障、连接失败、设备重新启动、收不到某一主机应答、服务进程异常等网络故障和重要事件,而且只需要极其有限的网络带宽。但该方法并不可靠,例如,如果一个网络设备发生了严重故障(如断电),它将不能发送事件(事实上也是根本来不及的),在这种情况下,就依赖于网络管理系统轮询设备的方法。主动轮询方法可以帮助故障管理系统可靠地发现网络故障。但是在使用这种方法之前,你必须在故障发现速度与网络带宽消耗之间进行权衡。故障响应速度越快,所占用的网络带宽就越大。在一些低速率的网络中,当查询间隔时间足够小、管理设备数量足够多时,所占用的带宽会严重影响到正常的网络通信。因此,在确定查询时间间隔时,必须考虑到要查询的设备数目和相应的网络连接的带宽。

2) 事件报告管理

ISO10164-5定义了事件报告管理功能。该功能的目的是对管理对象发出的通知进行先期的管理处理,并加以控制,以决定通知是否应该发送给目标管理主机以及其他有关的管理系统。为此引入了两个管理对象类:区分器和事件转发区分器。区分器的主要作用是对管理对象发出的通知进行测试和过滤,事件转发区分器用于确定转发的目标。两者协调合作从管理对象发出的各种通知中有选择地转化为事件报告,并发送给相应的管理主机。

3) 运行日志控制

管理对象发出的通知和事件报告通常存储在运行日志中供以后分析使用。ISO10164-6文件定义了两个管理对象类,分别是运行日志和日志记录。管理对象发出的通知通过本地处理形成日志记录,日志记录存储在本地的运行日志文件中。运行日志文件还可以存储来自其他系统的事件报告。管理主机可以直接操作运行日志,例如产生和删除运行日志,修改运行日志的属性,或增删其中的记录,等等,管理主机还可以挂起恢复运行日志。

4) 测试管理

ISO10164-12定义了测试管理对象类 TestObject,有关测试的其他管理文件定义在ISO10164-14中。测试管理功能向管理人员提供一系列的实时检测工具,对被管设备的状况进行测试并记录测试结果,以供技术人员分析和排错,或根据已有的排错经验和管理员对故障状态的描述,给出对排错行动的提示。

通常管理主机的有一个叫测试指挥员(Conductor)的应用进程,代理有一个叫测试执行者(Performer)的应用进程。指挥员可以向执行者发出命令,要求进行测试,执行者根据指挥员的命令完成测试,测试结果返回给指挥员作为事件报告存储在运行日志文件中,供以后分析使用。

5) 确认和诊断测试类别

ISO10164-14 文件把确认和诊断测试分为以下几种。

(1) 连接测试:测试两个资源之间是否可以建立连接。

(2) 数据完整性测试:测试两个资源之间是否可以无误地交换数据,以及交换数据的时间是多长。

(3) 端连接测试:测试一个被管理资源与另一个被管理资源之间连接的可操作性。

(4) 协议完整性测试:确定一个正被测试的管理对象是否可以同时与其他管理对象通过协议交互作用。

(5) 资源界限测试:通过观察一个资源与其环境之间的交互作用,验证系统资源的正确性。

(6) 资源自测试:测试一个资源在给定的时间内完成任务的能力。

(7) 测试基础设施的测试:这是一个对被管理的开放系统的整体测试,确定其是否可以启动测试进程,是否可以返回测试报告,以及对监视作用的响应能力是否正常。

故障有一个形成、发展和消亡的过程。通常,用故障标签 TT(Trouble Ticket)对故障的整个生命周期进行跟踪。故障标签是一个监视网络问题的前端进程,它对每个可能形成故障的网络问题,甚至是偶然事件都赋予一个唯一的编号,自始至终对其进行监视,并且在必要时调用有关的系统管理功能以解决问题。

2. 配置管理

配置管理是网络管理的 5 大功能之一,负责监控和管理整个网络的配置信息。在网络管理中,配置管理的重要性仅次于故障管理。这是因为它提供了所有被管对象的配置信息,没有它,想完成其他管理几乎是不可能的。同时,它也为其他管理功能提供了重新配置网络的功能,比如在流量负载高的情况下扩大网络带宽或者重新调整路由等。

配置管理是一个中长期的活动。它要管理的是网络增容、设备更新、新技术的应用、新业务的开通、新用户的加入、业务的撤销、用户的迁移等原因所导致的网络配置的变更。网络规划与配置管理关系密切。在实施网络规划的过程中,配置管理发挥最主要的管理作用。配置管理包括以下 4 部分功能。

1) 视图管理

视图是直观地向用户显示网络配置的接口。用户需要适当的接口软件来显示各种网络元素和网络拓扑结构,还应当有显示和修改设备参数的界面,能够通过界面启动和关闭网络中的各种设备。采用什么样的视图接口取决于所用的操作系统。当前的网络管理系统几乎都采用了图形用户接口(GUI)软件,这种软件也用在其他系统管理(例如故障管理、性能管理和记账管理)中。设计图形用户接口要符合人机工程学的原理,使用的方法和操作习惯应与基础操作系统保持一致。例如在 Windows 98 下的实现,使用的下拉式菜单、工具栏和输入框的图标、文字、布局等要与 Windows 98 保持一致,使得用户不需要学习或经过很少的学习就可以掌握。

图形用户接口应该具有导航和放大功能。导航就是引导用户进入需要的显示和操作模板,而放大则是分层次地显示网络配置的各级细节。为了方便用户操作和理解,同时显示多窗口和帮助信息也是必要的。

如果是大型网络,则需要划分子网和管理域,甚至要划分地理范围。子网可根据不同的局域网段、主干网和广域网来划分;管理域可根据管理机构和管理权限划分;如果是广域连网,可根据地区和国家划分地理范围。必要时还需区分物理网络和逻辑网络。为了检查一个网络设备的问题,需要逻辑网络确定其连接属性,同时需要物理网络确定其地理位置。视图设计的关键技术是把所有的网络资源定义为管理对象,并适当地确定和表示这些管理对象之间的关系。

2) 拓扑管理

拓扑管理的目的是实时地监视网络通信资源的工作状态和互连模式,并且能够控制和修改通信资源的工作状态,改变它们之间的关系。

实现有效的拓扑管理需要两个重要的管理工具:一个是自动发现工具,另一个是拓扑数据库。在 OSI 环境中可以利用通知机制由管理对象向管理站自动提交事件报告,传递状态信息。TCP/IP 网络中的 ICMP(Internet Control Message Protocol,网际控制报文协议)报文也可以实现自动发现工具。自动发现的网络设备出现在屏幕上后,可以结合拓扑数据库的有关信息连接成网络拓扑结构图。

拓扑发现的主要目的是获取和维护网络设备的存在性和它们之间的连接关系信息,并在此基础上给出整个网络连接状态的图示,帮助网络管理人员对整个网络的拓扑结构有整体上的了解和认识。网络管理系统应能根据系统环境参数,自动发现并生成网络拓扑结构图,按网段及网络节点(IP 节点)构成层次的拓扑结构。

目前的拓扑发现方法主要有三种,即基于 SNMP 协议路由表的拓扑发现方法、基于 ARP 协议的拓扑发现方法和基于 ICMP 协议的拓扑发现方法。

在很多情况下,网络拓扑图与配置数据库中的信息并不一致,例如在手工增加网络设备或删除网络设备时,就有可能产生这种不一致性。因此必须根据网络配置数据库中信息的变化情况,及时更新拓扑关系数据库。拓扑重构能够根据数据库中保存的网络设备的信息重新构建或更新网络的拓扑关系。

在网络拓扑结构中,最主要的是路由器之间的连接关系和子网(Subnet)划分情况,因此拓扑重构主要也是考虑路由器的增加删除,以及因为路由器发生变化而导致的拓扑变化。利用拓扑重构功能,不仅可以保证网络拓扑图与网络实际配置情况的一致性(这使得网络拓扑图示具有实时性的特点),还可以根据事先人工设定的路由器情况和端口配置情况生成拓扑关系图示,并与实际的网络拓扑关系图进行比较,由此可以发现网络实际配置与设想配置之间的区别。

3) 软件管理

配置管理应该能够通过网络向端系统(主机、服务器以及工作站等)和中间系统(网桥、路由器等)传送新软件。这需要系统能够响应来自被管设备的软件传输请示,传送指定版本的软件和及时更新配置数据库中相应的信息。当然,网络管理人员也可以主动更新被管设备的软件系统。

软件管理的目的是为用户提供需要的业务,它涉及为用户分发和安装软件的规则,订制用户专用配置的方法。在 C/S 系统中,有大量的用户连接到服务器上,各个用户有不同的应用需求,需要不同的操作环境。例如有的用户需要简单的自处理软件,而另外的用户则需要高级的图形处理工具,所以必须为不同的用户单独配置各自需要的软件。软件管理要做的是适当地配置文件系统,使得系统管理员或用户能方便地得到需要的软件,既可以从网络管理中心,也可以从用户工作站安装和配置用户的操作环境。

有两个因素使得软件管理复杂化:一是系统中经常出现有特殊需求的新用户;另一个是有些用户的需求是易变的。所以需要一些分发和配置的规则来约束各种用户的操作,纠正软件安装中的错误。如果允许用户从文件服务器下载软件,则需要完善的软件分发和传输策略。这包括许可证管理、版本管理、用户访问权限管理、收费标准管理和软件使用情况的统计等。ISO10164-18(软件管理功能)规定了一整套软件分发的操作规程,例如备份、恢复、提交、安装、执行、删除、修改和软件功能验证等。实现软件管理要以这些规定为标准。

4) 网络规划和资源管理

网络配置需要精密的规则,把运营策略转化为一整套经济、有效的计划,实现网络和优化配置,并随着技术的发展不断拓展网络。网络规划人员通常考虑三个关系网络发展的因素:首先是网络资源的业务供给能力,其次是技术成本,最后是管理开销和运营费用。由于网络资源的使用周期很长,软硬件生命周期的成本优化和预期的业务需求也是要考虑的因素。

这里所说的资源管理包括计算资源和通信资源的管理,这种管理与拓扑管理结合起来为用户提供有效的资源供给。计算使用的硬件和软件的计划、价格、采购、安装、维修、更新和保管都属于资源管理的范畴,甚至服务和支持人员的管理信息也应包含在资源管理的信息库中。

网络配置信息是关系到网络性能甚至关系到网络命运的机密数据,应该验证用户的访问权限,确保其不被非法访问。配置管理与性能管理和安全管理有密切的关系。

3. 性能管理

性能管理的目的是维护网络服务质量(QoS)和网络运营效率。为此性能管理要提供性能监测功能、性能分析功能以及性能管理控制功能。同时,还要提供性能数据库的维护以及在发现性能严重下降时启动故障管理系统的功能。

网路服务质量和网络运营效率有时是相互制约的。较高的服务质量通常需要较多的网络资源(带宽、CPU 时间等),因此在制定性能目标时要在服务质量和运营效率之间进行权衡。在网络服务质量必须优先保证的场合,就要适当降低网络的运营效率指标;相反,在强调网络运营效率的场合,就要适当降低服务质量指标。但一般在性能管理中,维护服务质量是第一位的。

性能管理系统资源的运行状况及通信效率等系统性能。其功能包括监视和分析被管网络及其所提供服务的性能机制。性能分析的结果可能会触发某个诊断测试过程或重新配置网络以维护网络的性能。性能管理收集分析有关被管网络当前状况的数据信息,并维持和分析性能日志。

简单地说,性能管理的目的就是确保网络不会出现过度拥挤的情况,保障网络的可用性,为用户提供更好的网络通信服务。它主要通过以下两种方式来实现。

方法一:实时监控网络设备和享用的所有连接,监视设备和线路的使用率和出错率及相应的阈值,并进行阈值报警。

方法二:定期地对历史数据进行分析,及时提示管理员和决策者做出设备或线路的升级计划,保证设备和线路的容量不会由于过度使用而出现网络性能急剧下降的情况。

具体地讲,性能管理应该具有以下基本功能。

1) 数据收集

性能管理中的一个主要功能是采集被管理资源的运行参数并存储在数据库中。数据可以放在代理中,也可以放在管理站中,这主要取决于代理和管理站的能力以及通信开销的大小。如果数据量太大,可以只存储统计摘要和趋势分析的结果。在 ISO10165-2(管理信息定义)中定义的管理对象的某些属性代表了系统的性能参数,有如下属性。

计数器(Counter):特点是初始值为零,其值只能增加不能减少,增加到最大值时回零。它的应用范围很广,例如可以用来表示工作站接收的分组数。

计量器(Gauge):与计数器不同,计量器的值可增加也可减少,达到最大值时不回零,只是不再增加,但可以减少。例如可以用它表示网络层实体管理的队列长度。

门限值(Threshold):门限值可用于计数器或计量器。当计数器或计量器的值达到某个门限值时管理对象要发出通知。计量器的门限值有两个,分别是上限和下限,当且仅当被监视的量的变化经过上限或下限时,管理对象要发出通知。

涨潮点(Tidemark):指计量器的最低点或最高点。涨潮点属性有当前值、最近一次复位之间的值和最近复位的时间三个值。后两个值可用来计算潮汐的大小和到达涨潮点的时间。

2) 工作负载监视功能

如果用户需要知道管理对象的某些属性的信息,或者需要监视某些属性在一段时间中的行为,则可以定义与这些属性有关的度量对象类。度量对象是专门用于统计和测量被监视的管理对象的属性值的对象。ISO10164-11定义的工作负载监视功能提供了度量对象的有关细节。

一般来说,度量对象具有区别于其他对象的标识符、表示监视的管理对象及其属性的标识符、专门用于统计测量的算法、监视属性值的特定方式和控制报警的门限。度量对象可以包含在被监视的管理对象,需要对被捕获的数据进行适当的转换,例如把两次取样的值相减得到增量值;或者要对连续取样的一系列数据进行平滑处理,以便排除噪声的影响。度量对象本身的属性也可以改变,例如可以调整其取样间隔。

OSI提供了三种工作负载监视模式,管理系统的实现者可以选用其中的一种,或组合使用。这三种监视模式如下。

资源利用率模式:主要用于监视资源利用的情况,也可以测量一段时间的平均利用率,例如测量文件服务器的平均利用率。

拒绝服务率模式:主要用于统计一段时间中拒绝服务的次数(当系统资源耗尽时可能出现拒绝服务的情况),例如拨号服务器拒绝连接请求的次数。

资源请求速率模式:主要用于统计一段时间资源的请求次数,例如在一段时间内向数据库服务区发出的服务请求的次数。

3)摘要功能

摘要功能是指对收集的数据进行分析和计算,从中提取与系统性能有关的管理信息,以便发现问题,报告管理站。

ISO10164-13提供了摘要功能,定义了摘要对象。摘要对象是用于统计分析的管理对象类。摘要对象利用时间报告向管理站发送多个管理对象的各种属性的摘要值,这种摘要值是对收集的各种属性统计计算的结果。

4. 计费管理

计费管理的主要任务是根据网络管理部门制定的计费策略,按用户对网络资源的使用情况收取费用,分担网络运行成本。计费管理的主要目的是正确地计算和收取用户使用网络服务的费用。但这并不是唯一的目的,计费管理还要进行网络资源利用率的统计和网络的成本效益核算。对于以营利为目的的网络经营者来说,计费管理功能无疑是非常重要的。

计费管理记录网络资源的使用,目的是控制和监测网络操作的费用和代价。它可以估算出用户使用网络资源可能需要的费用和代价。网络管理员还可以规定用户可使用的最大费用,从而控制用户过多地占用和使用网络资源。这也从另一方面提高了网络效率。另外,当用户为了一个通信目的需要使用多个网络中的资源时,计费管理应能计算总计费用。

在计费管理中,首先要根据各类服务的成本、供需关系等因素制定资费政策,该政策还包括根据业务情况制定的折扣率。其次要收集计费收据,如使用的网络服务、占用时间、通信距离、通信地点等计算服务费用。

1)计费管理的主要功能

通常计费管理包括以下几个主要功能:

制定计费政策;

收集计费信息;

计算用户账单;

生成统计报表。

2）计费管理的类型

根据用户所使用的网络资源的种类，大致可以将目前的计费管理分为三种类型：

基于网络流量计费；

基于使用时间计费；

基于网络服务计费。

3）计费管理的子过程

如果进一步划分，计费管理可分为三个子过程：

使用率度量过程；

计费处理过程；

账单管理过程。

4）计费管理的管理对象

使用率度量控制对象（Usage Metering Control Object）：该对象控制计费数据的收集过程，决定对哪些管理对象计费，以及怎样收费（收费策略）。该对象还控制计费过程的开始、挂起、恢复和停止，定义触发计费过程的事件。

使用率度量数据对象（Usage Metering Data Object）：该对象记录资源的使用率数据，并且可以发出计费通知，每个使用率度量数据对象监视一个可计费对象。可以用 get 操作从使用率度量数据对象的参数中提取使用率数据。使用率度量数据对象确定可计费对象如何以及何时触发计费通知，从该对象发出的计费通知中也可以得到使用率数据。

使用率记录（Usage Record）：该管理对象是事件日志记录的子类，除具有事件日志记录对象的属性外，还具有一些与使用率度量数据对象有关的属性。这种记录的内容是从使用率度量数据对象发出的通知中得到的，存储在运行日志中，由运行日志控制功能管理。

5．安全管理

安全性一直是网络的薄弱环节之一，而用户对网络安全的要求又相当高，因此网络安全管理非常重要。安全管理采用信息安全措施保护网络中的系统、数据以及业务。安全管理与其他管理功能有着密切的关系。安全管理要调用配置管理中的系统服务对网络中的安全设施进行控制和维护。网络发现安全方面的故障时，要向故障管理通报安全故障事件以便进行故障诊断和恢复。安全管理功能还要接受计费管理发来的与访问权限有关的计费数据和访问事件通报。

网络安全管理有两层含义，即网络的安全管理和安全的网络管理。相应地，安全管理子系统的功能也可分为两部分，一是网络管理系统本身的安全，二是被管网络对象的安全。顾名思义，网络安全管理的首要功能是确保各被管网络资源，包括路由器等网络互联设备和主机、服务器等端系统及网络服务本身的安全，以及它们之间进行数据通信的安全。另一方面，网络管理系统存储和传输的管理和控制信息对网络的运行和管理至关重要，一旦出现信息泄露、被篡改和伪造，将给网络造成灾难性的破坏。因此网络管理系统还必须确保其自身的安全。当然，网络管理系统也是一种特殊的被管对象，因此，从广义上来说，网络安全管理并不对这二者做严格的区分，事实上，许多安全管理功能也是重叠的。

1）访问控制

访问控制机制主要是对可能含有敏感信息的管理对象加以控制的机制。这种机制的主要目标如下。

（1）限制与管理系统建立联系：这是对管理应用和管理信息保护的前提条件。

（2）限制对管理信息的操作：只允许授权的用户在自己的权限范围内对管理信息进行操作，例如删除、生成、修改和检索操作。

（3）控制管理信息的传输：管理信息只能以 M-EVENT-REPORT 的形式传送给被授权的用户。

（4）防止未经授权的用户初始化管理系统：因为通过初始化改变管理操作状态可以得到非法的权限。

ISO10164-9 规定了 OSI 环境中的访问控制机制，定义了有关访问控制的三种管理对象类。

（1）访问控制策略类（Access Control Policy）：该对象确定访问控制策略，即为建立联系、发送通知和管理操作制定有关的访问规则。在一个被管理的系统中，每一个安全域有一个访问控者策略对象。

（2）目标类（Target）：该对象控制其他管理对象的操作，决定每个管理对象可以施加哪些操作，谁可以访问它。

（3）授权初始化类（Authorized Initiators）：该对象规定了授权用户及其被授权的访问权限。各种用户具有不同的安全标签，因而有不同的访问权限，初始化类具有最高的安全级别。

2）安全警告

当出现违反安全规定的情况时管理系统要发出安全警告。安全警告的机制与故障警告机制一样，即首先由管理对象发出通知，通过区分过滤器后转换成 M-EVENT-REPORT，从代理传送到管理站。管理站可以决定是否把报告记录在运行日志中。

安全事件报告参数有如下几个。

（1）事件类型：分为数据完整性违例（信息被非法改变）、操作违例（非法操作）、物理安全违例（遇到物理攻击）、安全业务违例（违反访问控制规则）、访问时间违例等。

（2）报警原因：报警的原因与具体的实现有关。

（3）警告严重程度：可分为未定、危机、重大、微小和警告等。

（4）检测者：安全事件的检测者。

（5）服务用户：导致安全违例的用户。

（6）服务提供者：即发出安全事件报告的管理对象。

3）安全审计试验

与安全有关的事件保留在安全审计试验记录中，供以后进行分析。

与安全有关的事件有：建立连接、断开连接、管理操作和安全违例等。这些事件以服务报告的形式存储在安全审计试验记录中。

2.3　网络管理系统

为了满足广大用户对网络管理工具的迫切需要，近几十年来，世界上许多厂家开发了网络管理系统产品。这些产品大部分都有一定的通用性，基本适用于各种网络管理的需要，而且是软硬件结合的。但是根据需要，也有些专用的特殊产品，这里我们将简单介绍的几种网管产品。

2.3.1　NetView

IBM 公司早在 20 世纪 70 年代末就推出了一系列网络管理工具,经过不断的修改和扩充,在 1986 年正式发布了 NetView。起初这个网管工具主要用在 SNA 网络中,经过 10 多年的改进,终于演变成能支持多种协议的、能满足局域网和广域网管理需要的功能强大的网络管理工具,图 2-8 给出了一个现实的例子。

NetView 适合于分布式管理。图 2-8 画出了典型的 SNA 环境,3 个 MVS 主机通过前端处理机相连,其中一个运行 NetView,对 3 个 SNZ 子域网实行分布式管理,NetView 向管理主机提供所有设备(主机、终端和控制器)的状态信息。下面介绍 NetView 的几个主要功能元素。

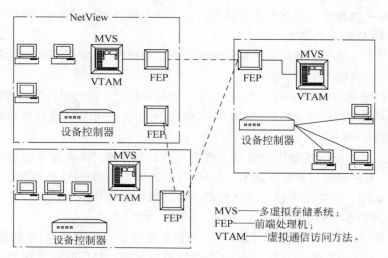

MVS——多虚拟存储系统;
FEP——前端处理机;
VTAM——虚拟通信访问方法。

图 2-8　NetView 的例子

网络通信控制设备 NCCF(Network Communications Control Facility):也称为命令行设施。操作员通过 NCCF 可以发送 NetView、VTAM、MVS 命令或其他命令,用以激活/关闭远处的设备(主机、终端或控制器)。在 20 世纪 70 年代末出现的这种管理模式第一次改变了人们对网络管理的概念,开始了从集中式管理到分布式管理的演变过程。不仅如此,NetView 还能通过 NCCF 发送类似于 DOS 批处理文件的命令列表 CLIST(Command Lists),使得远处的设备自动执行一个任务。总之,利用 NCCF 可以在 SNA 环境中组成十分灵活的远程分布式管理系统。

网络逻辑数据管理器 NLDM(Network Logical Data Manager):也称为会话监视器。它用于监视分布在不同地点的终端与某个应用子系统之间的交互作用,收集有关性能分析和故障定位的信息。收集的信息可分成以下几类。

会话轨迹:关于一对会话实体(例如逻辑单元或系统服务控制点)的名字、类型和域名,以及会话开始和结束的时间等,这些信息可用于查找故障。

响应时间:在交互式应用中响应时间是重要的性能参数。NetView 以图形的方式显示各个终端的响应时间,作为系统维护的依据。

会话监视信息:指关于会话的响应时间、会话失败的信息、绑定失败的信息和会话的路由信息等,这些数据可用于对会话性能进行优化。通过会话监视还可以得到有关会话的记账信息、配置信息、协议信息等。

网络问题测定程序 NPDA(Network Problem Determination Application):也称为硬件监视器。可监视的硬件包括调制解调器、链路、通信适配器、终端、打印机、设备控制器、磁盘设备和其他特殊设备等。对这些设备检测的信息有两种,即事件和告警。事件是由网络定义的 SNA 非正常操作,而告警是由用户或第三方产品定义的需要立即注意的紧急情况。NPDA 中测定和报告链路状态的程序叫做 LPDA,它专门用于测试 NCP(Network Control Program)和 VTAM 之间的链路的状态。

状态监视器用于收集有关网络资源的信息,并以图形方式显示在屏幕上。状态监视器可以显示 SNA 网络的各个子域网及有关链路的拓扑结构,并且与 VTAM 交互作用启动和恢复网络资源。如果某段链路失败,VTAM 和 NetView 通信,发出失效通知,然后状态监视器可通过 VTAM 发出激活命令,恢复备用的通信链路。

今天的 NetView 不仅可以管理 SNA 网络,还可以管理其他网络。NetView/6000 运行在 RISC/6000 上,用于管理 AIX(IBM 的 UNIX)网络。IBM 的另一种产品 LANRES(LANRESource)用于管理远程的 NetWare 局域网,而 NetView for Windows 可以运行在 PC 上,管理 SNMP 设备。总之,NetView 是一种功能强大且十分灵活的网络管理系统,已经占有相当大的市场份额。

2.3.2 SunNet Manager

Sun 公司的网络管理系统 SnuNet Manager 运行在 X Windows 上,用于管理 TCP/IP 网络,完整地支持 SNMP 协议。它的功能元素主要有管理应用程序、代理和委托代理程序等,如图 2-9 所示。管理应用程序收集和管理网络中各个结点的信息;而代理和委托代理则接受管理应用程序的检索请求,报告所管结点的有关数据。委托代理还有两种特别的功能与代理不同,一是它使用远程过程调用(RPC)技术响应管理应用程序的请求,因而可以处理多种协议;二是它可以管理多个站,形成局部的集中式管理,很适合于站点密集型局域网应用。图 2-9 中所示的两个委托代理就是管理各自的局域网。

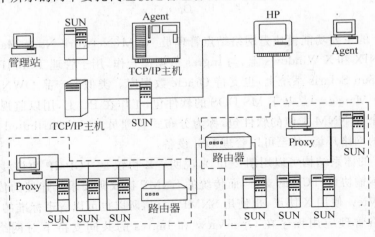

图 2-9 SunNet Manager 的例子

管理控制台是用户和管理应用交互作用的工具。这个软件运行在管理站上,可以用图形、图表或记录格式显示来自代理的数据报告,还可以把数据存储在磁盘文件中,供以后分析用。当代理发来用户定义的事件报告(例如设备启动)时,管理应用程序接收后以 E-mail 报文和声音告警的形式显示在管理控制台上。

管理数据库包含各种信息,例如关于结点的定义信息(名字可响应的请求)、关于代理的定义信息(属性和配置)等。所有信息存储在缓冲池中。任何时候缓冲池中保存的都是有关网络元素最新的信息集合,就像网络元素的"快照"一样。

SunNet Manager 的管理应用程序接口(API)提供了各种实用程序和库函数,可供用户定做自己的管理应用程序。

2.3.3 OpenView

OpenView 是 HP 公司的网络管理程序。由于 HP 公司一贯支持 UNIX 和 TCP/IP 的传统,因而 OpenView 原本是用来管理 TCP/IP 网络的,但是今天的 OpenView 已经演变成为能管理多种网络(无论是局域网或广域网)、多种协议的功能强大的软件包。图 2-10 展示出了 OpenView 管理 SNA、NetWare 和 TCP/IP 网络的例子。

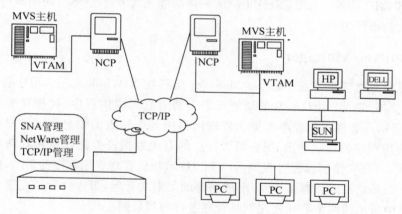

图 2-10　OpenView

OpenView 的主要功能模块是网络结点管理员 NNM(Network Node Manager)。该软件包操作在 UNIX 和 X Windows 上,与 Ingres 数据库合作,用于管理 TCP/IP 网络。NNM 也可以操作在 Sun Solaris 系统上,也支持 Oracle 数据库。类似的产品 OWNM(OpenView Windows Node Manager)是基于 MS-DOS 的软件包,工作在 PC 上,用以监视 LAN 的统计数据。还有一个与 NNM 类似的软件包,称为分布式管理员 DM(Distributed Manager),可以支持更复杂的网络环境,甚至可以管理 OSI 设备。

OpenView 的体系结构可以用图 2-11 来说明。X 协议是 TCP/IP 协议栈的一部分,需要面向连接的传输协议 TCP 的支持,而传统的 SNMP 协议则要求无连接的传输协议 UDP 的支持。OpenView 使用 X 协议,也使用 SNMP 协议,所以也可以管理标准的 SNMP 设备。用户开发的网络管理应用程序在 OpenView 和 Ingres 的共同支持下对网络进行管理和控制。

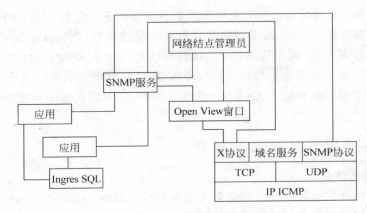

图 2-11　OpenView 的体系结构

　　开发网络管理应用程序,要选择合适的网络管理平台。以上介绍的 3 种系统都有一定的通用性,都是流行的网管平台。但是用户在购买时还是要仔细选择,以求得公司网络和管理软件之间的最佳匹配。要确定商家提供的功能中哪些是你所需要的,哪些是你不需要的。还要从长远的观点看问题,不但要求网管平台能满足当前的管理需要,而且要求能满足未来网络发展的需要。如果需要第三方软件的支持,就得认真考虑如何把各种管理软件和应用软件集成在一起的问题。

2.3.4　基于 Web 的网络管理——JMAPI

　　基于 Web 的网络管理系统是目前网络管理发展的一种趋势。Sun 公司提供了一组 Java 编程接口,供用户开发基于 Web 浏览器的网络管理应用。这一组编程接口统称 JMAPI,主要由以下部分组成。

　　视域管理模块(AdminView):提供了一组设计用户界面的组件。一些组件是一般图形用户界面通用的,例如按钮、表单、工具条、滚动条等;而另一些组件是专为网络管理应用定做的,如画板、MIB 浏览器、计量器、曲线图等,甚至可以用这些组件直接创建管理对象,说明它的属性,配置和显示有关的管理信息。

　　远程方法调用模块(Remote Method Invocation):这是用于网络通信的系统,提供了开发分布式网络管理应用的工具。

　　运行时间管理模块(Admin Runtime Module):提供了运行时间管理机制,可以动态调度管理对象,如生成、撤销管理对象等。

　　管理对象编译器(Managed Object Compiler):用于对开发者说明的管理对象进行编译,变换成管理程序可访问的内部形式。

　　关系数据库绑定模块(Java Relational Binding):用于把管理对象存储在通用的关系数据库(例如 Sybase、Oracle 等)中。

　　在用 JMAPI 开发的网络管理系统中,用户以 Web 浏览器访问管理信息库,通过各种网页浏览管理信息,对管理对象进行操作。网页中有网络地图,可以直观地显示网络的拓扑结构,通过单击网络地图中的结点和连接标号,或者通过网页中的菜单,还可以进一步显示网络互联接口中的详细信息。用户可以使用的另外一种管理工具是内容管理器(Content

Manager），它的作用是收集和显示有关管理对象和网络服务的信息。JMAPI 提供了 3 种内容管理器：简单型内容管理器、层次型内容管理器和属性手册（Property Book）。最后一种管理器用于生成管理对象，说明管理对象的属性和状态。另外，开发者也可以定义其他类型的内容管理器。网页中含有警告信息表和故障标签表，实时地显示网络中出现的各种事件。这种类型的网络管理系统利用了 Java 与平台无关的特点，可以获得多种支持，便于开发，可广泛应用。

2.3.5　网络管理系统的发展趋势

1. 综合化和智能化

网络管理的综合化和智能化是网络管理系统的发展趋势。未来的网络管理系统通过一组相同的网络管理工作站管理所有互联的网络，而不论其结构和协议如何，这就是所谓的综合网络管理系统（Integrated Network Management System，INMS）的基本出发点。它包含如下功能。

（1）管理各个子网内的所有网元设备，从低级到高级层次。

（2）提供统一的网络接口和标准。

（3）提供单一的管理语法。

（4）具有统一的公共管理功能集。

（5）不同被管对象定义之间自动翻译。

（6）自动维持各被管对象之间的联系等。

网络的综合化管理包含三重意思。一是对于同一子网，必须包含组成网络的各种网元设备。如电信网络管理必须包含交换设备、传输设备和用户的管理，此外还应包括支撑体系（信令系统、同步系统等）到各种业务管理。二是由单一网络到互联网络的管理，如电信网、计算机网、广播电视网以及它们的互联网，对于一个行业、部门建立能覆盖所涉及的全部网络。三是与网络直接相关的系统也应是综合管理的一部分，如网络所处环境、供电系统等。

除此之外，综合网络管理系统还应该操作简便，能减少差错，增加网络管理的适应性和实时性。对网络进行综合管理是互联网络发展的必然趋势。

网络管理的智能化包括多个方面的内容。

用于网络规划的在线分析，利用实时的交互式专家系统可支持网络配置参数的实时动态修改。专家系统可以实现实时的故障检测、故障诊断和路由调度，并且在网络运行过程中，可以通过对网络运行的历史数据的分析预报故障，充分发挥资源的作用。现行的 MIB（管理信息库）将由知识库所取代，便于支持更高级的网络管理和控制操作，自动决策。

对网络的控制可以是人工的，也可以是自动的，当然最终是要自动的。要实现网络的自动控制，必须使网络管理系统具备一套基于智能化的信息识别和决策支持系统（DSS），达到网络管理的智能化阶段。

网络管理人员对网络实施管理和控制的有效性与网络管理系统的复杂程度成反比。人工智能的进步将会解决因日益复杂的网络管理系统所带来的问题。未来的网络管理将引入专家系统，它可以处理不完整和不确切的数据和网络状态，以捕获间歇和偶然出现的复杂问题，并提供对处理结果的解释，甚至可以自动学习和积累经验。由此可见，网络管理系统的智能化有着广阔的研究和应用前景。

2. 面向业务的网络管理

3. 以客户为中心的综合网络管理

2.4 习 题

一、单项选择题

1. 对一个网络管理员来说,网络管理的目标不是( )。

    A. 提高设备的利用率   B. 为用户提供更丰富的服务

    C. 降低整个网络的运行费用   D. 提高安全性

2. 下属各功能中,属于性能管理范畴的功能是( )。

    A. 网络规划和资源管理功能   B. 工作负载监视功能

    C. 运行日志控制功能   D. 测试管理功能

3. 在 OSI 管理的面向对象模型中,把可以导致同一超类下的不同子类对所继承的同一操作做出不同的响应的特性称为( )。

    A. 继承性   B. 多继承性   C. 多态性   D. 同质异晶性

4. 依据网络管理系统的层次结构,网络管理实体(NME)属于( )。

    A. 数据链路层   B. 网络层   C. 传输层   D. 应用层

5. 代理可以每隔一定时间向管理站发出信号,报告自己的状态,这种机制称为( )。

    A. 请求   B. 响应   C. 多态性   D. 同质异晶性

6. 下述各功能中,属于配置管理范畴的功能是( )。

    A. 测试管理功能   B. 数据收集功能

    C. 网络规划和资源管理功能   D. 工作负载监视功能

7. 如果一个对象是多个对象类的实例,则这个对象具有( )。

    A. 继承性   B. 多继承性   C. 多态性   D. 同质异晶性

8. 网络中各节点的网络管理实体(NME)称为( )模块。

    A. 代理   B. 管理站   C. 节点   D. 应用

9. SNMP 工作于( )。

    A. 数据链路层   B. 网络层   C. 传输层   D. 应用层

10. 层管理只涉及某一层的管理对象,并利用( )的通信协议传递管理信息。

    A. 上一层   B. 下一层   C. 最上层   D. 最下层

11. OSI 标准采用面向( )的模型定义管理对象。

    A. 管理   B. 对象   C. 实体   D. 程序

12. OSI 标准模型中,一个子类有多个超类是指( )。

    A. 继承性   B. 多继承性   C. 多态性   D. 同质异晶性

13. OSI 定义的系统管理功能域中,访问控制属于( )管理域。

    A. 配置管理   B. 故障管理   C. 性能管理   D. 安全管理

14. 大型网络的网络管理发展趋势是( )。

    A. 分布式   B. 分散式   C. 集中式   D. 开放式

15. 在 OSI 管理功能域中,下面( )不属于性能管理功能。
    A. 数据收集功能   B. 工作负载监视功能
    C. 测试管理   D. 摘要功能

16. 每个管理域有( )名字。
    A. 唯一   B. 多个   C. 两个   D. 不一定

17. 对象名可分为全局名和本地名,本地名从( )开始。
    A. 任意位置   B. 包含树的根
    C. 上级包含对象的名字   D. 下级包含对象的名字

18. 网络管理功能是在应用层实现的,应用层由( )组成。
    A. AP   B. AE   C. AP 或 AE   D. AP 和 AE

19. 建立应用联系的主要过程是交换( )。
    A. AA   B. AC   C. AP   D. AE

20. ( )用于实现对等应用实体之间的远程过程调用。
    A. ROSE   B. ACSE   C. CMISE   D. RMONSE

二、填空题

1. 目前,比较通用的网络管理软件包括:IBM 公司的_____、Sun 公司的_____ 和 HP 公司的_____。

2. OSI 定义了下列 5 个系统管理功能域:_____管理、_____管理、_____管理、_____管理、_____管理。

3. 网络管理系统的每个节点都包含一组与管理有关的软件,称为_____。网络中各节点在_____的控制下与管理站通信,交换管理信息。

4. 系统管理包含所有 7 层管理对象,管理信息的交换采用_____的可靠传输。

5. 除 NME 外,网络管理站还有一组软件,称为_____。

6. NME 提供_____,根据用户的命令显示管理信息,通过网络向_____发出请求或指令,以获取有关设备的管理信息或改变设备配置。

7. 使用_____可对 OSI 的 7 层实施统一管理。

8. ISO 定义的系统管理功能中,配置管理功能域包括_____、_____、_____、网络规划和资源管理。

9. ISO 定义的系统管理功能域中,事件报告功能属于_____管理域。

10. JMAPI 是_____提出的基于_____的网络管理。

11. _____是为了对一组管理对象实施不同的管理策略而划分的管理对象的一部分,这就形成了管理对象之间的包含关系。包含关系仅适用于_____,绝不能应用于_____。

12. 在 OSI 标准中管理对象类由_____的对象标识符表示。

13. 应用进程 AP 主要有两个功能,一个是_____功能,另一个是_____功能。应用进程把它们组合在一起通过一个全局的名字来调用。

14. 应用实体首先要与对等的应用实体建立应用联系 AA(Application Association),然后才能通信。建立应用联系主要是协商确定共同认可的_____以及在应用活动期间共同遵守的通信规则。

三、名词解释

网络管理、管理域、心跳机制、对象标识符、NME、MIB

四、简述题

1. 简单描述网络管理系统的层次结构。
2. 网络管理框架的共同特点是什么？
3. 网络管理实体应完成哪些任务？
4. 简单描述 OSI 系统管理的通信机制。
5. 故障管理包括哪些基本功能？

第 3 章　管理信息库 MIB-2

Internet 是由 ARPANET 演变而来的，在这个网络上运行的通信协议称为 TCP/IP 协议簇。由于 SNMP 是一个基本通信层的网管协议，所以与 TCP/IP 协议运行有关的信息都包含在 SNMP 的管理信息库中。本章回顾 TCP/IP 协议簇的结构，然后介绍 SNMP 管理信息的主要内容。

3.1　SNMP 的基本概念

3.1.1　TCP/IP 协议簇

TCP 协议和 IP 协议指两个用在 Internet 上的网络协议（或数据传输的方法）。它们分别是传输控制协议和互联网协议。实际上，所谓 TCP/IP 协议指的是含有众多协议的协议组或称为协议簇。

TCP/IP 协议簇中的协议保证 Internet 上数据的传输，提供了几乎现在上网所用到的所有服务。这些服务包括：电子邮件的传输、文件传输、新闻组的发布、访问万维网等。

TCP/IP 协议簇分两种协议：网络层的协议、应用层的协议。

网络层协议管理离散的计算机间的数据传输。这些协议用户注意不到，是在系统表层以下工作的。比如，IP 协议为用户和远程计算机提供了信息包的传输方法。它是在许多信息的基础上工作的，比如说是机器的 IP 地址。在机器 IP 地址和其他信息的基础上，IP 确保信息包能正确地到达目的机器。通过这一过程，IP 和其他网络层的协议共同用于数据传输。如果没有网络工具，用户就看不到在系统里工作的 IP。

应用层协议用户是可以看得到的。比如，文件传输协议（FTP）用户是看得到的。用户为了传输一个文件请求一个和其他计算机的连接，连接建立后，就开始传输文件。在传输时，用户和远程计算机的交换的一部分是能看到的。

TCP/IP 通过使用协议栈工作。这个栈是所有用来在两台机器间完成一个传输的所有协议的几个集合。

TCP/IP 定义了 4 个协议层次，与 OSI/RM 的对应关系如图 3-1 所示。TCP/IP 的设计者注重的是网络互联，允许通信子网采用已有的或将来的各种协议，所以没有提供网络访问层协议。实际上，TCP/IP 协议可以运行在任何子网上，例如，X.25 分组交换网或 IEEE 802 局域网。

与 OSI 分层的原则不同，TCP/IP 协议簇允许同层协议实体（例如，IP 和 ICMP）之间互

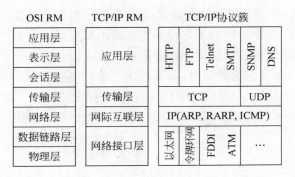

图 3-1 TCP/IP 协议簇

相作用,从而实现复杂的控制功能,也允许上层过程直接调用不相邻的下层过程。甚至在有些高级协议(例如,FTP)中,控制信息和数据分别传输,而不是共享同一协议数据单元。图 3-2 表示了主要协议之间的调用关系。

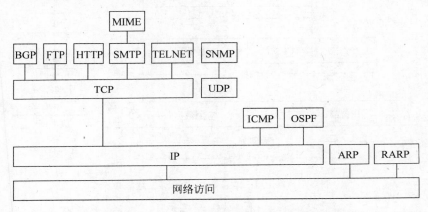

图 3-2　Internet 主要协议之间的调用关系

那么 TCP 和 IP 是怎样进行操作的呢?

在 Internet 中,用主机(Host)一词泛指各种工作站、服务器、PC,甚至大型计算机。用于连接网络的设备叫 IP 网关或路由器。组成互联网的各个网络可能是 IEEE 802.3、IEEE 802.5 或其他任何局域网,甚至广域网。互联网的组成如图 3-3 所示。

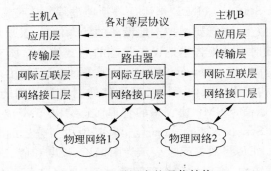

图 3-3　互联网中的通信结构

TCP 是端系统之间的协议,其功能是保证端系统之间可靠地发送和接收数据,并给应用进程提供访问端口。互联网中的所有端系统和路由器都必须实现 IP 协议。IP 的主要功能是根据全网唯一的地址把数据从源主机搬运到目标主机。当一个主机中的应用进程选择传输服务(例如,TCP)为其传送数据时,以下各层实体分别加上该层协议的控制信息,形成协议数据单元,如图 3-4 所示。当 IP 分组到达网络目标主机后由下层协议实体逐层向上提交,沿着相反方向一层一层剥掉协议控制信息,最后把数据交给应用层接收进程。

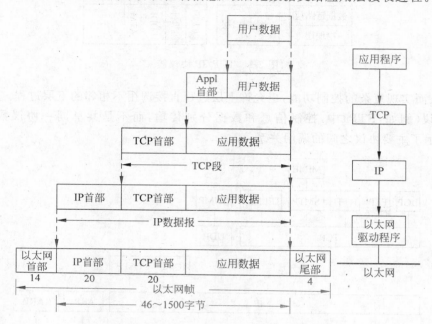

图 3-4 TCP/IP 体系结构中的协议数据单元

SNMP 管理 TCP/IP 协议的运行,与 TCP/IP 协议运行有关的信息按照 SNMP 定义的管理信息存储在管理信息库中。

3.1.2 TCP/IP 网络管理框架

SNMP 网络管理框架最关键的是其网络管理框架模型、数据组织与存取方法和系统内数据的通信方式三个方面。SNMP 网络管理框架采用管理站/代理的体系结构,管理站(Network Management Station,NMS)是运行着管理进程并负责网络管理的实体,代理则分布于网络中被管理对象上,它既要维护本地设备的状态信息,又要将这些网络管理信息提供给远程管理访问,并随时自动报告本地设备状态的异常信息。所有这些管理信息存于每个网络节点的管理信息库(Management Information Base,MIB)中。

为了使 Internet 异构网络体系内不同类型硬件的网络设备间能正确地传输消息,实现管理站和代理间的网络通信,SNMP 协议中的管理信息结构(SMI)对 MIB 中的数据组织方法使用 ASN.1(Abstract Syntax Notation one)定义,并用树型分层的概念结构来组织[2,3]。在通信中使用编码规则 BER 将数据元素表示为由标识、长度和值三个字段组成的八位位组序列。在 SNMP 网络系统中,管理站和代理间通过 UDP 协议在网络中发送 SNMP 报文进行通信,双方用共同体这个字符串作为进程管理的认证口令。管理站在 161 端口接收读

(get)/写(set)等网络轮询的应答消息,并在 162 端口接收代理发送的网络设备冷启动、热启动、链路失效等告警消息,所有这些信息都被组织成变量绑定列表封装在 SNMP 报文中。

在 Internet 中,对网络、设备和主机的管理叫做网络管理,网络管理信息存储在网络管理信息库 MIB 中。图 3-5 描述 SNMP 的配置框架。SNMP 由两部分组成:一部分是管理框架,包含管理站和代理,另一部分是访问管理信息库的协议规范。下面简要介绍这两部分的内容。

图 3-5 中的第一部分是 MIB 树。各个代理中的管理数据由树叶上的对象组成,树的中间节点的作用是对管理对象进行分类。例如,与某一协议实体有关的全部信息位于指定的子树上。树结构为每个页节点指定唯一的路径标识符,这个标识符是从树根开始把各个数字串联起来形成的。

图 3-5 中的另一部分是 SNMP 协议支持的服务原语,这些原语用来管理站点和代理之间的通信,以便查询和改变管理信息库中的内容。Get 检索数据,Set 改变数据,而 GetNext 提供扫描 MIB 树和连续检索数据的方法。Trap 则提供从代理进程到管理站的异步报告机制。为了使管理站能够及时有效地对被管理设备进行监控,同时又不过分增加网络的通信负载,必须使用陷入(Trap)制导的轮询过程。这个过程是这样操作的:管理站启动时,每隔一定时间用 Get 操作轮询一遍所有代理以便得到某些关键信息(例如,接口特性),或基本的性能统计参数(例如,在一段时间内通过接口发送和接收的分组数等)。一旦得到这些基本数据,管理站就停止轮询,而由代理进程负责在必要的时候向管理站报告异常事件。例如,代理进程重新启动、链路失效、负载超过门限等,这些情况都是由陷入操作传送给管理站的。得到异常事件的报告后,管理站可以查询有关代理,以便得到更具体的信息,对事物的原因做进一步的分析。Internet 最初的网络管理框架有四个文件定义,如图 3-5 所示,这就是 SNMP 第 1 版(SNMPv1)。RFC1155 定义了管理信息结构(SMI),即规定了管理对象的语法和语义。SMI 主要说明了怎样定义管理对象。RFC1212 说明了定义 MIB 模块的方法,可 RFC1157 则定义了 MIB-2 管理对象的核心集合,这些管理对象是任何 SNMP 系统必须实现的。最后,RFC1157 是 SNMPv1 协议的规范文件。

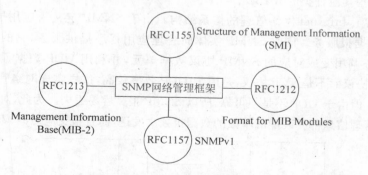

图 3-5　SNMPv1 网络管理框架定义

3.1.3　SNMP 体系结构

SNMP 即简单网络管理协议在体系结构分为被管理的设备(Managed Device)、SNMP 管理器(SNMP Manager)和 SNMP 代理(SNMP Agent)三个部分。被管理的设备是网络中的一个节点,有时被称为网络单元(Network Elements),被管理的设备可以是路由器、网管服务器、交换机、网桥、集线器等。每一个支持 SNMP 的网络设备中都运行着一个 SNMP 代理,它负责随时收集和存储管理信息,记录网络设备的各种情况,网络管理软件再通过 SNMP 通信协议查询或修改代理所记录的信息。

SNMP 代理是驻留在被管理设备上的网络管理软件模块,它收集本地计算机的管理信息并将这些信息翻译成兼容 SNMP 协议的形式。

SNMP 管理器通过网络管理软件来进行管理工作。网络管理软件的主要功能之一,就是协助网络管理员完成管理整个网络的工作。网络管理软件要求 SNMP 代理定期收集重要的设备信息,收集到的信息将用于确定独立的网络设备、部分网络或整个网络运行的状态是否正常。SNMP 管理器定期查询 SNMP 代理收集到的有关设备运转状态、配置及性能等的信息。

SNMP 使用面向自陷的轮询方法(Trap-directed polling)进行网络设备管理。一般情况下,网络管理工作站通过轮询被管理设备中的代理进行信息收集,在控制台上用数字或图形的表示方式显示这些信息,提供对网络设备工作状态和网络通信量的分析和管理功能。当被管理设备出现异常状态时,管理代理通过 SNMP 自陷立即向网络管理工作站发送出错通知。当一个网络设备产生了一个自陷时,网络管理员可以使用网络管理工作站来查询该设备状态,以获得更多的信息。

管理信息数据库(MIB)是由 SNMP 代理维护的一个信息存储库,是一个具有分层特性的信息的集合,它可以被网络管理系统控制。MIB 定义了各种数据对象,网络管理员可以通过直接控制这些数据对象去控制、配置或监控网络设备。SNMP 通过 SNMP 代理来控制 MIB 数据对象。无论 MIB 数据对象有多少个,SNMP 代理都需要维持它们的一致性,这也是代理的任务之一。现在已经定义的有几种通用的标准管理信息数据库,这些数据库中包括了必须在网络设备中支持的特殊对象,所以这几种 MIB 可以支持简单网络管理协议(SNMP)。使用得最广泛、最通用的 MIB 是 MIB-Ⅱ。此外,为了利用不同的网络组件和技术,还开发了一些其他种类的 MIB。

图 3-6 画出了 Internet 网络管理的体系结构。由于 SNMP 定义为应用层协议,所以它依赖于 UDP 数据报服务。同时 SNMP 实体向管理应用程序提供服务,它的作用是把管理应用程序的服务调用变成对应的 SNMP 协议数据单元,并利用 UDP 数据报发送出去。之所以选择 UDP 协议而不是 TCP 协议,是因为 UDP 效率较高,这样实现网络管理不会太多地增加网络负载。但由于 UDP 不是很可靠,所以 SNMP 报文容易丢失。为此,对 SNMP 实现的建议是对每个管理信息都要装配成单独的数据报独立发送,而且报文应短些,不超过 484B。

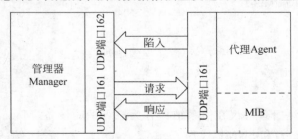

图 3-6　简单网络管理协议的体系结构

每个代理进程管理若干管理对象,并且与某些管理站建立团体(Community)关系,如
图 3-7 所示。团体名作为团体的全局标识符,是一种简单
的身份认证手段。一般来说代理进程不接受没有通过团
体名验证的报文,这样可以防止假冒的管理命令。同时在
团体内部也可以实行专用的管理策略,这一点将在后面
详述。

图 3-7　SNMPv1 的团体关系

SNMP 要求所有的代理设备和管理站都必须实现
TCP/IP 的设备(例如,某些网桥、调制解调器、个人计算机
和可编程控制器等),不能直接用 SNMP 进行管理。为此,提出了委托代理的概念,如图 3-8
所示。一个委托代理设备可以管理若干台非 TCP/IP 设备,并代表这些设备接受管理站的
查询。实际上委托代理起到了协议转换的作用,委托代理和管理站之间按 SNMP 协议通
信,而与被管理设备之间则按专用的协议通信。

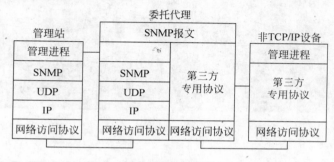

图 3-8　委托代理

3.2　管理信息结构

SNMP 环境中的所有管理对象组织成分层的树结构,树结构端结点对象就是实际的被
管理对象,每一个对象都代表一些资源、活动或其他要管理的相关信息。树型结构本身定义
了如何把对象组合成逻辑相关的集合,如图 3-9 和图 3-10 所示。这种层次结构有 3 个作用。

(1) 表示管理和控制关系。从图 3-9 可看出,上层的中间节点是某些组织机构的名字,
说明这些机构负责它下面的子树信息的管理和审批。有些中间节点虽然不是组织机构名,
但已委托给某个组织机构代管。例如,org(3)由 ISO 代管,树根没有名字,默认为抽象语法
表示 ASN.1。

(2) 提供了结构化的信息组织技术。从图 3-10 可看出,下层的中间节点代表的子树是
与每个网络资源或网络协议相关的信息集合。例如,有关 IP 协议的管理信息都放置在
ip(4)子树中。这样,沿着树层次访问相关信息就很方便。

(3) 提供了对象命名机制。树中每个节点都有一个分层的编号。叶子节点代表实际的
管理对象,从树根到树叶的编号串联起来,用圆点隔开,就形成了管理对象的全局标识。例
如,Internet 的标识符是 1.3.6.1,或者写为{iso(1)org(3)dod(6)1}。

通过这种特殊结构的树来唯一地确定一个管理对象是 OSI 的管理模式,而 Internet 也
应用了这种管理信息结构。

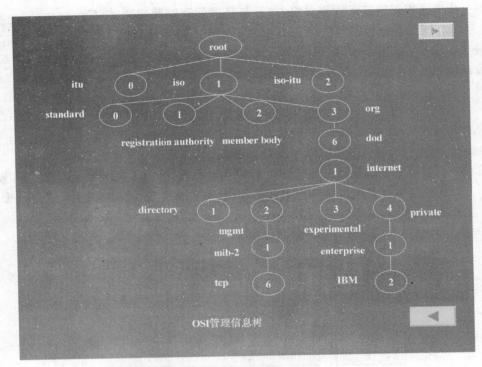

图 3-9　注册层次

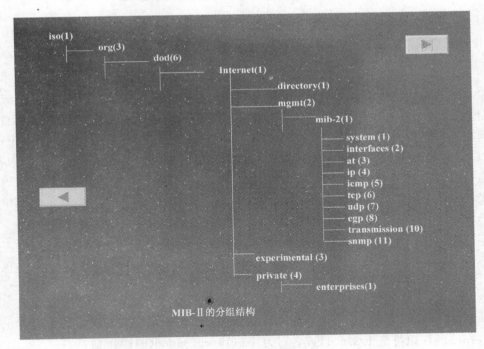

图 3-10　MIB-2 的分组结构

在 ISO 节点下面,一个子树用于其他组织,其中一个是 DOD(美国国防部)。RFC1155 确定一个 DOD 下的子树将由 IAB(Internet 活动董事会)管理。Internet 下面的 4 个节点需要解释。directory(1)是为 OSI 的目录服务(X.500)使用的。mgmt(2)包括由 IAB 批准的所有管理对象,而 mib-2 是 mgmt(2)的第一个孩子结点。experimental(3)子树用来标识在互联网上实验的所有管理对象。最后,private(4)子树是为私人企业管理信息准备的,目前这个子树只有一个孩子结点 enterprise(1)。如果一个私人企业(例如,ABC 公司)向 Internet 编码机构申请注册,并得到一个代码 001,该公司为它的令牌环适配器赋予代码为 25。这样,令牌环适配器的对象标识符就是 1.3.6.1.001.25。把 Internet 节点划分为 4 个子树,为 SNMP 的实验和改进提供了非常灵活的管理机制。

3.2.1 抽象语法标记

抽象语法标记(Abstract Syntax Notation One,ASN.1)是一种 ISO/ITU-T 标准,描述了一种对数据进行表示、编码、传输和解码的数据格式,提供了一整套正规的格式用于描述对象的结构,而不管语言上如何执行及这些数据的具体指代,也不用去管到底是什么样的应用程序。ASN.1 是一种形式语言,它提供统一的网络数据表示,通常用于定义应用数据的抽象语法和应用层协议数据单元的结构。在网络管理中,无论是 OSI 的管理信息结构,或是 SNMP 管理信息库,都是用 ASN.1 定义的。用 ASN.1 定义的应用数据在传输过程中要按照一定的规则变换成比特串,这种规则就是基本编码规则 BER。这一章讨论 ASN.1 和 BER 的基本概念在网络管理中的应用。

1. 网络数据表示

ASN.1 是描述在网络上传输的信息格式的标准方法。它有两部分:一部分描述信息内数据,数据类型及序列格式;另一部分描述如何将各部分组成消息。它原来是作为 X.409 的一部分而开发的,后来才自己独立成为一个标准。ASN.1 包含在 OSI 的 ISO 8824/ITU X.208(说明语法)和 ISO 8825/ITU X.209(说明基本编码规则)规范中。

表示层的功能是提供统一的网络数据表示。在互相通信的端系统中至少有一个应用实体(例如,FTP、Telnet、SNMP 等)和一个表示实体(即 ASN.1)。表示实体定义了应用数据的抽象语法,这种抽象语法类似于通常程序设计语言定义的抽象数据类型。应用协议按照预先定义的抽象语法构造协议数据单元,用于和对等系统的应用实体交换信息。表示实体则对应用层数据进行编码,变成二进制的比特串,例如,把十进制数变成二进制数,把字符变成 ASCII 码,等等。比特串由下面的传输实体在网络中传送。把抽象数据变换成比特的编码规则称为传输语法。在各个端系统内部,应用数据被映像成本地的特殊形式,存储在磁盘上或显示在用户终端上,如图 3-11 所示。

特别需要指出的是,这里提到的抽象语法是独立于任何编码技术的,只与应用有关。抽象语法要能满足应用的需要,能够定义应用需要的数据类型和表示这些类型的值。ASN.1 是根据当前网络应用的需求制定的标准(CCITT X.208 和 ISO8824),也许随着网络应用的发展,还会开发出新的表示层标准。另外值得一提的是对应一种抽象语法可以选择不止一种传输语法。对传输语法的基本要求是支持对应的抽象语法,另外还可以有其他一些属性,例如,支持数据加密或压缩,或者两者都支持。

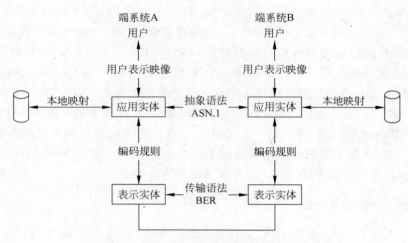

图 3-11 关于信息表示的通信系统模型

2. ASN.1 的基本概念

作为一种形式语言,ASN.1 有严格的 BNF 定义。我们不想全面研究它的 BNF 定义,而是自底向上地解释 ASN.1 基本概念,然后给出一个抽象数据类型的例子。下面列出 ASN.1 文本的书写规则,这些规则称为文本约定(Lexical Conventions)。

(1) 书写的布局是无效的,多空格和空行等效于一个空格。

(2) 用于表示值和字段的标识符、类型指针(类型名)和模块名由大小写字母、数字和短线(Hyphen)组成。

(3) 标识符以小写字母开头。

(4) 类型指针和模块名以大写字母开头。

(5) ASN.1 定义的内部类型全部用大写字母表示。

(6) 关键字全部用大写字母表示。

(7) 注释以一对短线(--)开始,以一对短线或行为结束。

1) 抽象数据类型

在 ASN.1 中,每一个数据类型都有一个标签(Tag),标签有类型和值(见表 3-1),数据类型是由标签的类型和值唯一决定的,这种机制在数据编码时有用。标签的类型分为 4 种。

(1) 通用标签:用关键字 UNIVERSAL 表示,带有这种标签的数据类型是由标准定义的,适用于任何应用。

(2) 应用标签:用关键字 APPLICATION 表示,是由某个具体应用定义的类型。

(3) 上下文专用标签:这种标签在文本的一定范围(例如,一个结构)中适用。

(4) 私有标签:用关键字 PRIVATE 表示,这是用户定义的标签。

ASN.1 定义的数据类型有 20 多种,标签类型都是 UNIVERSAL,如表 3-1 所示。这些数据类型可分为 4 大类。

(1) 简单类型:由单一成分构成的原子类型。

(2) 构造类型:由两种以上成分构成的构造类型。

(3) 标签类型:由已知类型定义新的类型。

(4) 其他类型:包括 CHOICE 和 ANY 两种类型。

表 3-1 ASN.1 定义的通用类型

标签	类型	值集合
UNIVERSAL1	BOOLEAN	TRUE,FALSE
UNIVERSAL2	INTEGER	正数、负数和 0
UNIVERSAL3	BIT STRING	0 个或多个比特组成的序列
UNIVERSAL4	OCTET STRING	0 个或多个字节组成的序列
UNIVERSAL5	NULL	空序列
UNIVERSAL6	OBJECT IDENTIFIER	对象标识符
UNIVERSAL7	Object Descriptor	对象描述符
UNIVERSAL8	EXTERNAL	外部文件定义的类型
UNIVERSAL9	REAL	所有实数
UNIVERSAL10	ENUMERATED	整数值的表,每个整数有一个名字
UNIVERSAL11～15	保留	为 ISO8824 保留
UNIVERSAL16	SEQUENCE,SEQUENCE OF	序列
UNIVERSAL17	SET,SET OF	集合
UNIVERSAL18	NumericString	数字 0～9 和空格
UNIVERSAL19	PrintableString	可打印字符串
UNIVERSAL20	TeletexString	由 CCITT T.61 建议定义的字符集
UNIVERSAL21	VideotexString	由 CCITT T.100 和 T.101 建议定义的字符集
UNIVERSAL22	IA5String	国际标准字符集 5(相当于 ASCII 码)
UNIVERSAL23	UTCTime	时间
UNIVERSAL24	GeneralizedTime	时间
UNIVERSAL25	GraphicString	为 ISO 8824 定义的字符集
UNIVERSAL26	VisibleString	为 ISO 646 定义的字符集
UNIVERSAL27	GeneralString	通用字符集
UNIVERSAL28……	保留	为 ISO 8824 保留

下面解释这些数据定义类型的含义。

(1) 简单类型。表 3-1 中除了 UNIVERSAL16 和 UNIVERSAL17 之外都是简单类型。这些类型的共同特点是可以直接定义它们的值的集合,可以把这些类型作为原子类型构造新的数据类型。简单类型还可以分成 4 组。第一组包括 BOOLEAN、INTEGER、BIT STRING、OCTET STRING、REAL 和 ENUMERATED 等。这一组可以叫做基本类型,它们的值已经在表 3-1 中列出了。需要说明的是实数可以表示为科学计数法:

$$M \times B^E$$

其中尾数 M 和指数 E 可以取任何正/负整数值,基数 B 可取 2 或 10。枚举类 ENU-MERATED 是一个整数的表,每一个整数有一个名字。与此类似的是对于某些整数类型的值也可以定义一个名字,但这两种类型是有区别的。对整数可以进行算术运算,但对枚举类型却不能进行任何的算术运算,也就是说枚举类型的值只是用整数表示的一个符号,而不具有整数的性质。下面是定义枚举类型和定义整数类型的例子:

```
EthemetAdapterStatus:: = ENUMERATERD{normal(0),degraded(1),offline(2),failed(3)}
EthernetNumberCollisionsRange:: = INTEGER{minimum(0),maximum(1 000)}
```

在 ASN.1 中,符号∷＝读做"定义为"。显然 EthernetNumberCollisionsRange 类型的变量只能取两个整数值: 0 和 1000。

第二组包括各种字符串类型,标签为 UNIVERSAL18~UNIVERSAL22 和 UNIVERSAL25~UNIVERSAL27,这些类型都可以看做是 OCTET STRING 类型的子集,它们都是采纳其他标准的类型。

第三组包括 OBJECT IDENTIFIER 和 Object Descriptor 两种类型。我们用对类型泛指网络中传输的任何信息对象,例如,标准文档、抽象语法和传输语法、数据结构和管理对象等都可以归入信息对象范畴。OBJECT IDENTIFIER 类型的值是一个对象标识符,由一个整数序列组成,它唯一地标识一个对象。对象描述符(Object Descriptor)则以人工可读的形式描述信息对象的语义。

第四组包含 4 种类型。NULL 是空类型,它没有值,只占用结构中的一个位置,该位置可能出现或不出现数据。EXTERNAL 是外部类型,即标准之外的文档定义的类型。UTCTime 和 GeneralizedTime 是两种有关时间的类型,其区别是表示时间的形式不同。前者(世界通用时)分别用两位数字表示年、月和日(即 YYMMDD),然后是时、分和秒(即 hhmmss),最后可以说明是否为本地时间;而后者用 4 位数字表示年,用两位数字表示月和日,最后也可以说明是否为本地时间。例如:

$$20000721182053.7$$

是 GeneralizedTime 类型的一个值,表示 2000 年 7 月 21 日,当地时间 18 点 20 分 53.7 秒,而值:

$$20000721182053.7Z$$

表示同样的时间,但加了符号 Z,则表示 UTC 时间。如果写为:

$$20000721182053.7+0800$$

则除了表示同样的当地时间之外,还说明了加 8 小时可以得到 UTC 时间。

(2) 构造类型。构造类型有序列和集合两种,分别用 SEQUENCE 和 SEQUENCE OF 表示不同类型和相同类型元素的序列,分别用 SET 和 SET OF 表示不同类型和相同类型元素的集合。序列和集合的区别是前者的元素是有序的,而后者是无序的。

我们可以定义任何已知类型的序列,定义序列的语法是:

```
SequenceTyoe∷ = SEQUENCE{ElementTypeList}|SEQUENCE{ }
ElementTypeList∷ = ElementType|ElementTypeList,ElementType
ElementType∷ =
NamedType                       |
NamedType OPTIONAL              |
NamedType DEFAULT Value         |
COMPONENTS OF Type
```

在这个表达式中,NamedType 是一个类型指针。序列的每一成分类型可能跟随关键字 OPTIONAL(表示任选)或 DEFAULT(表示默认值)。COMPONENTS OF 子句用于指示另外一个被包含的类型。定义 SEQUENCE OF 类型的语法如下:

```
SequenceOfTyoe∷ SEQUENCE OF Type|SEQUENCE
```

下面是定义序列类型的例子：

```
EthernetNumberCollisionsRange::= SEQUENCE
                                {highValue  INTRGER,
                                 lowValue   INTRGER}
TokenRingTokensLost::= SEQUENCE OF
                                { highValue   INTRGER,
                                  lowValue    INTRGER }
LanSimpleCounterLimite::= SEQUENCE
                                        {ethernetCounter1    COMPONENTS OF
EthernetCollisionsCounter,
tokenRing Counter1   COMPONENTS OF
TokenRingTokensLost }
```

定义 SET 和 SET OF 的语法是类似的：

```
SetType::= SET{ ElementTypeList }|SET{}
SetOfType::= SET OF Type|SET
```

下面是定义集合类型的例子：

```
LanWorkstationSerialNumbers::= OCTET STRING(SIZE(32))
LanSegment::= SET OF LanWorkstationSerialNumbers
MacAddresses:: = OCTET STRING(SIZE(6))
EthernetNetworks::= SET OF MacAddresses
TokenRingNetworks::= SET OF LanSegment
LanNetworks::= SET
                {etherNet[0] IMPLICIT EthernetNetworks ,
tokenNet[1] IMPLICIT TokenRingNetworks }
```

(3) 标签类型。虽然 ASN.1 的所有类型都带有标签，但这里所谓标签类型是指应用或用户加在某个类型上的标签。起码有两种情况需要给一个现有的类型加上标签：首先是一个类型可以有多个类型名，例如，为了使语义更丰富，可能用 Employee-name 和 Customer-name 表示同一类型，这样可以给两者指定同一应用标签[APPLICATION 0]。另外，在一个结构类型（序列或集合）中，可以用上下文专用标签区分类型相同的元素，例如，集合中有 3 个同样类型的元素，一个指本人的名字，一个指父亲的名字，另一个指母亲的名字，分别为其指定不同的上下文专用标签[1]、[2]和[3]，以示区别，参见下例：

```
Parentage::= SET{
        SubjectName[1]IMPLICIT IA5String,
        MotherName[2] IMPLICIT IA5String OPTIONAL,
        FatherName[3] IMPLICIT IA5String OPTIONAL}
```

标签类型可以是隐含的或是明示的，分别用关键字 IMPLICIT 和 EXPLICIT（可省略）表示。隐含标签的语义是用新标签替换老标签，所以编码时只编码新标签。上例中，3 个集合元素的上下文标签都是隐含的，因而编码时只编码上下文专用标签。明示标签的语义是在一个基类型上加上一个新的标签，从而导出一个新类型。事实上，明示标签类型是把基类型作为唯一元素的构造类型，在编码时，新老标签都要编码。可见隐含标签可以产生较短的编码，但明示标签也是有用的，特别用在当基类型未定时，例如，基类型为 CHOICE 或 ANY

49

第 3 章

类型。

（4）其他类型。CHOICE 和 ANY 是两个没有标签的类型，因为它们的值是未定的，而且类型也是未定的。当这种类型的变量被赋值时，它们的类型和标签才确定了，可以说标签是运行时间确定的。

CHOICE 是可选类型的一个表，仅其中一个类型可以被采用，产生一个值。事实上 CHOICE 类型是所有成分类型的联合，这些成分类型是已知的，但是在定义时尚未确定。CHOICE 类型定义为：

```
ChoiceType∷= CHOICE {AlternativeTypeList}
AlternativeTypeList∷= NamedType| AlternativeTypeList, NamedType
```

下面是定义 CHOICE 类型的例子：

```
EtherneAdaptertNumber∷= CHOICE{NULL,OCTET STRING}
```

ANY 类型表示任意类型的值。与 CHOICE 类型不同，实际出现的类型也是未知的，通常记为：

```
AnyType∷= ANY|ANY  DEFINED  BY  indentifier
```

例如，我们可以定义：

```
SoftwareVerision∷= ANY, 或
SoftwareVerision∷= ANY  DEFINED  BY  INTEGER
```

2）子类型

子类型是由限制父类型的值集合而导出的类型，所以子类型的值集合是父类型的子集。子类型还可以再产生子类型。产生子类型的方法有 6 种，如表 3-2 所示。

表 3-2　产生子类型的方法

类型	单个值	包含子类型	值区间	大小限制	可用字符	内部子类型
BOOLEAN	V	V				
INTEGER	V	V	V			
ENUMERATED	V	V				
REAL	V	V	V			
OBJECT IDENTIFIER	V	V				
BIT STRING	V	V		V		
OCTET STRING	V	V		V		
CHARACTER STRING	V	V		V	V	
SEQUENCE	V	V				V
SEQUENCE OF	V	V		V		V
SET	V	V				V
SET OF	V	V		V		V
ANY	V	V				
CHOICE	V	V				V

（1）单个值。这种方法就是列出子类型可取的各个值，例如，我们可以定义小素数为整数类型的子集：

```
SmallPrime:: = INTEGER(2|3|5|7|11|13|15|17|19|23|29)
```

另外，如果定义 Months 为枚举类型：

```
Months:: = ENUMERATED{January(1),february (2),march(3),april(4),may(5),
june(6),july(7),august(8),september(9),october(10),
november(11),december(12)}
```

则可以定义 First-quarter 和 Second-quarter 为 Months 的子类型：

```
First - quarter:: = Months(January,february ,march)
Second - quarter:: = Months(april,may,june)
```

（2）包含子类型。这里要用到关键字 INCLUDES，说明被定义的类型包含了已有类型的所有的值，例如，下面的定义：

```
First - half:: = Months(INCLUDES First - quarter| INCLUDES Second - quarter)
```

另外，也可以直接列出被包含的值，例如：

```
First - third:: = Months(INCLUDES First - quarter|apri)
```

（3）值区间。这种方法只能应用于整数和实数类型，指出子类型可取值的区间。在下面的定义中 PLUS-INFINITY 和 MINUS-INFINITY 分别表示正负最大值，MAX 和 MIN 分别表示父类型可允许的最大值和最小值，区间可以是闭区间或开区间。如果是开区间，则加上符号"<"。

所以下面 4 个定义是等价的：

```
PositiveInteger:: = INTEGER(0 <..PLUS - INFINITY)
PositiveInteger:: = INTEGER(1..PLUS - INFINITY)
PositiveInteger:: = INTEGER(0 <...MAX)
PositiveInteger:: = INTEGER(1..MAX)
```

同理，下面 4 个定义也是等价的：

```
NegativeInteger:: = INTEGER(MINUS - INFINITY..<0)
NegativeInteger:: = INTEGER(MINUS - INFINITY.. - 1)
NegativeInteger:: = INTEGER(MIN..<0)
NegativeInteger:: = INTEGER(MIN.. - 1)
```

（4）可用字符。这种方法只能用于字符串类型，限制可使用的字符集。下面是两个限制可用字符的例子：

```
TouchToneButtons:: = IA5String(FROM("0"|"1"|"2"|"3"|"4"|"5"|"6"|"8"|"9"|" * "|"#"))
DigitString:: = IA5String(FROM("0"|"1"|"2"|"3"|"4"|"5"|"6"|"8"|"9"))
```

（5）限制大小。可以对 5 种类型限制其规模大小，例如，限制比特串、字节串和字符串的长度，限制构成序列或集合的元素（同类型）个数等。例如，X. 25 公共数据网的地址由

5～14 个数字组成,这个规定可以用下面的定义表示:

```
It1Data Number:: = DigitString(SIZE(5..14))
```

下面的定义说明一个参数表包含最多 12 个参数:

```
ParameterList:: = SET SIZE(0..12) OF Parameter
```

(6) 内部子类型。这种方法可用序列、集合和 CHOICE 类型。这是一种很复杂的子类型关系,下面用例子说明。假定有一种协议数据单元:

```
PUD:: = SET{alpha[0] INTEGER
Beta[1] IA5String OPTIONAL,
Gamma[2] SEQUENCE OF Parameter,
delta[3] BOOLEAN}
```

下面定义的子类型测试协议数据单元要求布尔值必须是 FALSE,整数值必须是负的:

```
TestPUD:: = PUD(WITH COMPONENTS{ ···,delta(FALSE), alpha (MIN..<0)})
```

另外一个测试子类型要求 beta 参数必须出现,其值为 5 或 12 个字符组成的串:

```
FutherTestPUD:: = TestPUD(WITH COMPONENTS| ···,beta(SIZE5|12)PRESENT})
```

内部子类型还可以用于序列,例如:

```
Text – block:: = SEQUENCE OF VisibleString
Address:: = Text – block (SIZE(1..6) WITH COMPONENTS (SIZE(1..32)))
```

这个例子说明地址包含 1～6 个 Text-block,每一个 Text-block 包含 1～32 个字符。

3. 数据结构的例子

下面是取自 CCITT X.208 的一个数据结构的例子。图 3-12(a)是关于个人记录的非形式式描述,其中包括姓名、头衔、雇佣标号、雇用日期、配偶姓名和子女数等 6 项信息,而且对每个子女也要给出姓名和出生日期。

图 3-12(b)实用描述个人记录的抽象语法。其中对雇员编号的定义为:

```
EmployeeNumber:: = [APPLICATION 2]IMPLICIT INTEGER
```

EmployeeNumber 被定义为整数类型,而且加上了应用标签 APPLICATION 2,IMPLICIT 表示隐含的,所以编码时只编码应用标签,不必编码整数类型的标签 UNIVERSAL2。对 Date 类型的定义也是类似的,它被说明为 ISO646 定义的字符串类型,注释 YYYYMMDD 提示了日期的书写格式。

Name 是序列类型,由 3 个元素组成,各个元素的名字分别为 givenName、Initial 和 familyName。ChildInformation 是集合类型,其中第一个元素没有名字,只有类型。第二个元素的名字为 Dateofbirth,其类型为 Date。Date 类型还出现在 PersonnelRecord 的定义中,在这两个地方分别被赋予上下文专用的标签[0]和[1]。

最后,个人记录的整体结构被定义为含有 6 个元素的集合,该集合的最后一个成分为同类型元素的序列,默认值为空序列。ASN.1 不仅提供了表示数据结构的手段,而且给出了表示抽象数据类型值的方法,图 3-12(c)表示个人记录的一个具体值。

Name	PersonnelRecord::=[APPLICATION 0] IMPLICIT SET
Job title	{ Name
Employee number	title [0]VisibleString,
Date of hire	number EmployeeNumber,
Name of spouse	dataofbirth [1]Data,
Number of children	nameofspouse [2]Name
	children [3] IMPLICIT SEQUENCE OF
Child of information	ChildrenInformation DEFAULT{}
Name	}
Date of birth	ChildrenInformation::=SET
.	{ Name,
.	Dateofbirth [0]Date
	}
Child of information	Name::=[APPLICATION 1] IMPLICIT SEQUENCE
Name	{giveName VisibleString,
Date of birth	Initial VisibleString,
	familyName VisibleString
	}
	EmployeeNumber::=[APPLICATION 2] IMPLICIT
	INTEGER
	Date::= [APPLICATION 2] IMPLICIT VisibleString
	--YYYYMMDD
（a）个人记录	（b）个人记录的抽象语法

{	{givenName "John",initial "P",familyName "Smith"},
title	"Director"
number	51,
dateofhire	"19710917",
nameofspouse	{givenName "Mary",initial "T",familyName "Smith"},
children	{{{givenName "Ralph",initial "P",familyName "Smith"},
	dateofbirth "19571111"},
	{{givenName "Susan",initial "B",familyName "Jones"},
	dateofbirth "19590717"}},
}	

（c）个人记录的一个值

图 3-12　ASN.1 表示抽象语法

4. 基本编码规则

1）简单编码

基本编码规则(Basic Encoding Rule)把 ASN.1 表示的抽象类型值编码为字节串,这种字节串的结构为类型—长度—值(Type-Length-Value,TLV),而且值部分还可以递归地再编码为 TLV 结构,这样就具有了表达复杂结构的能力。

在编码的第一个字节表示 ASN.1 类型或用户定义的类型,其结构如图 3-13 所示。前两位用于区分 4 种标签,第三位用于区分简单类型和构造类型,其余 5 位表示标签的值。如果标签的值大于30,则这 5 位全为 1,标签值表示在后续字节中。关于标签值字段扩充的方法稍后说明,这里先介绍几

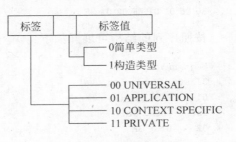

图 3-13　简单编码的结构

个简单编码例,其中的数值都是十六进制数。

例 3-1 布尔类型有两个值 FALSE 和 TRUE,都用一个字节表示,FALSE 是 00,TRUE 是 FF。布尔类型是简单类型,标签为 UNIVERSAL1,

因而 FALSE 编码为:

01 10 00

而 TRUE 的编码为:

01 01 FF

其中第二个字节指明值部分的长度为 1 个字节。

例 3-2 十进制数 256 的编码为:

02 02 01 00

最后两个字节表示十进制数值 256。

例 3-3 比特串 10101 的值在传输时要占用一个字节,5 个比特靠左存放,右边 3 位未用,所以在比特串编码时要用一个字节说明未使用的比特数。对于 10101 的编码为:

03 02 03 A8

第一个字节 03 表示类型为简单类型的比特串,02 表示值部分为两个字节长,第三个字节 03 说明值部分的最后 3 个比特未用,最后的 A8 是值部分。

例 3-4 字节串 ACE 可编码为:

04 02 AC E0

由于字节串总是占用整数个字节,所以不必说明未占用的比特数,没有说明值的位都认为是 0,故最后一个字节写 E0,可见字节串类型也遵循靠左存放的原则。

例 3-5 NULL 类型只有一个值,也写做 NULL,其标签是 UNIVERSAL 5。由于这类型是空类型,无须存储或传送它的值,所以编码为:

05 00

第二个字节 00 表示值长度为 0。

例 3-6 序列类型 SEQUENCE{madeofwood BOOLEAN, length INTEGER } 的值 { madeofwood TRUE, length 62}可编码为:

30 06 01 01 FF 02 01 3E

按照序列的结构可展开如下:

```
Seq Len Val
31  06  Bool  Len  Val
01    01  FF
Int    Len  Val
02    01  3E
```

例 3-7 集合类型 SET{breadth INTEGER, bent BOOLEAN}的值{breadth 7, bent FALSE}可编码为：

```
31 06 02 01 07 01 01 00
```

由于集合类型元素是无序的，故也可以编码为：

```
31 06 02 01 01 00 02 01 07
```

例 3-8 这个例子说明应用标签的使用。假设我们设计一个安全协议，在这个应用中定义了一个口令子类型，并赋予应用标签 27：

Password::= [APPLICATION 27] OCTET STRING

对于这个类型的一个值"Sesame"，得到如下编码：

```
7B 08 04 06 53 65 73 61 6D 65
```

展开后为：

```
App Len  Val
7B  08    Oct Len Val
         04  06  53  65  73  61  6D  65
                  S   e   s   a   m   e
```

显然，应用标签和字节串标签都编码了，所以它是构造类型。为了减少编码中的冗余信息，可使用隐含标签，重新定义如下：

Password::= [APPLICATION 27] IMPLICIT OCTET STRING

则相应的编码为：

```
5B 06 53 65 73 61 6D 65
```

从第一个字节看出它是简单类型，因为只有一种类型信息。

2）字段扩充

有两种字段需要扩充，一是当标签值大于 30 时类型字节需要扩充，二是当值部分大于一个字节的表示范围时长度字节需要扩充。对标签值的扩充方法如下：用 5 位表示 0～30 的编码，当标签值大于等于 31 时这 5 位全置 1，作为转义符，实际的标签值编码表示在后续字节中。后续字节的左边第一位表示是否为最后一个扩充字节，只有最后一个扩充字节的左边第一位置 0，其余扩充字节的左边第一位置 1。这样，每个扩充字节只用了 7 位表示标签值的编码，可表示为下面的形式：

```
          X  X  X00000
          ...                    表示标签值 0～30
          X  X  X11110
          X  X  X11111   用后续字节表示标签值
```

例如，标签值 10110010101111001 可编码为：

```
11111   10000101   11001010   01111001
```

对长度字节的扩充方法是：小于 127 的数用长度字节的右边 7 位表示，最左边的一位置 0。大于等于 127 的数用后续若干字节表示,原来的长度字节第一位置 1,其余 7 位指明后续用于表示长度的字节数,即采用下面的形式:

$$
\left.\begin{array}{l}
0\ 0\ 0\ 0\ 0\ 0\ 0\ 0 \\
\cdots \\
0\ 1\ 1\ 1\ 1\ 1\ 1\ 0
\end{array}\right\}
$$

1 X X X X X X X 指明后续用于表示长度的字节数

例如,225 可表示为:

10000001 11111111

值得注意的是长度字节可表示的最大值为 126,而不是 127,这个值是为以后扩充保留的。

5. ASN. 1 宏定义

ASN. 1 提供了宏定义设施,可用于扩充语法,定义新的类型和值。首先说明在 ASN. 1 中怎样定义模块。

1) 模块定义

ASN. 1 中的模块类似于 C 语言中的结构,用于定义一个抽象数据类型。可以用名字引用一个已定义的模块。例如,模块定义了一个抽象语法,应用实体把模块名传送给表示服务,说明它的 APDU 的格式。模块定义的基本形式为:

```
< modulereference > DEFINITIONS:: =
BEGIN
EXPORTS
IMPORTS
AssignmentList
END
```

其中的 modulereference 是模块名,可以跟随对应的对象标识符。EXPORTS 构造指明该模块可以出口的部分,而 IMPORTS 构造指明该模块需要引用的其他类型和值。AssignmentList 部分包含模块定义的所有类型、值和宏定义。下面是一个模块定义的例子:

```
LanNetworkModul { iso org dod internet private enterprises Xenterprises 95}
DEFINITIONS EXPLICIT TAGS:: =
BEGIN
EXPORTS
LanNetworkName:: = SEQUENCE OF RelativeDisitinguishedName——End of EXPORTS
IMPORTS
RelativeDisinguishedName FROM InformationFramework{ioint－iso－ccitt
Ds(5) modules(1) informationFramework(1)}——End of IMPORTS
MacAddresses:: = OCTET STRING(SIZE(6))
lanWorkstationSerialNumbers:: = OCTET STRING(SIZE(32))
LanSegment:: = SET OF LanWorkstationSeriaLNumbers
EthernetNetworks:: = SET OF MacAddresses
TokenRingNetworks:: = SET OF LanSegment
LanNetwork:: = SET
            {etherNet [0] IMPLICIT EtherNetworks,
            tokenNet [1]IMPLICIT TokenRingNetworks}
END
```

2）宏表示

这一小节介绍宏定义的方法，为此需要区分3个不同的概念。

宏表示：ASN.1 提供的一种表示机制，用于宏定义。

宏定义：用宏表示一个定义的宏，代表一个宏实例的集合。

宏实例：用具体的值代替宏定义中的变量而产生的实例，代表一种具体的类型。

宏定义的一般形式如下：

```
< macroname > MACRO:: =
BEGIN
TYPE NOTATION:: = < new − type − syntax >
< supporting − productions >
END
```

其中的 macroname 是宏的名字，必须全部大写。宏定义由类型表示（TYPE NOTA-TION）、值表示（VALUE NOTATION）和支持产生式（supporting-productions）3 部分组成，而最后一部分是任选的。这 3 部分都由 Backus-Naur 范式说明。当用一个具体的值代替宏定义中的变量或参数时就产生了宏实例，它表示一个实际的 ASN.1 类型（称为返回的类型），并且规定了该类型可取的值的集合（称为返回的值）。可见宏定义可以看做是类型的类型，或者说是超类型。另一方面也可以把宏定义看做是类型的模板，可以用这种模板制造出形式相似、语义相关的许多数据类型。这就是宏定义的主要用处。

下面是取自 RFC1155 的关于对象类型的宏定义，其中包含两个支持产生式：

```
OBJECT − TYPE MACRO:: =
BEGIN
TYPE NOTATION:: = "Syntax"type(TYPE ObjectSyntax)
                  "ACCESS"Access
                  "STATUS"Status
VALUE NOTATION:: = value(VALUE ObjectName)
Access:: = "read − only" | "read − write" | "write − only" | "not − accsessible"
Status:: = "mandatory" | "optional" | "obsolete"
END
```

3）宏定义的例子

关于为什么要用宏定义，下面介绍一个比较深入的例子。假设经常需要使用整数对，于是定义一个 ASN.1 类型：

```
Pari − integers:: = SEQUENCE( INTEGER, INTEGER)
```

如果还需要使用字节串对，也可以定义相应的类型：

```
Pari − octet − string:: =  SEQUENCE(OCTET STRING, OCTET STRING)
```

进一步假设可能需要使用各种各样的数对，例如，实数-实数对、整数-实数对、整数-字节串对、实数-布尔型对等，甚至数对中的一个成分还可能是另外一个数对或其他具有复杂结构的成分。是否必须定义这许多数对类型呢？答案是否定的。简化类型定义的方法是使用宏定义。定义一个宏 PAIR，它是一个类型对：

```
PAIR TYPE − X = type
     TYPE − Y = type
```

对应的值表示采用下面的形式：

(X = value, Y = value)

用一个已有的类型代替其中的变量 type，可得到宏实例，即新的类型：

T1∷ = PAIR TYPE - X = INTEGER
　　　　TYPE - Y = BOOLEAN
T2∷ = PAIR TYPE - X = VisibleString
　　　　TYPE - Y = T1

则下面的值属于 T1 类型：

(X = 3, Y = TRUE)

下面的值是 T2 类型：

(X = "Name", Y = (X = 4, Y = FALSE))

显然只要用已知的类型代替关键字 type，就可以得到需要的数对类型。图 3-13 给出了 PAIR 的宏定义，关于其中的表示方法说明如下：

加引号的字符串在宏实例中保持不变，它的作用是指明类型变量的位置。

可以用任何 ASN.1 类型名代替变量 Local-type-1 和 Local-type-2，从而产生一个代表新类型的宏实例。关键字 type 指明了实施这种替换的位置。

在任何宏实例中 Local-value-1 位置包含一个 Local-type-1 类型的值，同理 Local-value-2 位置包含一个 Local-type-2 类型的值。这就是新类型的值。

关键字 VALUE 用于指明一个位置，其后跟紧的类型就是值的类型，亦即对宏定义产生的任何值必须按照这种类型的编码，本例中是序列。图 3-14 是宏定义的例子。

```
PAIR MACRO∷ =
  BEGIN
    TYPE NOTATION∷ =
      "TYPE-X" "="type(Local-type-1)
      "TYPE-Y" "="type(Local-type-2)
      VALUE NOTATION∷ =
      "("
      "X" "=" value(Local-value-1, Local-type-1)
      "Y" "=" value(Local-value-2, Local-type-2)
      < VALUE SEQUENCE{ Local-type-1, Local-type-2}
        ∷={ Local-value-1, Local-value-2}>
      ")"
  END
```

图 3-14　宏定义的例子

MIB 由一系列对象组成。每个对象属于一定的对象类型，并且有一个具体的值。对象类型的定义是一种语法描述，对象实例是对象类型的具体表现，只有实例才可以绑定到特定的值。

SNMP 的对象是用 ASN.1 定义的，这种定义说明管理对象的类型，并且有一个具体的值，它的组成和值的范围，以及与其他对象的关系。为了保持简单性，仅用到 ASN.1 的一个子集。其中用到的 5 种通用类型如表 3-3 所示,前 4 种是简单类型,最后一种是构造类型。

表 3-3　ASN. 1 的通用类型

类　型　名	P/C	标　签	值集合
INTEGER	P	UNIVERSAL 2	整数
OCTET STRING	P/C	UNIVERSAL 4	位组串
NULL	P	UNIVERSAL 5	NULL
OBJECT IDENTIFIER	P	UNIVERSAL 6	对象标识符
SEQUENCE(OF)	C	UNIVERSAL 16	序列

ASN. 1 中的应用类型与特定的应用有关。具体到 SNMP 这种应用,RFC1155 定义了以下应用类型:

(1) networkAddress::=CHOICE{Internet IpAddress}

这种类型用 ASN. 1 的 CHOICE 构造定义,可以从各种网络地址中选择一种。目前只有 Internet 地址一种。

(2) Internet OBJECT IDENTIFIER::={iso(1) org(3) dod(6) 1}

SNMP 采用对象标识符作为对象的唯一标识。

(3) IpAddress::=【APPLICATION 0】IMPLICIT OCTET STRING(SIZE(4))

32 位的 IP 地址,定义为 OCTET STRING 类型。

(4) counter::=【APPLICATION 1】IMPLICIT INTERGER(0..4 294 967 295)

计数器类型是一个非负整数,其值可增加,但不能减少,达到最大值 $2^{32}-1$ 后回零,再从头开始增加,如图 3-15(a)所示。计数器可用于计算收到的分组数字或字节数等。

(5) gauge::=【APPLICATION 2】INTEGER(0..4 294 967 295)

计量器类型是一个非负整数,其值可增加,也可减少。计数器的最大值也是 $2^{32}-1$。与计数器不同的地方是计量器达到最大值之后不回零,而是锁定在 $2^{32}-1$,如图 3-15(b)所示。计量器可用于表示存储在缓冲队列中的分组数。

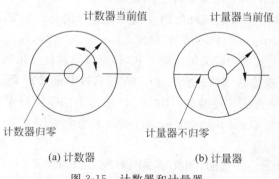

(a) 计数器　　　　　　　(b) 计量器
图 3-15　计数器和计量器

(6) timeticks::=【APPLICATION 3】INTEGER(0..4 294 967 295)

时钟类型是非负整数。时钟的单位是百万分之一秒,可以表示从某个事件(例如,设备启动)开始到目前经过的时间。

(7) opaque::=【APPLICATION 4】OCTET STRING——arbitray ASN. 1 value

不透明类型即未知类型,或者说可以表示任意类型。这种数据编码时按 OCTET

STRING 处理,管理站点和代理能解释这种类型。

3.2.2 管理信息结构的定义

SNMP MIB 的宏定义最初在 RFC1155 中说明,叫做 MIB-1。后来由 RFC1212 扩充了,叫做 MIB-2。图 3-16 是 RFC1212 中对象类型的定义,对其中关键的成分解释如下。

```
OBJECT-TYPE MACRO::=
BEGIN
TYPE NOTATION::="SYNTAX"    type(TYPE ObjectSyntax)
                    "ACCESS" Access
                    "STATUS" Status
                    DescrPart
                    ReferPart
                    IndexPart
                    DefValPart
VALUE NOTATION::=value (VALUE ObjectName)
Access::="read-only"|"read-write"|"write-only"|"not-accessible"
Status::="mandatory"|"optional"|"obsolete"|"deprecated"
DescrPart::="DESCRIPTION" value(descripyion DispiayString)|empty
ReferPart::="REFERENCE" value(reference DispiayString)|empty
IndexPart::="INDEX""{"IndexTypes"}"
IndexTypes::=IndexType|Indextypes","Index|type(IndexType)
DefValPart::="DEFVAL""{"value(defvalue ObjectSyntax)"}"|empty
DisplayString::=OCTET STRING SIZE(0.255)
END
```

图 3-16   管理对象的宏定义(RFC1212)

SYNTAX:表示对象类型的抽象语法,在宏实例中关键字 type 应由 RFC1155 中定义的 ObjectSyntax 代替,即上面提到的通用类型和应用类型。我们有:ObjectSyntax::=CHOICE|simple SimpleSyntax,application-wild ApplicationSyntax|SimpleSyntax 是指 5 种通用类型,ApplicationSyntax 是指 6 种应用类型。

ACCESS:定义 SNMP 协议访问对象的方式。可选择的访问方式有只读(Read-only)、读写(Read-write)、只写(Write-only)和不可访问(Not-accessible)4 种,这是通过访问字句定义的。任何实现必须支持宏定义实例中定义的访问方式,还可以增加其他访问方式,但不能减少。

STATUS:说明实现是否支持这种对象。状态子句中定义了必要的(Mandatory)和任选的(Optional)两种支持程度。过时的(Obsolete)是指老标准支持而新标准不支持的类型。如果一个对象被说明为可取消的(Deprecated),则表示当前必须支持这种对象,但在将来的标准中可能被取消。

DescrPart:这个句子是任选的,用文字说明对象类型的含义。

ReferPart:这个字句也是任选的,用文字说明可参考在其他 MIB 模块中定义的对象。

IndexPart:用于定义表对象的索引项。

DefValPart:定义了对象实例默认值,这个字句是任选的。

VALUE NOTATION:指明对象的访问名。

宏定义的表示是首先写出类型名,后跟宏定义的名字,再后面是宏定义规定的宏体部分。图 3-17 给出了一个对象定义的例子。

```
tcpMaxConn OBJECT-TYPE
        SYNTAX INTEGER
        ACCESS read-only
        STAUS mandatory
        DESCRIPTION
            "The limit on the total number of TCP connection
            The entity can support."
        ::={ tcp 4}
```

图 3-17　对象定义的例子

3.2.3　标量对象和表对象

　　SMI 只存储标量和二维数组,后者称为表对象(Table)。表的定义要用到 ASN.1 的序列类型和对象类型宏定义中的索引部分。下面通过例子说明定义表的方法。

　　图 3-18 取自 RFC1213 规范的 TCP 连接表定义。可以看出,这个定义有下列特点。

```
TcpConnTable OBJECT-TYPE
        SYNTAX SEQUENCE OF TcoConnEntry
        ACCESS not-accessible
        STAUS mandatory
        DESCRIPTION
            "A table containing TCP connection-specific information?"
        ::={ tcp 13}
tcpConnEntry OBJECT-TYPE
        SYNTAX TcpConnEntry
        ACCESS not-accessible
        STAUS mandatory
        DESCRIPTION
            "Information about a-particular current TCP connection. An object of this type
            Is transient,in that it ceases to exist when(or soon after) the connection
            Makes the transition to the CLOSED state."
        INDEX {tcpConnLocalAddress,
                tcpConnLocalPort,
                tcpConnRemAddress,
                tcpConnRemPort}
        ::={ tcp ConnTable 1}
tcpConnEntry::=SEQUENCE {tcpConnState INTEGER,
                        tcpConnLocalAdress IpAddress,
                        tcpConnLocalPort, INTEGER(0.65535),
                        tcpConnRemAddress IpAddress,
                        tcpConnRemPort INTEGER(0.65535)}
tcpConnState OBJECT-TYPE
    SYNTAX INTEGER{closed(1),listen(2),Synsent(3),synReceived(4),established(5),
            Fin Wait(6),finWait2(7),closeWait(8),lastAck(9),closing(10),
            timeWait(11),deleteTCB(12)}
    ACCESS read-write
    STATUS mandatory
    DESCRIPTION
        "The state of TCP connection?"
    ::={ tcpConnEntry 1}
```

图 3-18　TCP 连接表的定义(RFC1213)

61

整个 TCP 连接表(tcpConnTable)是 TCP 连接项(tcpConnEntry)组成的同类型序列,而每个 TCP 连接项是 TCP 连接表的一行。可以看出,表由 0 个或多个行组成。

TCP 连接项是由 5 个不同类型的标量元素组成的序列。这 5 个标量的类型分别是 INTEGER、IpAddress、INTEGER(0..65535)、IpAddress 和 INTEGER(0..65535)。

TCP 连接表的索引由 4 个元素组成,这 4 个元素(即本地地址、本地端口、远程地址和远程端口)的组合能唯一地区分表中的某一行。考虑到任意一对主机的任意一对端口之间只能建立一个连接,用这样 4 个元素作为连接表的索引是必要的,而且是充分的。

图 3-19 给出了 TCP 连接的例子,该表包含三行。整个表是对象类型 TcpConnTable 的实例,表的每一行是对象类型 TcpConnTable 的实例,而且 5 个标量各有三个实例。在 RFC1212 中,这种对象称为列对象,实际上是强调这种对象产生表中的一列实例。

tcpConnTable(1.3.6.1.2.1.6.13)

tcpConnStatetcpConnLocalAddresstcpConnLocalPorttcpConnRemAddress tcpConnRemPort
(1.3.6.1.2.6.13.1.1)(1.3.6.1.2.6.13.1.2)(1.3.6.1.2.6.13.1.3)(1.3.6.1.2.6.13.1.4)
(1.3.6.1.2.6.13.1.5)

5	10.0.0.99	12	9.1.2.3	15
2	0.0.0.0	99	0.0.0.0	0
3	10.0.0.99	14	89.1.1.42	84
	INDEX	INDEX	INDEX	INDEX

图 3-19　TCP 连接表的实例

3.2.4　对象实例的标识

前面提到,对象是由对象标识(OBJECT IDENTIFIER)表示的,然而一个对象可以有各种值的实例,那么如何表示对象的实例呢?换言之,SNMP 如何访问对象的值呢?

我们知道,表中的标量对象叫做列对象,列对象有唯一的对象标识符,这对每一行都是一样的。例如,在图 3-20 中列对象 TcpConnState 有 3 个实例,而三个实例的对象标识符都是 1.3.6.1.2.6.13.1.1。我们也知道,索引对象的值用于区分表中的行。这样把列对象的对象标识符与索引对象的值组合起来就说明了列对象的一个实例。例如,MIB 接口组的接口表 ifTable,其中只有一个索引对象 ifIndex,它的值是整数类型,并且每个接口都被赋予唯一的接口编号。如果我们想知道第二个接口的类型,我们可以把对象 ifIndex 的对象标识符 1.3.6.1.2.1.2.2.1.3 与索引对象 ifIndex 的值 2 连接起来,组成 ifIndex 的实例标识符 1.3.6.1.2.2.1.3.2。

对于更复杂的情况,可以考虑图 3-19 的 TCP 连接表。这个表有 4 个索引对象,所以列对象的实例标识符就是由列对象的对象标识符按照表中的顺序级联上同一行的 4 个索引对象的值组成的,如图 3-20 所示。

tcpConnStatetcpConnLocalAddresstcpConnLocalPorttcpConnRemAddress tcpConnRemPort
(1.3.6.1.2.6.13.1.1)(1.3.6.1.2.6.13.1.2)(1.3.6.1.2.6.13.1.3)(1.3.6.1.2.6.13.1.4)
(1.3.6.1.2.6.13.1.5)

x. 1. 10. 0. 0. 99. 12. 9. 1. 2. 3. 15	x. 2. 10. 0. 0. 99. 12. 9. 1. 2. 3. 15	x. 3. 10. 0. 0. 99. 12. 9. 1. 2. 3. 15	x. 4. 10. 0. 0. 99. 12. 9. 1. 2. 3. 15	x. 5. 10. 0. 0. 99. 12. 9. 1. 2. 3. 15
x. 1. 0. 0. 0. 0. 99. 0. 0.	x. 2. 0. 0. 0. 0. 99. 0. 0.	x. 3. 0. 0. 0. 0. 99. 0. 0.	x. 4. 0. 0. 0. 0. 99. 0. 0.	x. 5. 0. 0. 0. 0. 99. 0. 0.
x. 1. 10. 0. 0. 99. 14. 89. 1. 1. 42. 84	x. 2. 10. 0. 0. 99. 14. 89. 1. 1. 42. 84	x. 3. 10. 0. 0. 99. 14. 89. 1. 1. 42. 84	x. 4. 10. 0. 0. 99. 14. 89. 1. 1. 42. 84	x. 5. 10. 0. 0. 99. 14. 89. 1. 1. 42. 84

图 3-20 实例标识符

X＝1.3.6.1.2.1.6.13.1＝tcpConnEntry 的对象标识符。

总之，TcpConnTable 的所有实例标识符都是下面的形式：

x. i(tcpConnLocalAddress). (tcpConnLocalPort). (tcpConnRemAddress). (tcpConnRemPort)
其中 x＝1.3.6.1.2.1.6.13.1＝tcpConnEntry 的对象标识符 i＝列的对象标识符的最后一个子标识符（指明列对象在表中的位置）的值，例如，(tcpConnLocalPort) 是对象 tcpConnLocalPort 的值。

一般的规律是这样：假设对象标识符是 Y，该对象所在的表有 n 个索引对象 i1，i2，…，in，则它的某一行的实例标识符是：

y. (i1). (i2) … (in)

还有一个问题没有解决，那就是对象实例的值如何转换成子标识符呢？RFC1212 提出下面的转换规则。

（1）如果索引对象取值为整数值，则把整数值作为一个标识符。

（2）如果索引对象取值为固定长度的字符串值，则把每个字节（CTET）编码为一个子标识符。

（3）如果索引对象取值为可变长度的字符串值，先把串的实际长度 n 编码为第一个子标识符，然后把每个字节编码为唯一个子标识符，总共 $n+1$ 个子标识符。

（4）如果索引对象取值为对象标识符，如果长度为 n，则先把 n 编码为第一个子标识符，后续该对象标识符的各个子标识符，总共 $n+1$ 个子标识符。

（5）如果索引对象取值为 IP 地址，则变为 4 个子标识符。

表和行对象（例如，tcpConnTable 和 ConnEntry）是没有实例标识符的。因为它们不是叶子节点，SNMP 不能访问，其访问特性为"not-accessible"。这类对象称为概念表和概念行。

由于标量对象只能取一个值，所以从原则上说不必区分对象类型和对象实例。然而为了与列对象一致性起见，SNMP 规定在标量对象标识符之后级联一个 0，表示该对象的实例标识符。

3.2.5 词典顺序

对象标识符是整数序列，这种序列反映了该对象在 MIB 中的逻辑位置，同时表示一种词典顺序，我们只要按照一定的方式（例如，中序）遍历 MIB 树，就可以排出所有对象及其实例的词典顺序。

对象的顺序对网络管理是很重要的。因为管理站点可能不知道代理提供的 MIB 的组成,所以管理站点要用某种手段搜索 MIB 树,在不知道对象标识符的情况下访问对象的值。例如,为检索一个表项,管理站可以连续发出 Get 操作,按词典顺序得到预定的对象实例。

表 3-4 是一个简化的 IP 路由表,该表只有三项。这个路由表的对象及其实例按分层数排列,如图 3-21 所示。表 3-5 给出了对应的词典序列。

表 3-4 一个简化的 IP 路由表

ipRouteDest	ipRouteMetricl	ipRouteNextHop
9. 1. 2. 3	3	99. 0. 0. 3
10. 0. 0. 51	5	89. 1. 1. 42
10. 0. 0. 99	5	89. 1. 1. 42

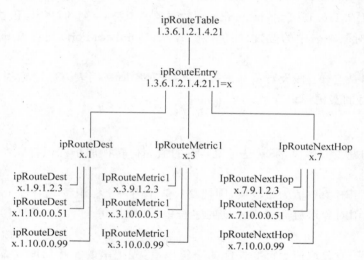

图 3-21 IP 路由表对象及其实例的子树

表 3-5 IP 路由表对象及其实例的词典顺序

ipRouteTable	1. 3. 6. 1. 2. 1. 4. 21	1. 3. 6. 1. 2. 1. 4. 21. 1. 1. 9. 1. 2. 3
ipRouteEntry	1. 3. 6. 1. 2. 1. 4. 21. 1	1. 3. 6. 1. 2. 1. 4. 21. 1. 1. 9. 1. 2. 3
ipRouteDest	1. 3. 6. 1. 2. 1. 4. 21. 1. 1	1. 3. 6. 1. 2. 1. 4. 21. 1. 1. 9. 1. 2. 3
ipRouteDest. 9. 1. 2. 3	1. 3. 6. 1. 2. 1. 4. 21. 1. 1. 9. 1. 2. 3	1. 3. 6. 1. 2. 1. 4. 21. 1. 1. 10. 0. 0. 51
ipRouteDest. 10. 0. 0. 51	1. 3. 6. 1. 2. 1. 4. 21. 1. 1. 10. 0. 0. 51	1. 3. 6. 1. 2. 1. 4. 21. 1. 1. 10. 0. 0. 99
ipRouteDest. 10. 0. 0. 99	1. 3. 6. 1. 2. 1. 4. 21. 1. 1. 10. 0. 0. 99	1. 3. 6. 1. 2. 1. 4. 21. 1. 3. 1. 9. 1. 2. 3
IpRouteMetric1	1. 3. 6. 1. 2. 1. 4. 21. 1. 3	1. 3. 6. 1. 2. 1. 4. 21. 3. 1. 9. 1. 2. 3
IpRouteMetric1. 9. 1. 2. 3	1. 3. 6. 1. 2. 1. 4. 21. 1. 3. 9. 1. 2. 3	1. 3. 6. 1. 2. 1. 4. 21. 1. 3. 10. 0. 0. 51
IpRouteMetric1. 10. 0. 0. 51	1. 3. 6. 1. 2. 1. 4. 21. 1. 310. 0. 0. 51	1. 3. 6. 1. 2. 1. 4. 21. 1. 3. 10. 0. 0. 99
IpRouteMetric1. 10. 0. 0. 99	1. 3. 6. 1. 2. 1. 4. 21. 1. 3. 10. 0. 0. 99	1. 3. 6. 1. 2. 1. 4. 21. 1. 7. 9. 1. 2. 3
IpRouteNextHop	1. 3. 6. 1. 2. 1. 4. 21. 1. 7	1. 3. 6. 1. 2. 1. 4. 21. 1. 7. 9. 1. 2. 3
IpRouteNextHop. 9. 1. 2. 3	1. 3. 6. 1. 2. 1. 4. 21. 1. 7. 9. 1. 2. 3	1. 3. 6. 1. 2. 1. 4. 21. 1. 7. 10. 0. 0. 51
IpRouteNextHop. 10. 0. 0. 51	1. 3. 6. 1. 2. 1. 4. 21. 1. 7. 10. 0. 0. 51	1. 3. 6. 1. 2. 1. 4. 21. 1. 7. 10. 0. 0. 99
IpRouteNextHop. 10. 0. 0. 99	1. 3. 6. 1. 2. 1. 4. 21. 1. 7. 10. 0. 0. 99	1. 3. 6. 1. 2. 1. 4. 21. 1. 1. x

3.3 MIB-2 功能组

在 RFC1213 定义的 MIB-2 是当前应用的管理信息库标准。它是 MIB-Ⅰ的扩充,增加了一些对象和组。文件包含 11 个功能组和 171 个对象,如图 3-22 所示。各个功能组功能描述如图 3-23 所示。

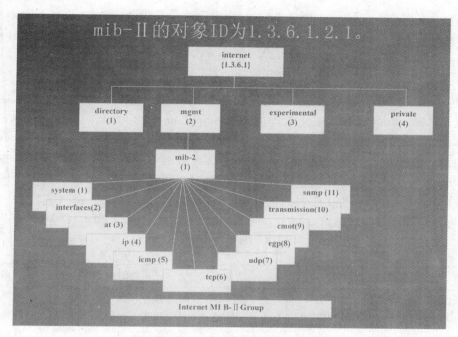

图 3-22　MIB-2 功能组

功能组	OID	主要描述
system	mib-2 1	系统说明和管理信息
interfaces	mib-2 2	实例的接口和辅助信息
at	mib-2 3	IP地址与物理地址的转换
ip	mib-2 4	关于IP的信息
icmp	mib-2 5	关于ICMP的信息
tcp	mib-2 6	关于TCP 的信息
udp	mib-2 7	关于UDP的信息
egp	mib-2 8	关于EGP的信息
cmot	mib-2 9	为CMIP over TCP/IP
transmission	mib-2 10	关于传输介质的管理信息
snmp	mib-2 11	关于SNMP的信息

图 3-23　功能组功能描述

MIB-2 只包括那些被认为是必要的对象,不包括任选的对象。对象的分组方便了管理实体的实现。一般来说,制造商如果认为某个功能组是有用的,则必须实现该组的所有对象。例如,一个设备实现 TCP 协议,则它必须实现 TCP 组所有对象,当然网桥和路由器就不必实现 TCP 组。

3.3.1 系统组

系统组(System Group)提供了系统的一般信息,所包含的对象用来描述被管理网络设备的最高级特性和通用配置信息(如系统名,对象 ID 等),如图 3-24 和表 3-6 所示。系统服务对象 sysServices 是 7 位二进制数,每一位对应 OSI/RM7 层协议中的一层。如果系统提供某一层服务,则对应的位为 1,否则为 0。例如,系统提供应用层和传输层服务,则该系统的 sysServices 对象具有值 $1001000 = 72_{10}$。系统启动时间 sysUpTime 有多种用法。例如,管理站周期地查询某个计数器的值,同时也查询系统启动时间的值,这样,管理站就可以知道该计数器在多长时间中变化了多少值。另外在故障管理中,管理站可以周期地查询这个值,如果发现当前得到的值比最近一次得到的值小,则可推断出系统已经重新启动过了。

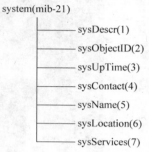

图 3-24　MIB-2 系统组

表 3-6　系统组对象

对象	语法	访问方式	功能描述	用途
sysDescr(1)	DisplayString(SIZE(0..255))	RO	有关硬件和操作系统的描述	配置管理
sysObjectID(2)	OBJECT IDENTIFIER	RO	系统制造商标识	故障管理
sysUpTime(3)	Timeticks	RO	系统运行时间	故障管理
sysContact(4)	DisplayString(SIZE(0..255))	RW	系统管理人员描述	配置管理
sysName(5)	DisplayString(SIZE(0..255))	RW	系统名	配置管理
sysLocation(6)	DisplayString(SIZE(0..255))	RW	系统的物理位置	配置管理
sysServices(7)	INTEGER(0..127)	RO	系统服务	故障管理

3.3.2 接口组

接口组(Interface Group)包含关于主机接口的配置信息和统计信息,用于实体的物理接口方面的配置信息和发生在每个接口的事件的统计信息。允许接口可以是点对点的连接,但一个接口一般依附于一个子网。该功能组对所有的系统都是必须实现的,由两个节点构成,如图 3-25 和表 3-7 所示。

这组中的变量 ifNumber 是指网络接口数。另外还有一个表对象 ifTable,每个接口对应一个表项。该表的索引是 ifIndex,取值为 1~ifNumber 之间的数。ifType 是指接口的类型,每种接口都有一个标准编码。表 3-8 是几种常用接口的类型和编码。

ifPhysAddress 表示物理地址,其特点依赖于接口类型,例如,局域网是 48 位的 IEEE MAC 地址,而 X.25 分组交换网是 X.121 建议规定的地址。

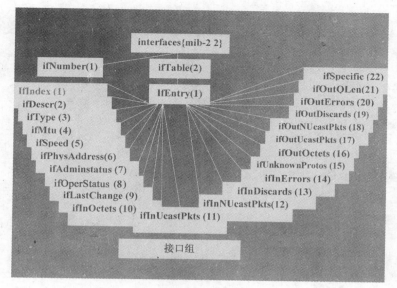

图 3-25　MIB-2 接口组

表 3-7　接口组对象

对象	语　　法	访问方式	功　能　描　述
ifNumber	INTEGER	RO	网络接口数
ifTable	SEQUENCE OF ifEntry	NA	接口表
ifEntry	SEQUENCE	NA	接口表项
ifIndex	INTEGER	RO	唯一的索引
ifDescr	DisplayString(SIZE(0..255))	RO	接口描述信息、制造商名、产品名和版本等
ifType	INTEGER	RO	物理层和数据链路层协议确定的接口类型
ifMtu	INTEGER	RO	最大协议数据单元大小(位组数)
ifSpeed	Gauge	RO	接口数据速率
ifPhysAddress	PhysAddress	RO	接口物理地址
ifAdminStatus	INTEGER	RW	管理状态 up(1) down(2) testing(3)
ifOperStatus	INTEGER	RO	操作状态 up(1) down(2) testing(3)
ifLastChange	TimeTicks	RO	接口进入当前状态的时间
ifInOctets	Counter	RO	接口收到的总字节数
ifInUcastPkts	Counter	RO	输入的单点传送分组数
ifInNUcastPkts	Counter	RO	输入的组播分组数
ifInDiscards	Counter	RO	丢弃的分组数
ifInErrors	Counter	RO	接受错误的分组数
ifInUnknownPorotos	Counter	RO	未知协议的分组数
ifOutOctets	Counter	RO	通过接口输出的分组数
ifOutUcastPkts	Counter	RO	输出的单点传送分组数
ifOutNUcastPkts	Counter	RO	输出的组播分组数
ifOutDiscards	Counter	RO	丢弃的分组数
ifOutErrors	Counter	RO	输出的错误分组数
ifOutQLen	Gauge	RO	输出队列长度
ifSpecific	OBJECT IDENTIFIER	RO	指向 MIB 中专用的定义

表 3-8　几种常见接口的类型和编码

编号	类　型	描　述
1	Other	其他接口
2	regular1822	ARPANET 主机和 IMP 间的接口协议
3	hdh1822	修订的 1822，使用同步链路
4	ddn-x25	为国防数据网定义的 x.25 接口
5	Rfc877-x.25	RFC877 定义的 x.25，传送 IP 数据报
6	ethernetCsmacd	以太网 MAC 协议
7	iso88023Csmacd	IEEE802.3MAC 协议
8	iso88024TokenBus	IEEE802.4MAC 协议
9	iso88024TokenRing	IEEE802.5MAC 协议
10	Iso88026Man	IEEE802.6DQDB 协议
11	starLan	双绞线以太网
12	proteon-10Mbit	10Mbps 光纤令牌环
13	proteon-80Mbit	80Mbps 光纤令牌环
14	hyperchannel	Network System 开发的 50Mbps 光缆 LAN
15	fddi	ANSI 光纤分布数据接口
16	lapb	X.25 数据链路层 LAP-B 协议
17	sdlc	IBM SNA 同步数据链路控制协议
18	ds1	1.544Mbps 的 DS-1 传输线接口
19	e1	2.048Mbps 的 E-1 传输线接口
20	basicISDN	192Kbps 的 ISDN 基本速率接口
21	primaryISDN	1.544 或 2.048Mbps 的基本速率 ISDN 接口
22	propPointToPointSerial	专用串行接口
23	ppp	Internet 点对点协议
24	softwareLoopback	系统内的进程间通信
25	eon	运行于 IP 之上的 ISO 无连接协议
26	ethernet-3Mbit	3Mbps 以太网接口
27	nisp	XNS over IP
28	slin	Internet 串行线路接口协议
29	ultra	Ultra Network Tech. 开发的高速光纤接口
30	ds3	44.736Mbps 的 DS-3 数字传输线路接口
31	sip	IP over SMDS
32	frame-relay	帧中继网络接口
33	rs232	RS-232-C 或 RS-232-D 接口
34	para	并行口
35	arcnet	ARCnetLAN
36	arcnetPlus	ARCnet Plus 局域网接口
37	atm	ATM 接口
38	miox25	X.25 和 ISDN 上的多协议连接
39	sonet	SONET 或 SDH 高速光纤接口
40	x25ple	X.25 分组层实体
41	sio8802llc	IEEE802.2LLC
42	localTalk	老式 Apple 网络接口规范

编号	类型	描述
43	smdsDxi	SMDS 数据交换接口
44	frameRelayService	帧中继网络服务接口
45	v35	ITU-T V.35 接口
46	hssi	高速串行接口
47	hippi	高性能并行接口
48	modem	一般 modem
49	sal5	ATM 适配层 5,提供简单服务
50	sonetPath	SONET 通道
51	sonetVT	SONET 虚拟支线
52	smdsIcip	SMDS 载波间接口
53	PropVirtual	专用虚拟接口
54	PropMultiplexor	专用多路器

本组有两个关于接口状态的对象。ifAdminStatus 表示操作员说明的管理状态,而 ifOperStatus 表示接口的实际工作状态。这两个变量状态组合的含义如表 3-9 所示。

表 3-9 接口状态

ifOperStatus	ifAdminStatus	含义
up(1)	up(1)	正常
down(2)	up(1)	故障
down(2)	down(2)	停机
testing(3)	testing(3)	测试

对象 ifSpeed 是一个只读的计量器,表示接口的比特速率。例如,ifSpeed 取值 10 000 000, 表示 10Mbps。有些接口速率可根据参数变化,ifSpeed 的值反映了接口当前的数据速率。

接口中的对象可用于故障管理和性能管理。例如,可以通过检查进出接口的字节数或队列长度检测拥挤,可以通过接口状态获知工作情况,还可以统计输入/输出的错误率。

输入错误率＝ifInErrors/(ifInUcastPkts＋ifInNUcastPkts)

输出错误率＝ifOutErrors/(ifOutUcastPkts＋ifNUcastPkts)

最后,该组可以提供接口发送的字节数和分组数,这些数据可作为记账的依据。

3.3.3 地址转换组

地址转换组(Address Translation Group)包含一个表,见图 3-26。该表的一行对应系统的一个物理接口,表示网络地址到接口的物理地址的映像关系。MIB-2 中地址转换组的对象已被收编到各个网络协议组中,保留地址转换组仅仅是为了与 MIB-1 兼容。这种改变的理由有两点。

(1) 为了支持多协议结点。当一个结点支持多个网络层协议(例如,IP 和 IPX)时,多个网络地址可能对应一个物理地址。而该组只能把一个网络地址映像到一个物理地址。

(2) 为了表示双向映像关系。地址转换表只允许从网络地址到物理地址的映像,然而有些路由协议却要从物理地址到网络地址的映像。

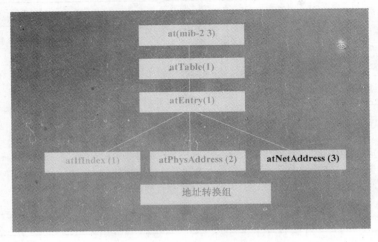

图 3-26　MIB-2 地址转换组

3.3.4　IP 组

　　IP 组提供了与 IP 协议有关的信息，在网络中路由器周期性地执行路由算法并更新路由表。IP 组定义执行网络层协议（如主机和路由器）的节点的所有需要的参数。其功能组是必须实现的。IP 组包含三个表对象：IP 地址表、IP 路由表和 IP 地址转换表。

　　由于端系统（主机）和中间系统（路由器）都实现 IP 协议，而这两种系统中包含的 IP 对象又不完全相同，所以有些对象是任选的，这取决于是否与系统有关。

　　IP 组包含的对象如图 3-27 和表 3-10 所示。这些对象可分为 4 大类，以及 3 个表对象。下面分别讲述这些对象的语义和作用。

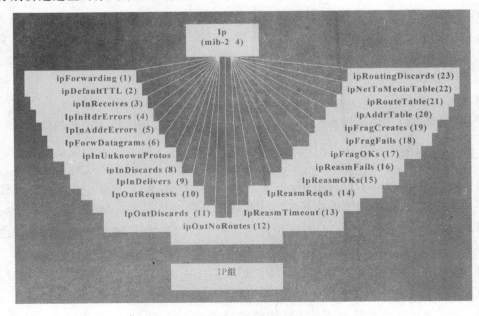

图 3-27　MIB-IP 组

表 3-10　IP 组对象

对　　象	语法	访问方式	功　能　描　述
ipForwarding(1)	INTEGER	RW	IP gateway(1),IP host(2)
ipDefaultTTL(2)	INTEGER	RW	IP 头中的 Time To Live 字段的值
ipInReceives(3)	Counter	RO	IP 层从下层接受的数据报总数
ipInHdrErrors(4)	Counter	RO	由于 IP 头出错而丢弃的数据报
ipInAddrErrors(5)	Counter	RO	地址出错(无效地址、不支持的地址和非本地主机地址)的数据报
ipForwDatagrams(6)	Counter	RO	已转发的数据报
ipInUnknownProtos(7)	Counter	RO	不支持的数据报的协议,因而被丢弃
ipInDiscards(8)	Counter	RO	因缺乏缓冲资源而丢弃的数据报
ipInDelivers(9)	Counter	RO	由 IP 层提交给上层的数据报
ipOutRequest(10)	Counter	RO	由 IP 层交给下层需要发送的数据报,不包括 ipForwDatagrams
ipOutDiscards (11)	Counter	RO	在输出端因缺乏缓冲资源而丢弃的数据报
ipOutNoRoutes (12)	Counter	RO	没有到达目标路由器而丢弃的数据报
ipReasmTimeout(13)	INTEGER	RO	数据段等待重装配的最长时间(秒)
ipReasmReqds(14)	Counter	RO	需要重装配的数据段
ipReasmOKs(15)	Counter	RO	成功重装配的数据段
ipReasmFails(16)	Counter	RO	不能重装配的数据段
ipFragOKs(17)	Counter	RO	分段成功的数据段
ipFragFails(18)	Counter	RO	不能分段的数据段
ipFragCreates(19)	Counter	RO	产生的数据报分段数
ipAddrTable(20)	SEQUENCE OF	NA	IP 地址表
ipRouteTable(21)	SEQUENCE OF	NA	IP 路由表
ipNetToMediaTable(22)	SEQUENCE OF	NA	IP 地址转换表
ipRoutingDiscards(23)	Counter	RO	无效的路由项,包括为释放缓冲空间而丢弃路由项

　　IP 地址表(ipAddrTable)包含与本地 IP 地址有关的信息。每一行对应一个 IP 地址,由 ipAddrEntIfIndex 作为索引项,其值与接口表的 ifIndex 一致。这反映了一个 IP 地址对应一个网络接口这一事实。在配置管理中,可以利用这个表中的信息检查网络接口的配置情况。该表中的对象属性都是只读的,所以 SNMP 不能改变主机的 IP 地址。

　　IP 路由表(ipRouteTable)包含关于转发路由的一般信息。表中的一行对应一个已知的路由,由目标 IP 地址 ipRouteDest 索引。对于每一个路由,通向下一结点的本地接口由 ipRouteIfIndex 表示,其值与接口表中的 ifIndex 一致。每个路由对应的路由协议由变量 ipRouteProto 指明,其值可能是:

```
other    (1);
local    (2);
netmgmt  (3);
icmp     (4);
egp      (5);
ggp      (6);
hello    (7);
rip      (8);
```

```
is-is (9);
es-is (10);
ciscoIgrp (11);
bbnSpfIgp (12);
ospf (13);
bgp (14)。
```

其中有些是制造商专用的协议,例如,ciscoIgrp(CISCO 专用)。如果路由是人工配置,则 ipRouteProto 表示 local。

路由表中的信息可用于配置管理。因为这个表中的对象是可读写的,所以可以用 SNMP 设置路由信息。这个表也可以用于故障管理。如果用户不能与主机建立连接,可检查路由表中的信息是否有错。

IP 地址转换表(ipNetToMediaTable)提供了物理地址和 IP 地址的对应关系。每个接口对应表中的一项。这个表与地址转换组语义相同。

另外,RFC1354(1992 年 7 月)提出了代替 IP 路由表的新标准,叫做 IP 转发表。原来的 MIB-2 中的 IP 路由表只有一项 ipRouteDest 索引,因此对一个目标只能定义一个路由。RFC1354 定义的转发表可以表示多路由的路由表,如图 3-28 所示。ipForward 中的 ipForwardNumber 是一个只读的计量器,它记录 IP 转发表的项数。ipForwardTable 的大部分对象与 ipRouteTable 的对象对应,有相同的语法和语义。

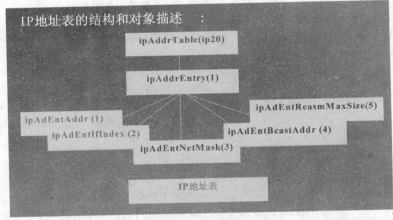

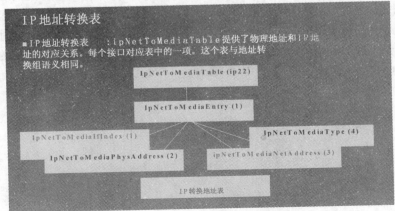

图 3-28　IP 地址表、地址转换表、路由表

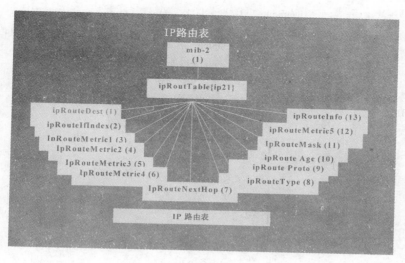

图 3-28 （续）

增加的对象如下。

ipForwardPolicy：表示路由选择策略。在 IP 网络中，路由策略是基于 IP 协议的服务类型，共有 8 个优先级和高低不同的延迟、吞吐率和可靠性。

ipForwardNextHopAS：下一个自治系统的地址。

如图 3-27 所示，IP 地址转换表有 4 个入口索引，因而对同一目标地址可根据不同的路由协议、不同的转发策略发送到不同的下一节点去。

3.3.5 ICMP 组

ICMP 是 IP 的伴随协议。所有实现 IP 协议的结点都必须实现 ICMP 协议。ICMP 组包含有关 ICMP 实现和操作的有关信息，该组仅由发送或接收到的各种 ICMP 信息的计数器组成。通过 ICMP 组的对象可以对网络的性能管理功能进行分析。

ICMP 组及其对象如图 3-29 和表 3-11 所示。可以看出，这一组是有关各种接收的或发送的 ICMP 报文的计数器。

3.3.6 TCP 组

TCP 组包含与 TCP 协议的实现和操作有关的信息，见图 3-30 和表 3-12。这一组的前 3 项与重传有关。当一个 TCP 实体发送数据段后就等待应答，并开始计时。如果超时后没有得到应答，就认为数据段丢失了，因而要重新发送。该组对象 tcpRtoAlgorithem 说明计算重传时间的算法，其值可取如下几种。

other(1)：不属于以下 3 种类型的其他算法。

constant(2)：重传超时值为常数。

rsre(3)：这种算法根据通信情况动态地计算超时值，即把估计的周转时间（来回传送一周的时间）乘一个倍数。这个算法是美国军用 TCP 标准 MIL-STD-1778 定义的。

vanj(4)：这是由 Van Jacobson 发明的一种动态算法。这种算法在网络周转时间变化较大时比前一种算法好。

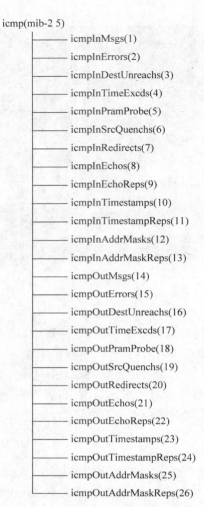

图 3-29　ICMP 组

表 3-11　ICMP 组对象

对　　象	语法	访问方式	功 能 描 述
icmpInMsgs(1)	Counter	RO	接收的 icmp 报文总数（以下为输入报文）
icmpInErrors(2)	Counter	RO	出错的 icmp 报文数
icmpInDestUnreachs(3)	Counter	RO	目标不可送达型 icmp 报文
icmpInTimeExcds(4)	Counter	RO	超时型 icmp 报文
icmpInPramProbe(5)	Counter	RO	有参数问题型 icmp 报文
icmpInSrcQuenchs(6)	Counter	RO	源抑制性 icmp 报文
icmpInRedirects(7)	Counter	RO	重定向型 icmp 报文
icmpInEchos(8)	Counter	RO	回声请求型 icmp 报文
icmpInEchoReps(9)	Counter	RO	回声响应型 icmp 报文
icmpInTimestamps(10)	Counter	RO	时间戳请求型 icmp 报文
icmpInTimestampReps(11)	Counter	RO	时间戳响应型 icmp 报文
icmpInAddrMasks(12)	Counter	RO	地址掩码请求型 icmp 报文
icmpInAddrMaskReps(13)	Counter	RO	地址掩码响应型 icmp 报文

对象	语法	访问方式	功能描述
icmpOutMsgs (14)	Counter	RO	输出的 icmp 报文总数（以下为输出报文）
icmpOutErrors (15)	Counter	RO	出错的 icmp 报文数
icmpOutDestUnreachs(16)	Counter	RO	目标不可送达型 icmp 报文
icmpOutTimeExcds (17)	Counter	RO	超时型 icmp 报文
icmpOutPramProbe (18)	Counter	RO	有参数问题型 icmp 报文
icmpOutSrcQuenchs (19)	Counter	RO	源抑制性 icmp 报文
icmpOutRedirects (20)	Counter	RO	重定向型 icmp 报文
icmpOutEchos (21)	Counter	RO	回声请求型 icmp 报文
icmpOutEchoReps (22)	Counter	RO	回声响应型 icmp 报文
icmpOutTimestamps (23)	Counter	RO	时间戳请求型 icmp 报文
icmpOutTimestampReps(24)	Counter	RO	时间戳响应型 icmp 报文
icmpOutAddrMasks (25)	Counter	RO	地址掩码请求型 icmp 报文
icmpOutAddrMaskReps(26)	Counter	RO	地址掩码响应型 icmp 报文

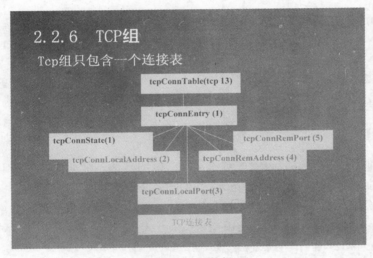

图 3-30　TCP 组

表 3-12　TCP 组对象

对象	语法	访问方式	功能描述
tcpRtoAlgorithm(1)	INTEGER	RO	重传时间算法
tcpRtoMin(2)	INTEGER	RO	对象语法
tcpRtoMax(3)	INTEGER	RO	重传时间最大值
tcpMaxConn(4)	INTEGER	RO	可建立的最大连接数
tcpActiveOpens(5)	Counter	RO	主动打开的连接数
tcpPassiveOpens(6)	Counter	RO	被动打开的连接数
tcpAttemptFails(7)	Counter	RO	链接建立失败数
tcpEstabResets(8)	Counter	RO	链接复位数
tcpCurrEstab(9)	Counter	RO	状态为 established 或 closeWait 的连接数
tcpInSegs(10)	Counter	RO	接收的 TCP 段总数
tcpOutSegs(11)	Counter	RO	发送的 TCP 段总数

对　　象	语法	访问方式	功　能　描　述
tcpRetransSegs(12)	Counter	RO	重传的 TCP 段总数
tcpConnTable(13)	SEQUENCE OF	NA	连接表
tcpInErrors(14)	Counter	RO	接收的出错 TCP 段数
tcpOutRests(15)	Counter	RO	发出的含 RST 标志的段数

　　TCP 组只包含一个连接表。TCP 的链接状态取自 MIL-STD-1778 标准的 TCP 链接状态。变量 tcpConnState 可取下列值：

```
closed(1);
listen(2);
synSent(3);
synReceived(4);
established(5);
finWait1(6);
finWait2(7);
closeWait(8);
lastAck(9);
closing(10);
timeWait(11);
deleteTCB(12);
```

最后一个状态表示终止链接。

3.3.7 · UDP 组

　　UDP 组类似于 TCP 组，它包含的对象都是必要的。这一组提供了关于 UDP 数据报和本地接收端点的详细信息，包含有关结点上 UDP 实现和操作的信息。

　　UDP 组对象表示在图 3-31 中。UDP 表相当简单，只有本地地址和本地端口两项。

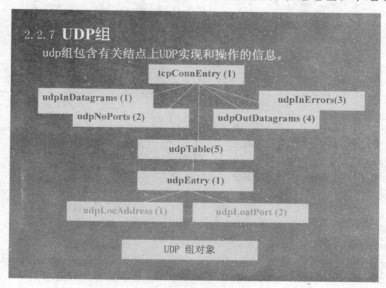

图 3-31　UDP 组

3.3.8 EGP 组

EGP 组(图 3-32)提供了关于 EGP 路由器发送和接收的 EGP 报文的信息,以及关于 EGP 邻居的详细信息等。在 EGP 邻居中,邻居状态 egpNeighState 可取的值有:

idel(1);

acquisition(2);

down(3);

up(4);

cease(5)。

轮询模式 egpNeighMode 可取的值有 active(1)和 passive(2)两种。

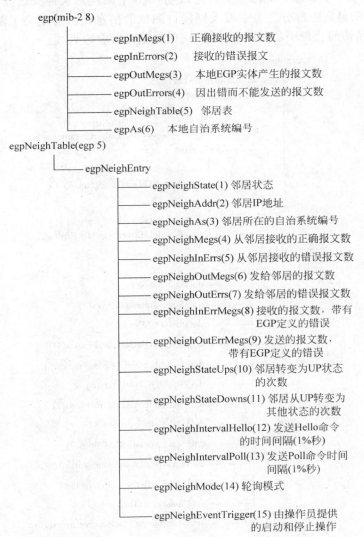

图 3-32　EGP 组

第 3 章

管理信息库 MIB-2

3.3.9 传输组

设置这一组的目的是针对各种传输介质提供详细的管理信息。事实上这不是一个组，而是一个联系各种接口专用信息的特殊结点。前面介绍过的接口组包含各种接口通用的信息，而传输组提供与子网类型有关的专用信息。下面介绍一个传输组的例子。

RFC1643 在传输结点下定义了以太网接口的有关对象，并且已经成为正式的 Internet 标准。图 3-33 和表 3-13 列出了以太网 MIB 的有关对象。在统计表中记录以太网通信的统计信息，这个表以 dot3StateIndex 为索引项，其值与接口组的 ifIndex 相同，因而对应每个接口有一个统计表项。表中的一组计数器记录以太网接口接收和发送的各种帧数，包括正确的和错误的帧。冲突次数统计表可用于画出有关各种冲突的直方图。图 3-34 给出了一个例子，可以看出 426 个帧经一次冲突而发送成功，318 个帧经两次冲突而发送成功，如此等等。dot3 MIB 的最后一部分是关于以太网接口测试的信息。目前定义了两种测试和两种错误。当管理站访问代理中的测试对象时，代理就完成对应的测试。

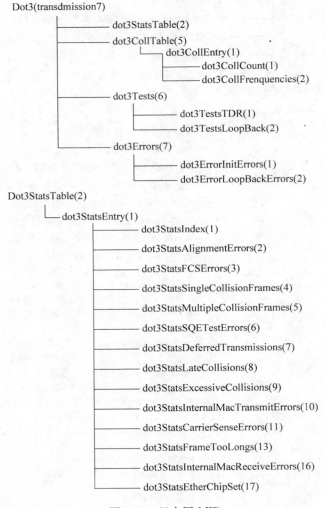

图 3-33　以太网 MIB

表 3-13　以太网 MIB 对象

对象	语法	访问方式	功能描述
dot3StatsTable	SEQUENCE OF	NA	IEEE802.3 统计表
dot3StatsEntry	SEQUENCE OF	NA	该表项对应一个以太网接口
dot3StatsIndex(1)	INTEGER	RO	索引项,与接口组索引相同
dot3StatsAlignmentErrors(2)	Counter	RO	接收的非整数个字节的帧数
dot3StatsFCSErrors(3)	Counter	RO	接收的 FCS 校验出错的帧数
dot3StatsSingleCollisionFrames(4)	Counter	RO	仅一次冲突而发送成功的帧数
dot3StatsMultipleCollisionFrames	Counter	RO	经过多次冲突而发送成功的帧数
dot3StatsSQETestErrors(6)	Counter	RO	SQE 测试错误报文产生的次数
dot3StatsDeferredTransmissions(7)	Counter	RO	被延迟发送的帧数
dot3StatsLateCollisions(8)	Counter	RO	发送 512 比特后检测到的冲突次数
dot3StatsExcessiveCollision(9)	Counter	RO	由于过多冲突而发送失败的帧数
dot3StatsInternalMacTransmitErrors(10)	Counter	RO	由于内部 MAC 错误而发送失败的帧数
dot3StatsCarrierSenseErrors(11)	Counter	RO	载波监听条件丢失的次数
dot3StatsFrameTooLongs(13)	Counter	RO	接收的超长帧数
dot3StatsInternalMacReceiveErrors(16)	Counter	RO	由于内部 MAC 错误而接收失败的帧数
dot3StatsEtherChipSet(17)	OBJECT IDENTIFIER	RO	接口使用的芯片
dot3CollTable(5)	SEQUENCE OF	NA	有关接口冲突直方图的表
dot3CollEntry(1)	SEQUENCE	NA	冲突表项
dot3CollCount(1)	INTEGER(1..16)	NA	共 16 种不同的冲突次数
dot3CollFrequencies(2)	Counter	RO	对应每种冲突次数而成功传送的帧数
dot3Tests(6)	OBJECT IDENTIFIER	RO	对接口的一组测试
dot3TestTDR(1)	OBJECT IDENTIFIER	RO	TDR(Time Domain Reflectometry)测试
dot3TestLoopBack(2)	OBJECT IDENTIFIER	RO	环路测试
dot3Errors(7)	OBJECT IDENTIFIER	RO	测试期间出现的错误
dot3ErrorInitError(1)	OBJECT IDENTIFIER	RO	测试期间芯片不能初始化
dot3ErrorLoopBackError(2)	OBJECT IDENTIFIER	RO	在环路测试中接收的数据不正确

　　至此,我们讨论了 MIB-2 中除了第 9 组和第 11 组之外的 9 个功能组的管理对象。第 9 组是 COMT 组,因为 COMT 的开发陷于停顿状态,所以使用 COMT 组对象还很遥远,我们就不讨论了。第 11 组 SNMP 组将在后文讨论。

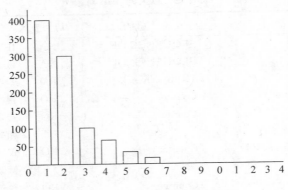

图 3-34　dot3 冲突统计表的直方图

3.4　习　　题

一、单项选择题

1. SNMP 协议在 TCP/IP 协议簇中属于(　　　)。

　　A. 网络接口层　　　　B. 网络层　　　　　C. 传输层　　　　　D. 应用层

2. 一个 A 类的 IP 地址掩码被设为 255.255.224.0,其子网地址是(　　　)位二进制。

　　A. 3　　　　　　　　B. 8　　　　　　　　C. 11　　　　　　　D. 19

3. ICMP 协议在 TCP/IP 协议簇中属于(　　　)。

　　A. 网络接口层　　　　B. 网络层　　　　　C. 传输层　　　　　D. 应用层

4. 下列协议中,(　　　)是属于链路状态协议。

　　A. IRP　　　　　　　B. RIP　　　　　　　C. OSPF　　　　　　D. BGP

5. 自制系统之间适合使用(　　　)协议进行路由。

　　A. IRP　　　　　　　B. RIP　　　　　　　C. OSPF　　　　　　D. BGP

6. 关于 MIB 的作用,(　　　)是错误的。

　　A. 提供了定义管理对象的语法结构　　　　B. 可以表示管理和控制的关系

　　C. 提供了结构化的信息组织技术　　　　　D. 提供了对象命名机制

7. 下面(　　　)是构造类型的 ASN.1 数据。

　　A. INTEGER　　　　　　　　　　　　　B. OCTET STRING

　　C. OBJECT IDENTIFIER　　　　　　　　D. SEQUENCE(OF)

8. 在 Internet 网络管理体系结构中,SNMP 协议定义在(　　　)。

　　A. 网络访问层　　　　B. 网络层　　　　　C. 传输层　　　　　D. 应用层

9. 在 ASN.1 的下列通用类型中,SNMP 管理对象定义中使用了(　　　)。

　　A. SET(OF)　　　　　　　　　　　　　B. OCTET STRING

　　C. REAL　　　　　　　　　　　　　　D. OBJECT descriptor

10. 使用 SNMP 协议,可以修改路由器的(　　　)。

　　A. IP 地址　　　　　B. 物理地址　　　　C. 路由选择算法　D. 默认路由

11. 在 MIB-2 功能组的接口组中,如果对象 ifAdminStatus 的值为 up(1),而 ifOpenStatus 的值为 down(2),这表示该接口的状态是(   )。

    A. 正常　　　　　　　B. 故障　　　　　C. 停机　　　　　D. 测试

12. 在 MIB 的管理信息结构中,表对象和行对象称为概念表和概念行,其访问特性应为(   )。

    A. Not-Accessible　　　　　　　　　　B. Read-create
    C. Read-Only　　　　　　　　　　　　D. Read-Write

13. 按照 SNMPv1 的规定,若一个计数器(Counter)已达到最大值,它的下一个值将是(   )。

    A. 0　　　　　　　　　　　　　　　B. 2 的 32 次方减 2
    C. 2 的 32 次方减 1　　　　　　　　D. 2 的 32 次方

14. 定义 SNMP 对象的形式化方法是(   )。

    A. EBR 编码　　　B. ASN.1　　　　C. MDS　　　　D. RSA

二、填空题

1. 由路由算法相同的路由器互联的、由同一机构控制的互联网络叫_____。

2. 将 MAC 地址映像到 IP 地址,要使用_____协议;将 IP 地址映像到 MAC 地址,要使用_____协议。

3. 传输层的两个协议是_____和_____,其中_____。

4. 用来测试两个主机之间连通性的 ping 命令,是基于_____协议开发的。

5. SMI 说明了定义和构造_____的总体框架,以及_____的表示和命令方法。

6. 在使用了委托代理的系统中,委托代理和管理站之间按 SNMP 协议通信,而委托代理与被管设备之间则按_____协议通信。

7. MIB-2 功能组的 IP 组包含了三个表对象:IP 地址表、_____表和 IP 地址转换表。

8. 对于不支持 TCP/IP 协议栈的设备,无法直接用 SNMP 进行管理,而是通过_____来管理的。

9. 如果计量器(Gauge)作为某接口到达分组数的对象类型,根据 SNMPv1,当计数器已经达到最大值时,若又一分组数到达,则该计量器的值为_____。

10. SNMP 的直接下层协议是_____。

三、简述题

1. 表示层的功能是什么? 抽象语法和传输语法各有什么作用?

2. 用 ASN.1 表示一个协议数据单元(例如,IEEE802.3 的帧)。

3. 用基本编码规则对长度字段 L 编码:L=18,L=180,L=1044。

4. 用基本编码规则对下面的数据编码:标签值=1011001010,长度=225。

5. 为什么要用宏定义? 怎样由宏定义得到宏实例?

6. Internet 网络管理框架由哪些部分组成? 支持 SNMP 体系结构由哪些协议层组成?

7. SNMP 环境中的管理对象是如何组织的? 这种组织方式有什么意义?

8. MIB-2 中的应用类型有哪些？计数器类型和计量器类型有什么区别？

9. RFC1212 给出的宏定义由哪些部分组成？试按照这个宏定义产生一个宏实例。

10. MIB-2 中的管理对象分为哪几个组？

11. 什么是标量对象？什么是表对象？标量对象和表对象的实例如何标识？

12. 为什么不能访问表对象和行对象？

13. 对象标识符是由什么组成的？为什么说对象的词典顺序对网络管理是很重要的？

14. 在自己的计算机上安装 SNMP 服务，浏览 MIB-2 和私有数据库的内容。

第 4 章　简单网络管理协议 SNMP

目前计算机网络中几乎所有的通用设备和网络操作系统都支持简单网络管理协议（Simple Net Management Protocol, SNMP），掌握 SNMP 的基础知识是学习计算机网络管理课程的关键环节。SNMP 中涉及的知识点比较多，每个知识点都有大量的细节描述。本章首先介绍 SNMP 协议的发展，然后介绍 3 个 SNMP 协议的主要内容：SNMP 协议数据单元，SNMP 支持的操作以及 SNMP 的安全机制。着重介绍 SNMP 的基本架构和功能。通过有关软件的使用，读者可进一步熟悉 SNMP 协议的具体功能。

4.1　SNMP 简介

当初提出 SNMP 的目的是作为弥补网络管理协议发展阶段之间空缺的一种临时性措施，其出现后显示了许多优点，最主要的优点是：简单，容易实现，而且基于人们熟悉的 SGMP(Simple Gateway Monitoring Protocol)协议，已有相当多的操作经验。所以在 1988 年时，为了适应当时紧迫的网络管理需要，确定了网络管理标准开发的双轨制策略。

1988 年确认网络管理标准开发的双轨制策略，SNMP 可以满足当时的网络管理的需要，用于管理配置简单的网络，并在将来可以过渡到新的网络管理标准。

OSI 网络管理（CMOT）作为长期的解决办法，可以应付未来更加复杂的网络配置，提供更全面的管理功能。

双轨制存在一定的问题，原来的想法是 SNMP 的 MIB 是 OSI MIB 的子集，这样就可以顺利地过渡到 CMOT（CIMS/CMIP over TCP/IP）。由于 OSI 是面向对象的模型，而 SNMP 使用的是简单的标量 MIB，这样 SNMP 过渡到 OSI 管理比较困难。同时 OSI 标准的管理产品的开发进度很慢，而 SNMP 的产品得到很多用户认可。因此，SNMP 发展到现在，共推出了三个版本和两个扩展，具体如下。

1989 年，SNMPv1 发布(CMOT 推出失败，基于 SGMP(简单网关监视协议)设计 SNMP)。

1991 年，针对 SNMPv1 的扩展 RMON(Remote Monitoring，远程监视)发布。RMON 扩展了 SNMPv1 的功能，主要加强了对局域网及设备的管理。

1995 年，SNMPv2 正式发布(SNMPv1 的升级版在 1993 年提出)，SNMPv2 在 SNMPv1 的基础上增加了部分功能，并制定了在 OSI 网络中使用 SNMP 的具体方法。同年，RMON 升级为 RMON2。

1999 年，SNMPv3 发布草案。

2002 年，SNMPv3 的标准正式出台，重点加强了 SNMP 的安全性，并为将来的发展设计了总体的架构。

4.1.1 SNMPv1

TCP/IP 网络管理最初使用的是 1987 年 11 月提交的简单网关监视协议(Simple Gateway Monitoring Protocol,SGMP),在此基础上改进简单网络管理协议第 1 版(Simple Network Management Protocol,SNMPv1),陆续公布在 1990 年和 1991 年的几个 RFC (Request For Comments)文档中,即 RFC1155(SMI)、RFC1157(SNMP)、RFC1212(MIB 定义)和 RFC1213(MIB-2 规范)。由于其简单性和易于实现,SNMPv1 得到了许多制造商的支持和广泛的应用。几年以后在第 1 版的基础上改进功能和安全性,又产生了第 2 版 SNMPv2(RFC1902~1908,1996)和 SNMPv3(RFC2570~2575 Apr,1999)。

4.1.2 SNMPv2

简单化是 SNMP 标准取得成功的主要原因。正是因为 SNMP 的实现较为简单,所以在 SNMPv1 发布后得到了大量应用,也正是因为 SNMPv1 的广泛使用,SNMPv1 存在的缺陷很快暴露了出来。

SNMPv1 的主要缺陷是安全问题,表现在如下几方面。

(1) 没有提供读取大块数据的有效机制,对大块数据进行存取的效率很低。

(2) 没有提供足够的安全机制,安全性很差,对管理消息不能进行鉴别,也不能防止监听。

(3) 没有提供管理进程与管理进程之间的通信机制,只适合集中式管理,而不利于进行分布式管理。

(4) 只适用于监测网络设备,不适用于监测网络本身。

(5) 由于 trap 数据报采用面向非连接的 UDP 协议传输,没有应答。

为了修补 SNMP 的安全缺陷,1992 年 7 月出现了一个新标准——安全 SNMP(S-SNMP),这个协议增强了安全方面的功能,表现在如下几方面。

(1) 用报文摘要算法 MD5 保证数据完整性和进行数据源认证。

(2) 用时间戳对报文安排。

(3) 用 DES 算法提供数据加密功能。

但是 S-SNMP 没有改进 SNMP 在功能和效率方面的其他缺点。几乎与此同时有人又提出了另外一个协议 SMP(Simple Management Protocol)。这个协议由 8 个文件组成,它对 SNMP 的扩充表现在下列方面。

(1) 适用范围:SMP 可以管理任意资源,不仅是网络资源,还可以用于应用管理、系统管理。可实现管理站之间的通信,也提供了更明确更灵活的描述框架,可以描述一致性要求和实现能力。在 SMP 中管理信息的扩展性得到了增强。

(2) 复杂程度、速度和效率:保持了 SNMP 的简单性,更容易实现,并提供了数据块传送能力,因而速度和效率更高。

(3) 安全措施:结合了 S-SNMP 提供的安全功能。

(4) 兼容性:可以运行在 TCP/IP 网址上,也适合 OSI 系统和运行其他通信协议的网络。

在对 S-SNMP 和 SMP 讨论的过程中,Internet 研究人员之间达成了如下的共识:必须扩展 SNMP 的功能,并增强其安全设施,使用户和制造商尽快地从原来的 SNMP 过渡到第二代 SNMP。于是 S-SNMP 被放弃,决定以 SMP 为基础开发 SNMP 第 2 版,即 SNMPv2。

SNMPv2 的主要功能改进如下。

(1) 提供了一次读取大块数据的能力(Get Bulk Request)。

(2) 增加了管理进程(manager)与管理进程之间的信息交换机制(Inform Request),从而支持分布式管理结构。(由中间 manager 来分担主 manager 的任务,增加了远程站点的局部自主性)

(3) 可在多种网络协议上运行,如 OSI、Appletalk 和 IPX 等,适用多协议网络环境(但它的默认网络协议仍是 UDP)。

(4) SMI 为被管理对象和 MIB 提供了更详尽的规范和文档。

(5) SNMPv2 的 MIB 定义在 MIB-Ⅱ 基础上,并对 MIB-Ⅱ 进行了修改和扩充(节点 MIB 8->40)。

(6) 提供了安全管理规范(时间问题导致其放弃安全管理部分)。

表 4-1 列出了有关 SNMPv2 和 SNMPv2C 的两组 RFC 文件。

表 4-1   有关 SNMPv2 和 SNMPv2C 的 RFC 文件

SNMPv2(1993.5)	名　称	SNMPv2C(1996.1)
1441	SNMPv2 简介	1901
1442	SNMPv2 管理信息结构	1902
1443	SNMPv2 文件结构约定	1903
1444	SNMPv2 一致性声明	1904
1445	SNMPv2 高层安全模型	
1446	SNMPv2 安全协议	
1447	SNMPv2 参加者 MIB	
1448	SNMPv2 协议操作	1905
1449	SNMPv2 传输层映射	1906
1450	SNMPv2 管理信息库	1907
1451	管理进程间的管理信息库	
1452	SNMPv2 第 1 版和第 2 版网络管理框架共存	1908

4.1.3 SNMPv3

由于 SNMPv2 没有达到"商业级别"的安全要求(提供数据源标识、报文完整性认证、防止重放、报文机密性、授权和访问控制、远程配置和高层管理能力等),所以 SNMPv3 工作组一直在从事新标准的研究工作,终于在 1999 年 4 月发布了 SNMPv3 新标准。

SNMPv3 的最突出特点是其安全性。具体来说,SNMPv3 使用了 SNMPv1 和 SNMPv2 的消息、操作及传输层映射,并在前面两个版本的基础上增加了用于安全的模型和访问控制。SNMPv1 和 SNMPv2 的所有通信字符串和数据都以明文形式发送。为了解决安全问题,SNMPv3 通过对数据进行加密和鉴别加强了数据的安全性。加密的目的是保证数据不被窃取;鉴别的目的是保证数据的完整性和发送者的正确性,防止别人伪造或篡改数据。

SNMPv3 使用基于用户的安全模型(USM)实现安全性。在 SNMPv3 中,消息与用户联系起来,一条消息对应一个用户,消息使用用户的密码生成密钥,从而进行加密,实现各种安全特性。具体来讲,USM 定义了下面的目标。

(1) 通过数据完整性检查,保护数据在传输过程中没有被篡改或毁坏,传输顺序也没有被有意改变。

(2) 通过数据来源鉴别能够验证数据和发送源的一致性。

(3) 数据保密能够使数据在传输过程中不被窃听,也未发生泄露。

(4) 通过消息时序性限制,如果消息在一个指定的时间范围外产生,则拒绝接收。

SNMPv3 没有定义其他的新的 SNMP 功能,只是为 SNMP 提供了安全方面的功能。

SNMPv3 工作组的目标是:产生一组必要文档,作为下一代 SNMP 核心功能的单一标准。要求尽量使用已有的文档,使新标准能够适应不同管理需求的各种操作环境,便于已有的系统向 SNMPv3 过渡,可以方便地建立和维护管理系统。

所谓"单一标准"是指这样的事实:在 SNMPv2 的研制过程中曾经出现了以下几个不同的建议。

(1) SNMP Security,1991~1992 年〔RFC1351-RFC1353〕。

(2) SMP,1992~1993 年。

(3) 基于 Party 的 SNMPv2,1993~1995 年〔RFC1441-RFC1452〕。

这些工作对 SNMPv2 的发展做出了一定的贡献,但是这些文档描述的管理框架并不一致,从而形成了如下几个不同的 SNMPv2 标准。

(1) 基于团体的 SNMPv2 (SNMPv2c)〔RFC1901〕。

(2) SNMPv2u,〔RFC1909-RFC1910〕。

(3) SNMPv2 *。

其中的 SNMPv2c 得到了 IEIF 的认可,但是缺乏安全和高层管理功能,而 SNMPv2u 和 SNMPv2 * 虽然具有安全和高层管理功能,但是没有得到 IEIF 的认可。所以 SNMPv3 工作组的任务就是在这些研究工作和现有标准的基础上制定单一的 SNMPv3 正式标准。根据以上要求,工作组于 1998 年 1 月发表了 5 个文件,作为安全和高层管理的建议标准(PROPOSED STANDARD),这 5 个文件如下。

(1) RFC2271 描述 SNMP 管理框架的体系结构。

(2) RFC2272 简单网络管理协议的报文处理和调度。

(3) RFC2273 SNMPv3 应用程序。

(4) RFC2274 SNMPv3 基于用户的安全模型。

(5) RFC2275 SNMPv3 基于视图的访问控制模型。

后来在此基础上又进行了修订,终于在 1999 年 4 月公布了一组文件,作为 SNMPv3 的新标准草案(DRAFT STANDARD)。

(1) RFC2570 Internet 标准网络管理框架第 3 版论。

(2) RFC2571 SNMP 管理框架的体系结构描述(标准草案,代替 RFC2271)。

(3) RFC2572 简单网络管理协议的报文处理和调度协调(标准草案,代替 RFC2272)。

(4) RFC2573 SNMPv3 应用程序(标准草案,代替 RFC2273)。

(5) RFC2574 SNMPv3 基于用户的安全模型(USB)(标准草案,代替 RFC2274)。

（6）RFC2575 SNMPv3 基于视图的访问控制模型（VACM）（标准草案，代替RFC2275）。

（7）RFC2576 SNMP 第1、2、3版的共存问题（标准草案，代替 RFC2089，March 2000）。

另外，对 SNMPv2 的管理信息结构（SMIv2）的有关文件也进行了修订，作为正式标准公布。

（1）RFC2578 管理信息结构第 2 版（SMIv2）（正式标准 STD0058，代替 RFC1902）。

（2）RFC2579 对于 SMIv2 的文件约定（正式标准 STD0058，代替 RFC1903）。

（3）RFC2580 对于 SMIv2 的一致性说明（正式标准 STD0058，代替 RFC1904）。

SNMPv3 不仅在 SNMPv2c 的基础上增加了安全和高层管理功能，而且能和以前的标准（SNMPv1 和 SNMPv2）兼容，也便于以后扩充新的模块，从而形成了统一的 SNMP 新标准。

4.1.4　SNMP 的功能

SNMP 是目前应用最为广泛的网络管理协议，主要用于对路由器、交换机、防火墙、服务器等主要设备（网元）的管理，如图 4-1 所示。

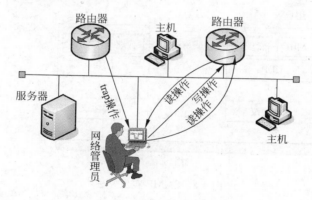

图 4-1　SNMP 功能图

1. SNMP 的工作方式

（1）读操作：从设备中获取数据，一是管理员向设备发出读数据的指令，二是被管理设备定期向管理员（其实是管理机）发回需要的数据。

（2）写操作：管理员在对设备进行配置时，需要由 SNMP 提供写操作，这样才能够完成对设备的远程管理。

（3）Trap 操作：设备在某一时刻发生状态的改变时，需要由 SNMP 提供 trap 操作。

2. SNMP 的典型应用

对网络中支持 SNMP 的设备进行管理（可以运行在 TCP/IP 协议栈上），如图 4-2 所示。

3. SNMP 的实现方法和结构

在 SNMP 实现过程中（如图 4-3 所示）有三种角色：

• 管理网络系统（NMS）；

• 代理（Agent）；

• 代理服务器（Proxy）。

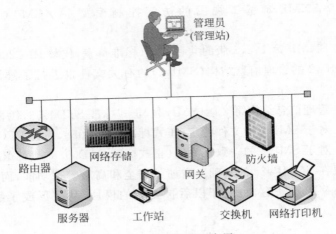

图 4-2　SNMP 典型应用

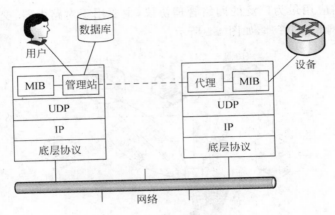

图 4-3　SNMP 实现方法

这三种角色的关系如图 4-4 所示。

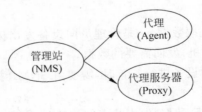

图 4-4　SNMP 的三种角色关系

　　SNMP 为应用层协议,是 TCP/IP 协议族的一部分。它通过用户数据报协议(UDP)来操作,管理站进程通过 SNMP 完成网络管理。SNMP 在 UDP、IP 及有关的特殊网络协议(如 Ethernet、FDDI、X.25)之上实现。管理站发出 3 类 SNMP 的消息 GetRequest、GetNextRequest、SetRequest。3 类消息都由代理用 GetResponse 消息应答,该消息被上交给管理应用进程。另外,代理可以发出 Trap 消息,向管理站报告有关 MIB 及管理资源的事件。SNMP 协议环境如图 4-5 所示。

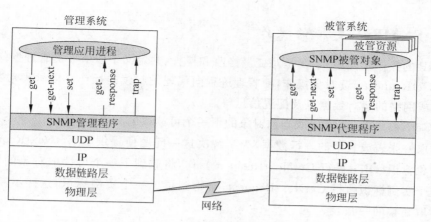

图 4-5　SNMP 的协议环境

4.1.5　SNMP 的体系结构

SNMP 集中式的管理方案主要由管理站(Manager)、管理代理(Agent)、管理对象(Managed Object)以及描述管理对象状态的 MIB 组成。其体系结构如图 4-6 所示。

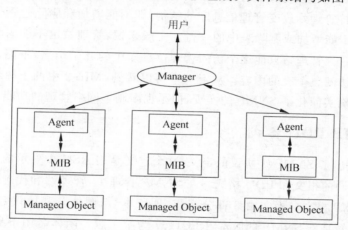

图 4-6　SNMP 的体系结构

(1) 管理进程是整个网络管理系统的控制中心,在网管工作站上。

(2) 管理代理维护一个本地的 MIB。管理代理负责收集有关本地的管理对象的信息并具有以下几项基本功能:设置和修改 MIB 中的各种变量值,读取 MIB 中的信息并传回管理进程,执行管理进程的管理操作。

(3) 管理对象是经过抽象的网络元素,它对应于网络中具体可以操作的数据,如记录设备工作状态的变量、设备内的工作参数等,也可指某些具体的设备。

4.2　SNMPv1 协议数据单元

这一节讲述 SNMP 的工作原理,包括 SNMP 操作的协议数据单元的格式,以及报文发送、接收和应答的时序和详细过程等。

4.2.1 SNMPv1 支持的操作

SNMP 的操作很简单,主要是对变量修改和检查,共定义了以下 5 类管理操作。

(1) GetRequest:读对象操作,使管理进程向代理发起读的操作读取管理对象的值,以获取设备或网络的运行数据以及配置信息等。

(2) GetNextRequest:读取当前对象的下一个可读取的对象实例值。因为 SNMP 不支持一次读取一张表或表中的一行数据,为了解决这一问题便提供了 GetNextRequest 操作:首先对对象标识(OID)进行 GetNextRequest 操作,将收到下一个可读取对象的实例标识,接着对这个实例标识执行 GetNextRequest,会得到再下一个实例标识,这样不断执行下去就可以读取完整的一张表。

(3) SetRequest:可以对 MIB 中权限为只写(write-only)和可读写(read-write)的对象进行操作。

(4) GetResponse:代理对 GetRequest/GetNextRequest/SetRequest 这 3 种操作的应答。

(5) Trap 是由代理主动发起,向管理进程通报设备信息的重要改变的操作。

SNMP 不支持管理站改变管理信息库的结构,即不能增加和删除管理信息库中的管理对象实例,例如,不能增加或删除表中的一行。一般来说,管理站也不能向管理对象发出执行一个动作的命令。管理站只能逐个访问管理信息库中的叶子结点,不能一次性访问一个子树,例如,不能访问整个表的内容。从上一章可以看到,MIB-2 中的子树结点都是不可访问的。这些限制确实简化了 SNMP 的实现,但是也限制了网络管理的功能。

4.2.2 SNMP PDU 格式

RFC1157 给出了 SNMPv1 协议的定义,这个定义是用 ASN.1 表示的。根据这个定义可以画出图 4-7(a)的报文和 PDU 格式。在 SNMP 管理中,管理站和代理之间交换的管理信息构成了 SNMP 报文。报文由 3 部分组成,即版本号、团体名和协议数据单元(PDU)。报文头中的版本号是指 SNMP 的版本,RFC1157 为第 1 版。团体名用于身份认证,我们将在下一节介绍 SNMP 的安全机制时谈到团体名的作用。SNMP 共有 5 种管理操作,但只有 4 种 PDU 格式。管理站发出 3 种请求报文 GetRequest、GetNextRequest 和 SetRequest 采用的格式是一样的,代理的应答报文格式只有一种 GetResponsePDU,从而减少了 PDU 的种类。关于 PDU 中的各个字段的含义,对图 4-7(b),详细解释如下。

从图 4-7(a)看出,除了 Trap 之外的 4 种 PDU 格式是相同的,共有 5 个字段。

(1) PDU 类型:共 5 种类型的 PDU。0——GetRequest,1——GetNextRequest,2——GetResponse,3——SetRequest,4——Trap。其中 0~5 均为十六进制数。

(2) 请求标识(Request-ID):赋予每个请求报文唯一的整数,用于区分不同的请求。由于在具体实现中请求多是在后台执行,当应答报文返回时要根据其中的请求标识与请求报文配对。请求标识的另一个作用是检测由不可靠的传输服务产生的重复报文。

(3) 错误状态(Error-status):表示代理在处理管理站的请求时可能出现的各种错误,共有以下 6 种错误状态:

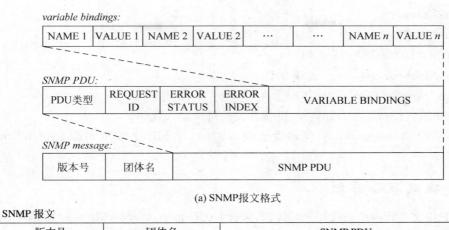

(a) SNMP报文格式

SNMP 报文

版本号	团体名	SNMP PDU

GetRequestPDU、GetNextRequestPDU 和 SetRequestPDU

PDU 类型	请求标识	0	0	变量绑定表

GetResponsePDU

PDU 类型	请求标识	错误状态	错误索引	变量绑定表

TrapPDU

PDU 类型	制造商 ID	代理地址	一般陷入	特殊陷入	时间戳	变量绑定表

变量绑定表

名字 1	值 1	名字 2	值 2	…	名字 n	值 n

(b) PDU格式

图 4-7 SNMP 报文和 PDU 格式

- noError   (0)
- tooBig   (1)
- noSuchName   (2)
- badValue   (3)
- readOnly   (4)
- genError   (5)

对不同的操作,这些错误状态的含义不同,下面将给予解释。

(1) 错误索引(Error-index):当错误状态非 0 时指向出错的变量。

(2) 变量绑定表(Variable-binding):变量名和对应值的表,说明要检索或设置的所有变量及其值。在检索请求报文中,变量的值应为 0。Trap 报文的格式与其他报文不同,它有下列字段。

① 制造商 ID(Enterprise):表示设置制造商的标识,与 MIB-2 对象 sysObjectID 的值相同。

② 代理地址(Agent-addr):产生陷入的代理的 IP 地址。

③ 一般陷入(Generic-trap):SNMP 定义的陷入类型,共分 7 类:

- coldStart   (0)
- warmStart   (1)

- linkDown   (2)
- linkUp   (3)
- authenticationFailure   (4)
- egpNeighborloss   (5)
- enterpriseSpecific   (6)

④ 特殊陷入(Specific-trap)：与设备有关的特殊陷入代码。

⑤ 时间戳(Time-stamp)：代理发出陷入时间，与 MIB-2 中的对象 sysUpTime 的值相同。

4.2.3　报文应答序列

SNMP 报文在管理站和代理之间传送，包含 GetRequest、GetNextRequest 和 SetRequest 的报文由管理站发出，代理以 GetResponse 响应。Trap 报文由代理发给管理站，不需要应答。所有报文发送和应答序列如图 4-8 所示。一般来说，管理站可连续发出多个请求报文，然后等待代理返回的应答报文。如果在规定的时间内收到应答，则按照请求标识进行配对，亦即应答报文必须与请求报文有相同的请求标识。

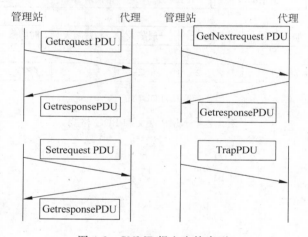

图 4-8　SNMP 报文应答序列

4.3　SNMPv1 的操作

4.3.1　检索简单对象

1. Get 操作

(1) 获取 1 个或多个变量的值，如图 4-9 所示。

(2) 可能出现的错误码如下。

noSuchName：被请求的变量不存在或者它不是一个叶子节点。

tooBig：请求的 GetResponse PDU 的大小超出本地的限制。

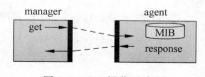

图 4-9　Get 操作示意图

GenErr：所有其他的错误。

说明如下。

检索简单的标量对象值可以用 Get 操作，如果变量绑定表中包含多个变量，一次还可以检索多个标量对象的值。接收 GetRequest 的 SNMP 实体以请求标识相同的 GetResponse 响应。特别要注意的是 GetResponse 操作的原子性：如果所有请求的对象值可以得到，则给予应答；反之，只要有一个对象的值得不到，则可能返回下列错误条件之一。

（1）变量绑定表中的一个对象无法与 MIB 中的任何对象标识符匹配，或者要检索的对象是一个数据块（子树或表），没有对象实例生成。在这些情况下，响应实体返回的 GetReponse PDU 中错误状态字段置为 noSuchName，错误索引设置为一个数，指明有问题的变量。变量绑定表中不返回任何值。

（2）响应实体可以提供所有要检索的值，但是变量太多，一个响应 PDU 装不下，这往往是由下层协议数据单元大小限制的。这时响应实体返回一个应答 PDU，错误状态字段置为 tooBig。

（3）由于其他原因（例如，代理不支持）响应实体至少不能提供一个对象值，则返回的 PDU 中错误状态字段置为 genError，错误索引置一个数，指明有问题的变量。变量绑定表中不返回任何值。

响应实体的处理逻辑表示在图 4-11 中。

例 4-1 为了说明简单对象的检索过程，考虑图 4-10 所示的例子，这是 udp 组的一部分。我们可以在检索命令中直接指明对象实例的标识符：

```
GetRequest (udpInDatagrams.0, udpNoPorts.0,
           udpInErrors.0, udpOutDatagrams.0)
```

可以预期得到下面的响应：

```
GetResponse (udpInDatagrams.0 = 100, udpNoPorts.0 = 1,
            udpInErrors.0 = 2, udpOutDatagrams.0 = 200)
            udp(mib-2 7)
```

```
|——— udpInDatagrams(1) 接收的数据报总数      100
|——— udpNoPorts(2) 无应用端口的数据报数       1
|——— udpInError(3) 出错数据报数              2
|——— udpOutDatagrams(4) 输出数据报数         200
|——— udpTable(5)
```

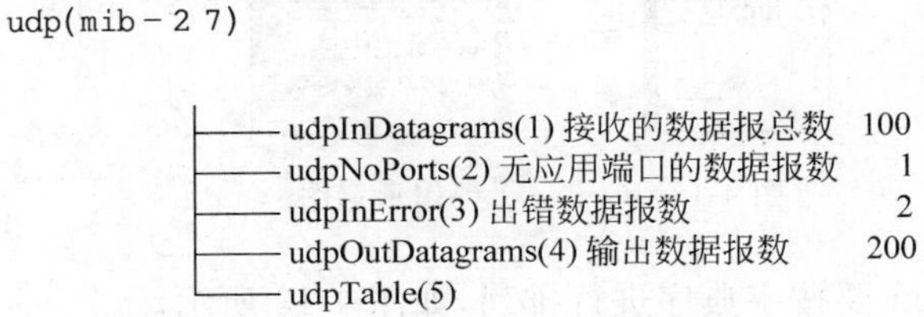

图 4-10　检索简单对象的例子

2. GetNext 操作

获取下一个 MIB 节点的实例名和取值，如图 4-12 所示。

可能出现的错误码：noSuchName、tooBig、genErr。

GetNextRequest 的作用与 GetRequest 基本相同，PDU 格式也相同，其处理逻辑和返回错误状态表示在图 4-11 中。唯一的差别是 GetRequest 检索变量名所指的是对象实例，而 GetNextRequst 检索变量名所指的是"下一个"对象实例。根据对象标识树的词典顺序，对于标量对象，对象标识符所指的下一实例就是对象的值，如图 4-12 所示。

```
Procedure receive-getrequest;
  Begin
    If object not available for get then
      Issue getresponse (noSuchName,index)
    else if generated PDU too big then
      issue getresponse (too Big)
    else if value not retrievable for some other reason then
      issue getresponse (genError,index)
    else issue getresponse(variabebindings)
  end;
Procedure receive-getnextrequest;
  Begin
    If object not available for get then
      Issue getresponse (noSuchName,index)
    else if generated PDU too big then
      issue getresponse (too Big)
    else if value not retrievable for some other reason then
      issue getresponse (genError,index)
    else issue getresponse(variabebindings)
  end;
Procedure receive-setrequest;
  Begin
    If object not available for set then
      Issue getresponse (noSuchName,index)
    else if incinsistant object value then
      issue getresponse (badValue,index)
    else if generated PDU too big then
      issue getresponse (too Big)
    else if value not retrievable for some other reason then
      issue getresponse (genError,index)
    else issue getresponse(variabebindings)
  end;
```

图 4-11　SNMP PDU 接收处理逻辑

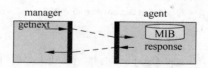

图 4-12　GetNext 操作示意图

请注意：这里 GetNext 要按字典序进行排列，如图 4-13 所示。

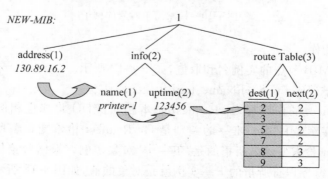

图 4-13　GetNext 字典顺序图

例 4-2 我们用 GetNext 命令检索图 4-10 中所示的 4 个值，直接指明对象标识符：

```
GetNextRequest (udpInDatagrams, udpNoPorts,
               udpInErrors, udpOutDatagrams)
```

得到的响应与上例是相同的：

```
GetResponse (udpInDatagrams.0 = 100, udpNoPorts.0 = 1,
             udpInErrors.0 = 2, udpOutDatagrams.0 = 200)
```

可见标量对象实例标识符（例如，udpInDatagrams.0）总是紧跟在对象标识符（例如，udpInDatagrams）的后面。

例 4-3 如果代理不支持管理站对 udpNoPorts 的访问，则响应会不同。发出同样的命令：

```
GetNextRequest (udpInDatagrams, udpNoPorts,
               udpInErrors, udpOutDatagrams)
```

而得到的响应是：

```
GetResponse (udpInDatagrams.0 = 100, udpNoPorts.0 = 2,
             udpInErrors.0 = 2, udpOutDatagrams.0 = 200)
```

这是因为变量名 udpNoPorts 和 udpInErrors 的下一个对象实例都是 udpInErrors.0＝2。可见当代理收到一个 Get 请求时，如果能检索到所有的对象实例，则返回请求的每个值；另一方面，如果有一个值不可或不能提供，则返回该实例的下一个值。

4.3.2 检索未知对象

GetNext 命令检索变量名指示的下一个对象实例，但是并不要求变量名是对象标识符，或者是实例标识符。例如，udpInDatagrams 的简单对象，它的实例标识符是 udpInDatagrams.0，而标识符 udpInDatagrams.2 并不表示任何对象。如果我们发出命令：

```
GetNextRequest (udpInDatagrams.2)
```

得到的响应是：

```
GetResponse ( udpNoPorts.0 = 1)
```

这说明代理没有检查标识符 udpInDatagrams.2 的有效性，而是直接查找下一个有效的标识符，得到 udpInDatagrams.0 后返回了它的下一个对象实例。

例 4-4 利用 GetNext 的这个特性可以发现 MIB 的结构。例如，管理站不知道 udp 组有哪些变量，先试着发出命令：

```
GetNextRequest (udp)
```

得到的响应是：

```
GetResponse (udpInDatagrams.0 = 100)
```

这样管理站知道了 udp 组的第一个对象，还可以继续照这样找到其他管理对象。

4.3.3 检索表对象

GetNext 可用于有效地搜索表对象。

例 4-5 考虑图 4-14 所示的例子，如果我们发出下面的命令，检索 ifNumber 的值：

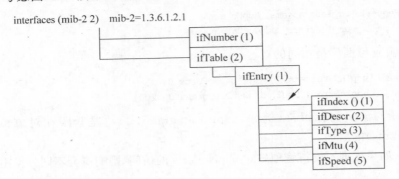

图 4-14　检索表对象的例子

GetRequest (1.3.6.1.2.1.2.1.0)
GetResponse (2)

我们知道有两个接口。如果想知道每个接口的数据速率，则可以用下面的命令检索 if 表的第 5 个元素：

GetRequest (1.3.6.1.2.1.2.2.1.5.1)

最后的 1 是索引项 ifIndex 的值。得到的响应是：

GetResponse(100 000 000)

说明第一个接口的数据速率是 10Mbps。如果我们发出的是命令：

GetNextRequest(1.3.6.1.2.1.2.2.1.5.1)

则得到的是第二个接口的数据速率：

GetResponse (56 000)

说明第二个接口的数据速率是 56kbps。

例 4-6 考虑表 4-2 的数据。假定管理站不知道该表的行数而想检索整个表，则可以连续使用 GetNext 命令：

表 4-2　检索对象的例子

ipRouteDest	IpRouteMetricl	ipRouteNextHop
9.1.2.3	3	99.0.0.3
10.0.0.51	5	89.1.1.42
10.0.0.99	5	89.1.1.42

GetNextRequest (ipRouteDest,ipRouteMetricl,ipRouteNextHop)
GetResponse(ipRouteDest.9.1.2.3 = 9.1.2.3,
　　　　　　ipRouteMetric1.9.1.2.3,
　　　　　　ipRouteNextHop.9.1.2.3 = 99.0.0.3)

以上是第一行的值，据此可以检索下一行：

```
GetNextRequest(ipRouteDest.9.1.2.3,
                ipRouteMetric1.9.1.2.3,ipRouteNextHop.9.1.2.3)
GetResponse(ipRouteDest.10.0.0.51 = 10.0.0.51,
            ipRouteMetric.10.0.0.51 = 5,
            ipRouteNextHop.10.0.0.51 = 89.1.1.42)
```

继续检索第 3 行和第 4 行：

```
GetNextRequest(ipRouteDest.10.0.0.51,ipRouteMetric.10.0.0.51,
                ipRouteNextHop.10.0.0.51)
GetResponse(ipRouteDest.10.0.0.99 = 10.0.0.99,
            ipRouteMetric.10.0.0.99 = 5,
            ipRouteNextHop.10.0.0.99 = 89.1.1.42)
GetNextRequest(ipRouteDest.10.0.0.99,ipRouteMetric.10.0.0.99,
                ipRouteNextHop.10.0.0.99)
GetResponse(ipRouteDest.9.1.2.3 = 3
            ipRouteMetric1.9.1.2.3 = 99.0.03,
            ipNetToMediaIfIndex.1.3 = 1)
```

至此我们知道该表只有 3 行，因为第 4 次检索已经检出了表之外的对象。

4.3.4 表的更新和删除

Set 操作：给一个已经存在的变量赋值或者在表中创建一个新的实例，如图 4-15 所示。

可能出现的错误码：noSuchName、tooBig、genErr、badValue。

图 4-15 Set 操作示意图

Set 命令用于设置或更新变量的值。它的 PDU 格式与 Get 是相同的，但是在变量绑定表中必须包含要设置的变量名和变量值。对于 Set 命令的应答也是 GetResponse，同样是原子性的。如果所有的变量都可以设置，则更新所有变量的值，并在应答的 GetResponse 中确认变量的新值；如果至少有一个标量的值不能设置，则所有变量的值都保持不变，并在错误状态中指明出错的原因。Set 出错的原因与 Get 是类似的（tooBig、noSuchName 和 genError）。

然而，若有一个变量的名字和要设置的值在类型、长度或实际值方面不匹配，则返回错误条件 badValue。Set 应答的逻辑也表示在图 4-11 中。

例 4-7 再一次考虑表 4-2 的数据。如果我们想改变列对象 ipRouteMetric1 的第一个值，则可以发出命令：

```
:SetRequest( ipRouteMetric1.9.1.2.3 = 9)
```

得到的应答是：

```
GetResponse(ipRouteMetric1.9.1.2.3 = 9)
```

其效果是该对象的值由 3 变成了 9。

例 4-8 假定我们想增加一行，则可以发出下面的命令：

```
SetRequest( ipRouteDest.11.3.3.12 = 11.3.3.12,
            ipRouteMetric11.3.3.12 = 9,
            ipRouteNextHop.11.3.3.12 = 91.0.0.5)
```

对这个命令如何执行,RFC1212 有以下 3 种解释。

(1) 代理可以拒绝这个命令。因为对象标识符 ipRouteDest.11.3.3.12 不存在,所以返回错误状态 noSuchName。

(2) 代理可以接受这个命令,并企图生成一个新的对象实例,但是发现被赋予的值不适当,因而返回错误状态 badValue。

(3) 代理可以接受这个命令,生成一个新的行,使表增加到 4 行,并返回下面的应答:

```
GetResponse( ipRouteDest.11.3.3.12 = 11.3.3.12,
             ipRouteMetric11.3.3.12 = 9,
             ipRouteNextHop.11.3.3.12 = 91.0.0.5)
```

在具体实现中,3 种情况都是可能的。

例 4-9 假定原来是 3 行的表,现在发出下面的命令:

```
SetRequest( ipRouteDest.11.3.3.12 = 11.3.3.12)
```

对于这个命令也有以下两种处理方法。

(1) 由于变量 ipRouteDest 是索引项,所以代理可以增加一个表行,对于没有指定值的变量赋予默认值。

(2) 代理拒绝这个操作。如果要生成新行,必须提供一行中所有变量的值。

采用哪种方法也是由实现决定的。

例 4-10 如果要删除表中的行,则可以把一个对象的值置为 invalid:

```
SetRequest (ipRouteType.7.3.5.3 = invalid)
```

得到的响应说明表行确已删除:

```
GetResponse(ipRouteType.7.3.5.3 = invalid)
```

这种删除是物理的,还是逻辑的,又是由实现决定的。在 MIB-2 中,只有两种表是可删除的:ipRouteTable 包含 ipRouteType,可取值 invalid;inNetToMediaTable 包含 inNetToMediaType,可取值 invalid。

SNMP 没有提供向管理对象发出动作命令的机制。但是可以利用 Set 命令对一个专用对象设置值,让这个专用对象的不同值代表不同的命令。例如,建立一个 reBoot 对象,可取值 0 或 1,分别使代理系统启动和复位。

错误状态 readOnly 没有在任何应答报文中出现。实际上,这个错误条件在 SNMPv1 中是没有用的。在以后的 SNMP 版本中用另外一个错误条件 notWritable 代替了它。

4.3.5 陷入操作

Trap 操作:向指定的管理站报告某个事件的发生,如图 4-16 所示。

Trap 接收是无须确认的,不是完全可靠的。

陷入是由代理向管理站发出的异步事件报告,不需要应答报文。SNMPv1 规定了 6 种陷入条件,另外还有设备制造商定义的陷入,如下。

(1) coldStart 发送实体重新初始化,代理的配置已

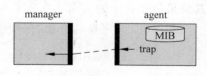

图 4-16 Trap 操作示意图

改变,通常是由系统失效引起的。

(2) warmStart 发送实体重新初始化,但代理的配置没有改变,这是正常的启动过程。

(3) linkDown 链路失效通知,变量绑定表的第一项指明对应接口表的索引变量及其值。

(4) linkUp 链路启动通知,变量绑定表的第一项指明对应接口表的索引变量及其值。

(5) authenticationFailure 发送实体收到一个没有通过认证的报文。

(6) egpNeighborLoss 相邻的外部路由器失效或关机。

(7) enterpriseSpecific 由设备制造商定义的陷入条件,在特殊陷入(specific-trap)字段指明具体的陷入类型。

4.4 SNMP 功能组

SNMP 组包含的信息关系到 SNMP 协议的实现和操作。这一组共有 30 个对象,参见图 4-17。在只支持 SNMP 站管理功能或只支持 SNMP 代理功能的实现中,有些对象是没有值的。除最后一个对象,这一组的其他对象都是只读的计数器。对象 snmpEnableAuthenTrap 可以由管理站设置,它指示是否允许代理产生"认证失效"陷入,这种设置优先于代理自己的配置。这样就提供了一种可以排除所有认证失效陷入的手段。

snmp (mib-2.1 1)
—— snmpInPkts (1) 传输层实体提交给SNMP实体的报文数
—— snmpOutPkts (2) SNMP实体交给传输服务的报文数
—— snmpInBadVersions (3) 接收的含有版本错误的报文数
—— snmpInBadCommunityNames (4) 接收的含有团体名错误的报文数
—— snmpInBadCommunityUses (5) 接收的含有团体操作错误的报文数
—— snmpInASNParseErrs (6) 接收的含有ASN译码错误的报文数
—— snmp (7) is not used
—— snmpInTooBigs (8) 接收的含有TooBig错误的报文数
—— snmpInNoSuchNames (9) 接收的含有NoSuchName错误的报文数
—— snmpInBadValues (10) 接收的含有BadValues错误的报文数
—— snmpInReadOnlys (11) 接收的含有ReadOnly错误的报文数
—— snmpInGenErrs (12) 接收的含有GenErr错误的报文数
—— snmpInTotableReqVars (13) 成功检索的MIB对象数
—— snmpInTotableSetVars (14) 成功设置的MIB对象数
—— snmpInGetRequests (15) 接收和处理的Get请求数
—— snmpInGetNexts (16) 接收和处理的GetNext请求数
—— snmpInSetRequests (17) 接收和处理的Set请求数
—— snmpInGetResponses (18) 接收和处理的GetResponse报文数
—— snmpInTraps (19) 接收和处理的Trap报文数
—— snmpInTooBigs (20) 产生的含有TooBigs错误的报文数
—— snmpInOutNoSuchNames (21) 产生的含有NoSuchNames错误的报文数
—— snmpInOutBadValues (22) 产生的含有BadValues错误的报文数
—— snmp (23) is not used
—— snmpInOutGenErrs (24) 产生的含有GenErrs错误的报文数
—— snmpInOutGetRequests (25) 产生的Get请求数
—— snmpInOutGetNexts (26) 产生的GetNext请求数
—— snmpInOutSetRequests (27) 产生的Set请求数
—— snmpInOutGetResponses (28) 产生的GetResponse报文数
—— snmpInOutTraps (29) 产生的Trap报文数
—— snmpInEnableAuthenTraps (30) 认证失效陷入工作(1), 认证失效陷入不工作(2)

图 4-17 MIB-2 SNMP 组

4.5 实现问题

人们通常希望购买的网络管理产品能够准确地统计和报告通过设备的各种数据包,也希望来自不同厂商的管理站产品和代理产品能够很好地配合。但是目前市场上 SNMP 产品实现的 MIB-2 数据库和 SNMP 协议与标准不是完全一致的。根据 AT&T 和 Network Work 杂志对 7 种网桥和 9 种路由器及其代理软件,以及两种管理站软件的测试结果,这些产品在实现用户的基本要求方面有很多差异,尤其是用户不能简单地相信制造商所声称实现的东西。客观上的原因是 SNMP 强调简单性,而忽视了功能性。尤其是 SNMP 的一致性标准还不成熟,因而不同的商家对标准的理解和认同的基础不一样。例如,在以上测试中暴露出:有的网桥对通过的各种分组计数不准确;很多路由器不能正确区分生命超期的数据报;甚至有的设备不能报告它的网络接口地址,或者所报告的各个接口地址竟全是相同的!

4.5.1 网络管理站的功能

在选择站管理产品时首先要关心它与标准的一致程度,与代理的互操作性,当然更要关心其用户界面,既要功能齐全,又要使用方便。更具体地说,我们对管理站应提出以下选择的标准:

(1) 支持扩展的 MIB:强有力的 SNMP 对管理信息库的支持必须是开放的。特别对于管理站来说,应该能够装入其他制造商定义的扩展 MIB。

(2) 图形用户接口:好的用户接口可以使网络管理工作更容易更有效。通常要求具有图形用户接口,而且对网络管理的不同部分有不同的窗口。例如,能够显示网络拓扑结构,显示设备的地理位置和状态信息,可以计算并显示通信统计数据图表,具有各种辅助计算工具,等等。

(3) 自动发现机制:要求管理站能够自动发现代理系统,能够自动建立图标并绘制出连接图形。

(4) 可编程的事件:支持用户定义事件,以及出现这些事件时执行的动作。例如,路由器失效时应闪动图标或改变图标的颜色,显示错误状态信息,向管理员发送电子邮件,并启动故障检测程序,等等。

(5) 高级网络控制功能:例如,配置管理站使其可以自动地关闭有问题的集线器,自动地分离出活动过度频繁的网段,等等。这样的功能要使用 Set 操作。由于 SNMP 欠缺安全性,很多产品不支持 Set 操作,所以这种要求很难满足。

(6) 面向对象的管理模型:SNMP 其实不是面向对象的系统。但很多产品是面向对象的系统,也能支持 SNMP。

(7) 用户定义的图标:方便用户为自己的网络设备定义有表现力的图标。

4.5.2 轮询频率

SNMP 定义的陷入类型是很少的,虽然可以补充设备专用的陷入类型,但专用的陷入往往不能被其他制造商的管理站理解,所以管理站主要靠轮询收集信息。轮询的频率对管理的性能影响很大。如果管理站在启动时轮询所有代理，以后只是等待代理发来的陷入，这样就很难掌握网络的最新动态。例如，不能及时了解网络中出现的拥挤。

我们需要一种能提高网络管理性能的轮询策略，以决定适合的轮询频率。通常轮询频率与网络的规模和代理的多少有关。而网络管理性能还取决于管理站的处理速度、子网数据速率、网络拥挤程度等众多的其他因素，所以很难给出准确的判断规则。为了使问题简化，我们假定管理站一次只能与一个代理作用，轮询只是采用 Get 请求/响应这种简单形式，而且管理站全部时间都用来轮询，于是有下面的不等式：

$$N \leqslant T/\Delta$$

其中：$N=$ 被轮询的代理数；$T=$ 轮询间隔；$\Delta=$ 单个轮询需要的时间，与下列因素有关。

（1）管理站生成一个请求报文的时间。

（2）从管理站到代理的网络延迟。

（3）代理处理一个请求报文的时间。

（4）代理产生一个响应报文的时间。

（5）从代理到管理站的网络延迟。

（6）管理站处理一个响应报文的时间。

（7）为了得到需求的管理信息，交换请求/响应报文的数量。

例 4-11 假设有一个 LAN，每 15 分钟轮询所有被管理设备一次（这在当前的 TCP/IP 网络中是典型的），管理报文的处理时间是 50ms，网络延迟为 1ms（每个分组 1000 字节），没有产生明显的网络拥挤，Δ 大约是 0.202s，则：

$$N \leqslant T/\Delta = 15 \times 60/0.202 \approx 4500$$

即管理站最多可支持 4500 个设备。

例 4-12 由多个子网组成的广域网中，网络延迟更大，数据速率更小，通信距离更远，而且还有路由器和网桥引入的延迟，总的网络延迟可能达到半秒钟，Δ 大约是 1.2s，于是有：

$$N \leqslant T/\Delta = 15 \times 60/1.2 = 750$$

管理站可支持的设备最多为 750 个。

这个计算关系到 4 个参数：代理数目、报文处理时间、网络延迟和轮询间隔。如果能估计出 3 个参数，就可算出第 4 个。所以我们可以根据网络配置和代理数量确定最小轮询间隔，或者根据网络配置和轮询间隔计算出管理站可支持的代理设备数。最后，当然还要考虑轮询给网络增加的负载。

4.5.3　SNMPv1 的局限性

用户利用 SNMP 进行网络管理时一定要清楚 SNMPv1 本身的局限性。

（1）由于轮询的性能限制，SNMP 不适合管理很大的网络。轮询产生的大量管理信息传送可能引起网络响应时间的增加。

（2）SNMP 不适合检索大量数据，例如，检索整个表中的数据。

（3）SNMP 的陷入报文是没有应答的，管理站是否收到陷入报文，代理不得而知。这样可能丢掉重要的管理信息。

（4）SNMP 只提供简单的团体名认证，这样的安全措施是很不够的。

（5）SNMP 并不直接支持向被管理设备发送命令。

（6）SNMP 的管理信息库 MIB-2 支持的管理对象是很有限的，不足以完成复杂的管理功能。

（7）SNMP 不支持管理站之间的通信，而这一点在分布式网络管理中是很需要的。

以上局限性有很多在 SNMP 的第 2 版都有所改进。

4.6 SNMPv2 管理信息结构

SNMPv2 的管理信息结构是在总结 SNMP 应用经验的基础上对 SNMPv1 进行了扩充，提供了更精致、更严格的规范，规定了更新的管理对象和 MIB 的文档，可以说是 SNMPv1 SMI 的超集。SNMPv2 SMI 引入了 4 个关键的概念：

- 对象的定义；
- 概念表；
- 通知的定义；
- 信息模块。

在继承了 SNMPv1 的基础上，增加了 SNMPv2c 支持更多的操作，如 getBulk、informRequest（确认的 Trap）等；SNMPv2c 支持更多的数据类型，如 Counter64、Counter32 等。SNMPv1 不能获取 Counter64 类型的节点值，SNMPv2c 提供了更丰富的错误处理，多种协议的传输支持。SNMPv2c 也是基于团体名的安全机制。

4.6.1 对象的定义

与 SNMPv1 一样，SNMPv2 也是用 ASN.1 宏定义 OBJECT-TYPE 表示管理对象的语法和语义，但是 SNMPv2 的 OBJECT-TYPE 增加了新的内容。图 4-18 列出了 SNMPv2 宏定义的主要部分，SNMPv1 的宏定义有以下差别。

```
OBJECT-TYPE MACRO::=BEGIN
  TYPE NOTATION::="SYNTAX"Syntax
                  UnitsPart
                  "MAX-ACCESS" Access
                  "STATUS" Status
                  "DESCRIPTION" Text
                  ReferPart
                  IndexPart
                  DefValPart
  VALUE NOTATION::=value(VALUE ObjectName)
END
```

图 4-18 SNMPv2 对象宏定义

（1）数据类型：从表 4-3 可以看出，SNMPv2 增加了两种新的数据类型 Unsigned32 和 Counter 64。Unsigned32 与 Gauge 32 在 ASN.1 中是无区别的，都是 32 位的整数，但是在 SNMPv2 中语义不一样。Counter 64 与 Counter 32 一样，都表示计数器，只能增加，不能减少。当增加到 $2^{64}-1$ 或 $2^{32}-1$ 时回零，从头再增加。而且 SNMPv2 规定，计数器没有定义的初始值，所以计数器的单个值是没有意义的，只有连续两次读计数器得到的增加值才是有意义的。

表 4-3   SNMPv1 和 SNMPv2 的数据类型比较

数 据 类 型	SNMPv1	SNMPv2
INTEGER($-2^{31} \sim 2^{31}-1$)	√	√
Unsigned32($0 \sim 2^{32}-1$)		√
Counter 32(最大值 $2^{32}-1$)	√	√
Counter64(最大值 $2^{64}-1$)		√
Gauge32(最大值 $2^{32}-1$)	√	√
TimeTicks(模 2^{32})	√	√
OCTET STRING	√	√
Ipaddress	√	√
OBJECT IDENTIFIER	√	√
Opaque	√	√

关于 Gauge 32,SNMPv2 规范澄清了原来标准中一些含糊不清的地方。首先是 SNMPv2 中规定 Gauge 32 的最大值可以设置为小于 2^{32} 的任意正数 MAX,见图 4-19,而在 SNMPv1 中 Gauge 32 最大值总是 $2^{32}-1$。显然,这样规定更细致了,使用更方便了。其次是 SNMPv2 明确了当计量器达到最大值时可自动减少。而在 RFC1155 中只是说计量器的值"锁定"(Latch)在最大值,但是"锁定"的含义并没有定义,所以人们总是在"计量器达到最大值时是否可以减少"的问题上争论不休。

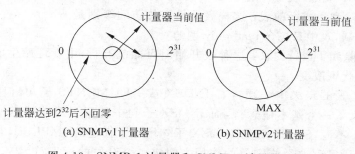

图 4-19   SNMPv1 计量器和 SNMPv2 计量器比较

(2) UnitsPart:在 SNMPv2 的 OBJECT-TYPE 宏定义中增加了 UNITS 子句。这个子句用文字说明与对象有关的度量单位。当管理对象表示一种度量手段(例如,时间)时这个子句是有用的。

(3) MAX-ACCESS 子句:类似于 SNMPv1 的 ACCESS 子句,说明最大的访问级别,与授权策略无关。SNMPv2 定义的访问类型中去掉了 write-only 类,增加了一个与概念行有关的访问类型 read-create,表示可读、可写、可生成。还增加了 accessible-for-notify 访问类,这种访问方式与陷入有关,例如,下面是 SNMPv2 MIB 中关于陷入定义,其中用到了 accessible-for-notify:

```
snmpTrapOID OBJECT - TYPE
    SYNTAX   OBJECT IDENTIFIER
    MAX - ACCESS   accessible - for - notify
    STATUS        current
    DESCRIPTION
        "The authoritative identification of the trap currly
```

```
being sent.this variable occurs as the second varbind in
every SNMPv2 - Trap - PDU and informRequest - PDU."
  : = {snmpTrap 1}
```

SNMPv2 的 5 种访问级别由小到大排列如下。

① not-accessable。

② accessible-for-notify。

③ read-only。

④ read-write。

⑤ read-create。

（4）STATUS 子句：这个子句是必要的，也就是说明必须指明对象状态。新标准去掉了 SNMPv1 中的 optional 和 mandatory，只有 3 种可选的状态。如果说明管理对象的状态是 current，则表示在当前的标准中是有效的。如果管理对象的状态是 obsolete，表示不必实现这种对象。状态 deprecated 表示对象已经过时了，但是为了与老的实现互操作，实现时还要支持这种对象。

4.6.2 表的定义

与 SNMPv1 一样，SNMPv2 的管理操作只能作用于标量对象，复杂的信息要用表来表示。按照 SNMPv2 规范，表是行的序列，而行是列对象的序列。SNMPv2 把表分为两类。

（1）禁止删除和生成行的表：这种表的最高的访问级别是 read-write。在很多情况下这种表由代理控制，表中只包含 read-only 型的对象。

（2）允许删除和生成行的表：这种表开始时可能没有行，由管理站生成和删除行。行数可由管理站或代理改变。

在 SNMPv2 表的定义中必须含有 INDEX 或 AUGMENTS 子句，但是只能有一个。INDEX 子句定义了一个基本概念行，而 INDEX 子句中的索引对象确定了一个概念行实例。与 SNMPv1 不同，SNMPv2 的 INDEX 子句增加了任选的 IMPLIED 修饰符。从下面的解释中我们会了解到这个修饰符的作用。假定一个对象的标识符为 y，索引对象为 i1，i2，…，in，则对象 y 的一个实例标识符为：

$$y. (i1). (i2)\cdots(in)$$

每个索引对象 i 的类型可能是以下几种情况之一。

① 整数：每个整数作为一个子标识符（仅对非负整数有效）。

② 固定长度的字符串：每个字节编码为一个子标识符。

③ 有修饰符 IMPLIED 的变长度字符串：每个字节编码为一个子标识符，共 n 个子标识符。

④ 无修饰符 IMPLIED 的变长度字符串：第一个子标识符是 n，然后是 n 个字节编码的子标识符，共 $n+1$ 个子标识符。

⑤ 有修饰符 IMPLIED 的对象标识符：对象标识符的 n 个子串。

⑥ 无修饰符 IMPLIED 的对象标识符：第一个子标识符是 n，然后是对象标识符的 n 个子串。

⑦ IP 地址：由 4 个子标识符组成。

这种表的一个例子表示在图 4-20 中。索引对象 petType 和 petIndex 作为一对索引，表的每一行有唯一的一对 petType 和 petIndex 的实例。图 4-21 画出了这种表的一个实例,只给出前 6 行的值。假定我们要引用第 2 行第 4 行的对象实例,则实例标识符为:

```
A.1.4.3.68.79.71.5
```

其中的 3.68.79.71 是对"DOG"(无修饰符 IMPLIED 的变长度字符串)按照以上规则编码得到的 4 个子标识符。

```
petTable OBJECT-TYPE
    SYNTAX          SEQUENCE OF PetEntry
    MAX-ACCESS      not-accessible
    STATUE          current
    DESCRIPTION
        "The conceptual table listing the charactristics of all pet living at
            this agent. "
    ::= {A}
petEntry OBJECT-TYPE
    SYNTAX          PetEntry
    MAX-ACCESS      not-accessible
    STATUE          current
    DESCRIPTION
        "An entry(conceptual row) in the petTable. The Table is indexed by type of animal
            Within each animal type, individual pet are indexed by a unique munerical sequence number"
    INDEX           {petType, petIndex}
    ::=    {petTable 1}
PetEntry SEQUENCE{
        petType             OCTET STRING,
        petindex            INTEGER,
        petCharacteristic1      INTEGER,
        petChrarcteristic2      INTEGER}
 petType OBJECT-TYPE
    SYNTAX          OCTET STRING
    MAX-ACCESS      not-accessible
    STATUE          current
    DESCRIPTION
        "An auxiliary variable uesd to identify instances of the columnar object in the petTable. "
    ::= {petEntry 1}
petIndex        OBJECT-TYPE
    SYNTAX          INTEGER
    MAX-ACCESS      read-only
    STATUE          current
    DESCRIPTION
        "An auxiliary variable uesd to identify instances of the columnar object in the petTable. "
    ::= { petEntry 2}
 petCharacteristic1    OBJECT-TYPE
    SYNTAX          INTEGER
    MAX-ACCESS      read-only
    STATUE          current
    DESCRIPTION
    ::= { petEntry 3}
petCharacteristic2    OBJECT-TYPE
    SYNTAX          INTEGER
    MAX-ACCESS      read-only
    STATUE          current
    DESCRIPTION
    ::= { petEntry 4}
```

图 4-20   允许生成和删除行的表

petType(A.1.1)	petIndex(A.1.2)	petCharacteristic(A.1.3)	petCharacteristicl(A.1.4)
DOG	1	23	10
DOG	5	16	10
DOG	14	24	16
CAT	2	6	44
CAT	1	33	5
EOMBAT	10	4	30
…	…	…	…

图 4-21　表索引的例子

　　AUGMENTS 子句的作用是代替 INDEX 子句,表示概念行的扩展。图 4-22 是这种表的一个例子,这个表是由 petTable 扩充的表。在扩充表中,AUGMENTS 子句中的变量(petEntry)称为基本概念行,包含 AUGMENTS 子句的对象(moreEntry)称为概念行扩展。这种设置的实质是在已定义的表对象的基础上通过增加列对象定义新表,而不必从头做起重写所有的定义。这样扩展定义的新表与全部定义的新表的作用完全一样,当然也可以经再一次扩展,产生更大的新表。

```
moreTable OBJECT-TYPE
  SYNTAX    SEQUENCE OF MoerEntry
  MAX-ACCESS    not-accessible
  STATUS    current
  DESCRIPTION
    "A table of additional pet objects. "
            :: = {B}
MoreEntry OBJECT-TYPE
  SYNTAX    MoreEntry
  MAX-ACCESS    not-accessible
  STATUS    current
  DESCRIPTION
    "Additional objects for a petTable entry. "
  AUGMENTS    {petEntry}
        :: = {moreTable}
MoreEntry:: = SEQUENCE{
              nameOfVet    OCTET STRING,
              dateOfLastVisit    DateAndTime}
nameOfVet OBJECT-TYPE
  SYNTAX    OCTET STRING
  MAX-ACCESS    read-only
  STATUS    current
  :: = {moreEntry 1}
dateOfLastVisit OBJECT-TYPE
  SYNTAX    DateAndTime
  MAX-ACCESS read-only
  STATUS    current
  :: =    {moreEntry 2}
```

图 4-22　扩充表的例子

　　作为索引的列对象称为辅助对象,是不可访问的。这个限制意味着以下几点。

　　(1) 读:SNMPv2 规定,读任何列对象的实例,都必须知道该对象实例所在行的索引对象的值,然而在已经知道辅助对象变量值的情况下读辅助变量的内容就是多余的了。

（2）写：如果管理程序改变了辅助对象实例的值，则行的标识也改变了，然而这是不容许的。

（3）生成：行实例生成时必须同时给一个列对象实例赋值，在 SNMPv2 中这个操作是由代理而不是由管理站完成的，详见下面的解释。

与 RMON 一样，SNMPv2 允许使用不属于概念行的外部对象作为概念行的索引，在这种情况下不能把索引对象限制为不可访问的。

4.6.3　表的操作

允许生成和删除行的表必须有一个列对象，其 SYNTAX 子句的值为 RowStatus。MAXACCESS 子句的值为 read-write，这种列称为概念行的状态列，可取 6 种值。

（1）active（可读写）：被管理设备可以使用概念行。

（2）notInService（只读）：概念行存在，但由于其他原因（下面解释）而不能使用。

（3）notReady（只读）：概念行存在，但因没有信息而不能使用。

（4）createAndGo（只写不读）：管理站生成一个概念行实例时先设置成这种状态，生成过程结束时自动变为 active，被管理设备就可以使用了。

（5）createAndWait（只写不读）：管理站生成一个概念行实例时先设置成这种状态，但不会自动变成 active。

（6）destroy（只写不读）：管理站需删除所有的概念行实例时先设置成这种状态。

这 6 种状态中（除 notReady）的 5 种状态是管理站可以用 Set 操作设置的状态，前 3 种可以是相应管理站的查询而返回的状态。图 4-23 显示了一个允许管理站生成和删除行的表，可以作为下面讨论的参考。

```
evalSlot OBJECT-TYPE
   SYNTAX INTEGER
   MAX-ACCESS read-only
   STATUS current
   DESCRIPTION
   "A management station should create new entries in evaluation table using this algorithm: first, issue a
management protocol retrieval operation to determine the value of evalSlot; and, second, issue a management
protocol set operation to create an instance of the evalStatus object setting its value to createAndGo(4) or
createAndWait(5). if this latte operation succeed, then the management station may continue modifying the
instance corresponding to the newly crented conceptual row, without fear of collision with other management
station. "
::={eval 1}
evalTable OBJECT-TYPE
SYHTAX EvalEntry
MAX-ACCESS not-accessible
STATUS current
DESCRIPTION
"An entry in the evaluation table"
INDEX{evalIndex}
::={eval2}
ecalEntry OBJECT-TYPE
SYHTAX EvalEntry
MAX-ACCESS not-zccessible
STATUS current
```

图 4-23　生成和删除行的例子

```
DESCRIPTION
"An entry in the evaluation table"
INDEX{evalIndex}
::={evalTable1}
EcalEntry SEQUENCE{
        ecalIndex    Integer32,
        evalString   DisplayString,
        evalWalue    Integer32,
        evalStatus   RowStatus}
evalIndex OBJECT-TYPE
        SYNTAX Integer32
        MAX-ACCESS not-zccessible
        STATUS current
        DESCRIPTION
            "The auxiliary variable used for identify instance of the columnar object in the evaluation table. "
        ::={evalEntry 1}
evalString OBJECT-TYPE
        SYNTAX Displaystring
        MAX-ACCESS read-create
        STATUS current
        DESCRIPTION
                "The string to evaluate"
                ::={evalEntry 2}
evalValue OBJECT-TYPE
        SYNTAX Integer32
        MAX-ACCESS read-only
        STATUS current
        DESCRIPTION
                "The value when evalString was last executed. "
        DEFVAL{0}
        ::={evalEntry 3}
evalStatus OBJECT-TYPE
        SYNTAX RowStatus
        MAX-ACCESS read-create
        STATUS current
        DESCRIPTION
"The status column used for creating,modifying,and deleting instances of the columnar object in the evaluation table. "
            DEFVAL{active}
::={evalEntry 4}
```

图 4-23 （续）

1. 行的生成

生成概念行可以使用两种不同的方法，分成 4 个步骤，下面解释生成的过程。

1）选择实例标识符

针对不同的索引对象可考虑用不同的方法选择实例标识符。

（1）如果标识符予以明确，则管理站根据语义选择标识符，例如，选择目标路由器地址。

（2）如果标识符仅用于去跟概念行，则管理站扫描整个表，选择一个没有使用的标识符。

（3）由 MIB 模块提供一个或一组对象，辅助管理站确定一个未用的标识符。

（4）管理站选择一个随机数作为标识符。

MIB 设计者可在后两种方法中选择，列对象多的大表，可考虑第三种方法，小表可考虑第四种方法。选择好索引对象的实例标识符以后，管理站可以用两种方法产生概念行：一种是管理站通过事务处理一次性地产生和激活概念行；另一种是管理站通过与代理协商，合作生成概念行。

2）产生概念行

（1）管理站通过事务处理产生和激活概念行。首先管理站必须知道表中的哪些列需要提供值,哪些列不能或不必要提供值。如果管理站对表的列对象知之甚少,则可以用 get 操作检查要生成的概念行的所有列,返回结果有如下几种。

① 返回一个值,说明其他管理站已经产生了该行,返回第 1)步。

② 返回 noSuchInstance,说明代理实现了该列的对象类型,而且该列在管理站的 MIB 视图中是可访问的。如果该列的访问特性是"read-write",则管理站必须用 set 操作提供这个列对象的值。

③ 返回"noSuchObject",说明代理没有实现该列的对象类型,或者该列在管理站的 MIB 视图中是不可访问的,则管理站不能用 set 操作生成该列对象的实例。确定列要求后,管理站发出相应的 set 操作,并且置状态列为"createAndGo"。代理根据 set 提供的信息,以及实现专用的信息,设置列对象的值,正常时返回 noError,并且置状态列为"active"。如果代理不能完成必要的操作,则返回"inronsistent Value",管理站根据返回信息确定是否重发 set 操作。

（2）管理站与代理协商生成概念行。首先管理站用 set 操作置状态列为 createAndWait。

① 如果代理不接受这种操作,返回 noError,管理站必须以单个 Set 操作(事务处理)为所有列对象提供值(如上所述)。

② 如果代理执行这种操作,生成概念行,返回 noError,状态列被置为 notReady(代理没有足够的信息使得概念行可用),或 notInService(代理有足够的信息使得概念行可用)。然后进行下一步。

3）初始化非默认值对象

管理站用 get 操作查询所有列,以确定是否能够或需要设置列对象的值,其返回结果有以下几种。

（1）代理返回一个值,表示代理实现了该列的对象类型,而且能够提供默认值。如果该列的访问特性是 read-write,则管理站可用 set 操作改变该列的值。

（2）代理返回 noSuchInstance,说明代理实现了该列的对象类型,该列也是管理站可访问的,但代理不提供默认值。如果列访问特性是"read-write",则管理站必须以 Set 操作设置这个列对象的值。

（3）代理返回 noSuchObject,说明代理没有实现该列的对象类型,或者该列是管理站不可访问的,则管理站不能设置该对象的值。

（4）如果状态列的值是 notReady,则管理站应该首先处理其值为 noSuchInstance 的列,这一步完成后,状态列变成 notInService,再进行下一步。

4）激活概念行

管理站对所有列对象实例满意后,用 Set 操作置状态列对象为 active。

（1）如果代理有足够的信息使得概念行可用,则返回 noError。

（2）如果代理没有足够的信息使得概念行可用,则返回 notInService。

至此,行的生成过程完成了。在具体实现时,采用哪种方法,如何设计行的生成算法,要考虑很多因素。首先要解决的几个主要问题如下。

（1）表可能很大，一个 Set PDU 不能容纳行中的所有变量。

（2）代理可能不支持表定义中的某些对象。

（3）管理站不能访问表中的某些对象。

（4）可能有多个管理站同时访问一个表。

（5）生成操作不能被任意改变。

（6）代理在行生成之前要检查是否出现 tooBig 错误（单个相应 PDU 不能容纳所有列变量的值）。

（7）概念行中可能同时有 read-create 对象。

解决这些问题的方法不同，就会有不同的行生成方案。另外我们希望实现的系统具有下列有用的特点。

（1）应该容许在简单的代理系统上实现。

（2）代理在生成行的过程中不必考虑行之间的语义关系。

（3）不应为了生成行而增加新的 PDU。

（4）生成操作应在一个事务处理中完成。

（5）管理站可以盲目地接受列对象的默认值。

（6）应该允许管理站查询列对象的默认值，并自主决定是否重写列对象的值。

（7）有些表的索引可取唯一的任意值，对于这种表应该容许代理自主选择索引的值。

（8）在行的生成过程中应容许代理自主选择索引值，这样可以减少管理站的负担，由管理站寻找一个未用的索引值可能更费事。

createAndWait 方法把主要的负担放在代理上，要求代理必须维持概念行在 notInService 状态，但是比起 createAndGo 方法，它能处理任意行的生成，因而功能更强大。另一方面，createAndGo 方法在行生成过程中只涉及一两次 PDU 交换，因而能更有效地节约通信资源和管理站时间，能减少代理系统的复杂性。但是它不能处理任意行的生成。采用哪一种方法主要取决于代理系统如何实现。

2. 概念行的挂起

当概念行处于 active 状态时，如果管理站希望概念行脱离服务，以便进行修改，则可以用 Set 命令，把状态列由 active 置为 notInService。这时有以下两种可能。

（1）若代理不执行该操作，则返回 wrongValue。

（2）若代理可执行该操作，则返回 noError。

表定义中的 DESCRIPTION 子句需指明，在任何情况下可以把状态列置为 noInService。

3. 概念行的删除

管理站发出 set 命令，把状态列置为 destroy，如果这个操作成功，概念行立即被删除。

4.6.4　通知和信息模块

SNMPv2 提供了通知类型的宏定义 NOTIFICATION-TYPE，用于定义异常条件出现时 SNMPv2 实体发送的信息。NOTIFICATION-TYPE 宏表示在图 4-24 中。任选的 OBJECT 子句定义了包含在通知实例中的 MIB 对象序列。当 SNMPv2 实体发送通知时这些对象的值被传送给管理站。DESCRIPTION 子句说明了通知的语义。任选的 REFERENCE 子句包含对其他 MIB 模块的引用。下面是按照这个宏写出的陷入的定义：

```
linkUp NOTIFICATION-TYPE
OBJECT{ifIndex,ifAdminStatus,ifOperStatus}
STATUS current
DESCREPTION
"A linkUp trap signifies that the SNMPv2 entity, acting in an agent role, has detected that the
ifOperStatus object for one of its communication links has transitioned out of the down state."
:: = {snmpTraps 4}
```

```
NOTIFICATION-TYPE MACRO::＝BEGIN
TYPE NOTATION::＝ObjectsPart
                "STATUS"Status
                "DESCRIPTION"Text
                ReferPart
VALUE NOTATION::＝value(VALUE NotificationName)
ObjectsPart::＝ "OBJECTS""{"Objects"}"│empty
Objects::＝Object│Object","Object
Object::＝value(Name ObjectName)
Status::＝ "current"│"deprecated"│"obsolete"
ReferPart::＝ "REFERENCE"Text│empty
Text::＝ """"string""""
END
```

图 4-24　NOTIFICATION-TYPE 宏定义

SNMPv2 还引入了信息模块的概念,用于说明一组有关的定义。共有如下 3 种信息模块。

（1）MIB 模块：包含一组有关的管理对象的定义。

（2）MIB 的依从性声明模块：使用 MODULE-COMPLIANCE 和 OBJECT-GROUP 宏说明有关管理对象实现方面的最小要求。

（3）代理能力说明模块：用 AGENT-CAPABILITIES 宏说明代理实体应该实现的能力。

4.6.5　SNMPv2 管理信息库

SNMPv2 MIB 扩展和细化了 MIB-2 中定义的管理对象,又增加了新的管理对象。下面介绍 SNMPv2 定义的各个功能组。

1. 系统组

SNMPv2 的系统组是 MIB-2 系统组的扩展,图 4-25 展示出了这个组的管理对象。可以看出,这个组只是增加了与对象资源（Object Resource）有关的一个标量的对象 sysORLastChange 和一个表对象 sysORTable,它仍然属于 MIB-2 的层次结构。表 4-4 解释了新增加的对象。所谓对象资源是由代理实体使用和控制的、可以由管理站动态配置的系统资源。标量对象 sysORLastChange 记录着对象资源表中描述的对象实例改变状态

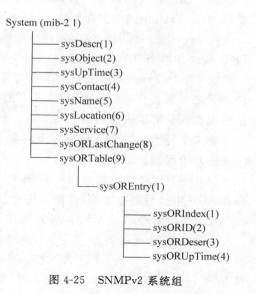

图 4-25　SNMPv2 系统组

（或值）的时间。对象资源表是一个只读的表，每一个可动态配置的对象资源占用一个表项。

表 4-4　SNMPv2 系统组新增的对象

对　　象	语　　法	描　　述
sysORLastChange	TimeStamp	sysORID 的任何实例的状态或值最近改变时 sysUPTime 的值
sysORTable	SEQUENCE OF	作为代理的 SNMPv2 实体中的可动态配置的对象资源表
sysORIndex	INTEGER	索引，唯一确定一个具体的可动态配置的对象资源
sysORID	OBJECT IDENTIFIER	类似于 MIB-2 中的 sysObjectID，表示这个实体的 ID
sysORDescr	DisplayString	对象资源的文字描述
sysORUPTime	TimeStamp	这个行最近开始作用时 sysUPTime 的值

2. SNMP 组

这个组是由 MIB-2 的对应组改造而成的，有些对象被删除了，同时又增加了一些新对象，如图 4-26 所示。可以看出，新的 SNMP 组对象少了，去掉了许多对排错作用不大的变量。

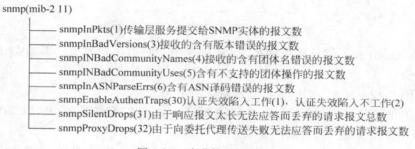

snmp(mib-2 11)
—— snmpInPkts(1)传输层服务提交给SNMP实体的报文数
—— snmpInBadVersions(3)接收的含有版本错误的报文数
—— snmpINBadCommunityNames(4)接收的含有团体名错误的报文数
—— snmpINBadCommunityUses(5)含有不支持的团体操作的报文数
—— snmpInASNParseErrs(6)含有ASN译码错误的报文数
—— snmpEnableAuthenTraps(30)认证失效陷入工作(1)、认证失效陷入不工作(2)
—— snmpSilentDrops(31)由于响应报文太长无法应答而丢弃的请求报文总数
—— snmpProxyDrops(32)由于向委托代理传送失败无法应答而丢弃的请求报文数

图 4-26　改进的 SNMP 组

3. MIB 对象组

这个新组包含的对象与管理对象的控制有关，分为两个子组，如图 4-18 所示。第一个子组 snmpTrap 由两个对象组成。

（1）snmpTrapOID：这时正在发送的陷入或通知的对象标识符，这个变量出现在陷入 PDU 或通知请求 PDU 的变量绑定表中的第二项。

（2）snmpTrapEnterprise：这是与正在发送的陷入有关的制造商的对象标识符，当 SNMPv2 的委托代理把一个 RFC1157 陷入 PDU 映像到 SNMPv2 陷入到 PDU 时，这个变量出现在变量绑定表的最后。

第二个子组 snmpSet 仅有一个对象 snmpSerialNo，这个对象用于解决 Set 操作中可能出现的两个问题。

（1）一个管理站可能向同一 MIB 对象发送多个 Set 操作，保证这些操作按照发送的顺序在 MIB 中执行是必要的，即使在传送过程中次序发生了错乱。

（2）多个管理站对 MIB 的并发操作可能破坏了数据库的一致性和精确性。

解决这些问题的方法如下：snmpSerialNo 的语法是 TestAndIncr（文字约定为 0～2147483647(mod 2 的 31 次方)之间的一个整数），假设它的当前值是 K，则有以下不同情况。

（1）如果代理收到的 Set 操作置 snmpSerialNo 的值为 K，则这个操作成功，相应 PDU 中返回 K 值，这个对象的新值增加为 K+1。

（2）如果代理收到一个 Set 操作，置这个对象的值不等于 K，则这个操作失败，返回错误值 inconsistentValue。

我们以前说过 Set 操作具有原子性：要么全部完成，要么一个也不做。当管理站需要设置一个或多个 MIB 对象的值时，它首先检索 snmpSet 对象的值。然后管理站发出 Set 请求 PDU，变量绑定表中包含要设置的 MIB 变量及其值，也包含它检索到的 snmpSerialNo 的值。按照上面的规则 1，这个操作成功。如果有多个管理站发出的 Set 请求具有同样的 snmpSerialNo 值，则先到的 Set 操作成功，snmpSerialNo 的值增加后使其他操作失败。

4. 接口组

MIB-2 定义的接口组经过一段时间的使用，发现有很多缺陷。RFC1573 分析了原来的接口组没有提供的功能和其他不足之处，如下。

（1）接口编号：MIB-2 接口组定义变量 ifNumber 作为接口编号，而且是常数，这对于允许动态增加/删除网络接口的协议（例如，SLIP/PPP）是不合适的。

（2）接口子层：有时需要区分网络层下面的各个子层，而 MIB-2 没有提供这个功能。

（3）虚电路问题：对应一个网络接口可能有多个虚电路。

（4）不同传输特性的接口：MIB-2 接口表记录的内容只适合基于分组传输的协议，不适合面向字符的协议（例如，PPP、EIA RS-232），也不适合面向比特的协议（例如，DSI）和固定信息长度传输的协议（例如，ATM）。

（5）计数长度：当网络速度增加时，32 位的计数器经常溢出回零。

（6）接口速度：ifSpeed 最大为 $(2^{32}-1)$bps，但是现在有的网络速度已远远超过这个限制，例如，SONET OC-48 为 2.448Gbps。

（7）组播/广播分组计数：MIB-2 接口组不区分组播分组和广播分组，但分别计数有时是有用的。

（8）接口类型：ifType 表示接口类型，MIB-2 定义的接口类型不能动态增加，只能在推出新的 MIB 版本时再增加，而这个过程一般需要几年时间。

（9）ifSpecific 问题：MIB-2 对这个变量的定义很含糊。有的实现给这个变量赋予介质专用的 MIB 的对象标识符，而有的实现赋予介质专用表的对象标识符，或者是这种表的入口对象标识符，甚至是表的索引对象标识符。

根据以上分析，RFC1573 对 MIB-2 接口组做了一些小的修改，主要是纠正了上面提到的有些问题。例如，重新规定 ifIndex 不再代表一个接口，而是由于区分接口子层，而且不再限制 ifIndex 的取值必须在 1 到 ifNumber 之间。这样对应一个物理接口可以有多个代表不同逻辑子层的表行，还允许动态地增加/删除网络接口。RFC1573 废除了有些用处不大的变量，例如，ifInNUcastPkts 和 ifOutNUPkts，它们的作用已经被接口扩展表中的新变量代替。由于变量 ifOutQLen 在实际中很少实现，也被废除了。变量 ifSpecific 由于前述原因也被废除了，它的作用已被（Internet Assigned Number Authorty）随时更新，从而不受 MIB 版本的限制。另外，RFC1573 还对接口组增加了 4 个新表，如图 4-27 所示。下面介绍这 4 个新表的结构。

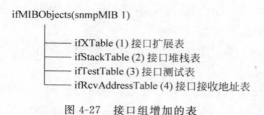

图 4-27　接口组增加的表

5. 接口扩展组

接口扩展表 ifXTable 的结构如图 4-28 所示。变量 ifName 表示接口名,表中可能代表不同子层的多个行属于同一接口,它们具有同一接口名。下面的 4 个变量(ifInMulticastPkts、ifInBroadcastPkts、ifOutMulticastPkts 和 ifOutBroadcastPkts)代替了原表中的 ifInNUcastPkts 和 ifOutNUPkts,分别计数输入/输出的组播/广播分组数。紧接着的 8 个变量(6~13)是 64 位的高容量(High-Capacity)计数器,用于高速网络中的字节/分组计数。变量 ifLinkUpDownTrapEnable 分别用枚举整数值 enabled(1) 和 disabled(2) 表示使能/不使能 linkUp 和 linkDown 陷入。下一个变量 ifHighSpeed 是计量器,记录接口的瞬时数据速率 (Mbps)。如果它的值是 n,则表示接口当时的速率在 $[n-0.5, n+0.5]$ Mbps 区间。对象 ifPromiscuousMode 具有枚举整数值 true(1) 或 false(2),用于说明接口是否接收广播和组播分组。最后一个变量 ifConnectorPresent 的类型与 ifPromiscuousMode 相同,它说明接口子层是否具有物理连接器。

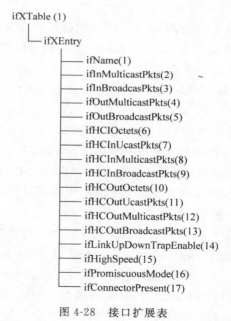

图 4-28　接口扩展表

6. 接口堆栈表

接口堆栈表如图 4-29 所示,说明接口表中属于同一物理接口的各个行之间的关系,指明哪些子层运行于哪些子层之上。该表中的一行定义了 ifTable 中两行之间的上下层关系:ifStackHigherLayer 表示上层行的索引值,ifStackLowerLayer 表示下层行的索引值,而

ifStackStatus 表示行状态,用于行的生成和删除。

7. 接口测试表

接口测试表如图 4-30 所示,其作用是由管理站指示代理系统测试接口的故障。该表的一行代表一个接口测试。其中的变量 ifTestId 表示每个测试的唯一标识符,变量 ifTestStatus 说明这个测试是否正在进行,可以取值 notInUse(1)或 inUse(2)。测试类型变量 ifTestType 可以由管理站设置,以便启动测试工作。这 3 个变量的值都与测试逻辑有关,详见下面的解释。测试结果由变量 ifTestResult 和 ifTestCode 给出,代理返回管理站的 ifTestResult 变量可能取下列值之一。

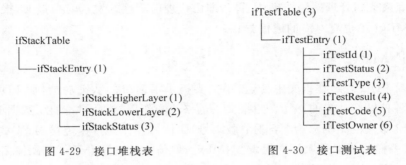

图 4-29 接口堆栈表　　　　图 4-30 接口测试表

none(1):没有请求测试。

success(2):测试成功。

inProgress(3):测试正在进行。

notSupported(4):不支持请求的测试。

unAbleRun(5):由于系统状态不能测试。

aborted(6):测试夭折。

failed(7):测试失败。

ifTestCode 返回有关测试结果的详细信息。

管理站如果要对一个接口进行测试,首先检索变量 ifTestId 和 ifTestStatus 的值。如果测试状态是 notInUse,则管理站发出 setPDU,置 ifTestId 的值为先前检索的值。由于 ifTestId 的类型是 TestAndIncrease,这一步骤实际是对多个管理站之间并发操作的控制。如果这一步成功,则由代理系统置 ifTestStatus 为 inUse,置 ifTestOwner 为管理站的标识字节串,于是该管理站得到了进行测试的权利。然后管理站发出 set 命令,置 ifTestType 为 test_to_run,指示代理系统开始测试。代理启动测试后立即返回 ifTestResult 的值 inProgress。测试完成后,代理给出测试结果 ifTestResult 和 ifTestCode。

8. 接收地址表

接收地址表如图 4-31 所示,包含每个接口对应的各种地址(广播地址、组播地址和单地址)。

这个表的第一个变量 ifRcvAddressAddress 表示接口接收分组的地址;第三个变量 ifRcvAddressType 表示地址的类型,可以取值 other(1)、volatile(2)或 nonVolatile(3)。所谓易失的(Volatile)地址是系统断

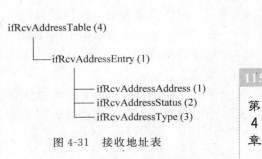

图 4-31 接收地址表

电后就丢失了,非易失的地址永远存在。变量 ifRcvAddressStatus 用于行的增加和删除。

4.7　SNMPv2 协议数据单元

SNMPv2 提供了如下 3 种范文管理信息的方法。

(1) 管理站和代理之间的请求/响应通信,这种方法与 SNMPv1 是一样的。

(2) 管理站和管理站之间的请求/响应通信,这种方法是 SNMPv2 特有的,可以由一个管理站把有关管理信息告诉另外一个管理站。

(3) 代理系统到管理站的非确认通信,即由代理向管理站发送陷入报文,报告出现的异常情况,SNMPv1 中也有对应的通信方式。

4.7.1　SNMPv2 报文

SNMPv2 PDU 封装在报文中传送,报文头提供了简单的认证功能,而 PDU 可以完成上面提到的各种操作。我们首先介绍报文头的格式和作用,然后讨论协议数据单元的结构。

SNMPv2 报文的结构分为 3 部分:版本号、团体名和作为数据传送的 PDU。这个格式与 SNMPv1 一样。版本号取值 0 代表 SNMPv1,取值 1 代表 SNMPv2。团体名提供简单的认证功能,与 SNMPv1 的用法一样。

SNMPv2 实体发送一个报文一般要经过下面 4 个步骤。

(1) 根据要实现的协议操作构造 PDU。

(2) 把 PDU、源和目标端口地址以及团体名传送给认证服务,认证服务产生认证码或对数据进行加密,返回结果。

(3) 加入版本号和团体名,构造报文。

(4) 进行 BER 编码,产生 0/1 比特串,发送出去。

SNMPv2 实体接收到一个报文后要完成下列动作。

(1) 对报文进行语法检查,丢弃出错的报文。

(2) 把 PDU 部分、源和目标端口号交给认证服务。如果认证失败,发送一个陷入,丢弃报文。

(3) 如果认证通过,则把 PDU 转换成 ASN.1 的形式。

(4) 协议实体对 PDU 做句法检查,如果通过,根据团体名和适当的访问策略做相应的处理。

4.7.2　SNMPv2 PDU

SNMPv2 共有 6 种协议数据单元,分为 3 种 PDU 格式,见图 4-32。注意 GetRequest、GetNextRequest、SetRequest、InformRequest 和 Trap 等 5 种 PDU 与 Response PDU 具有相同的格式,只是它们的错误状态和错误索引字段被置为 0,这样就减少了 PDU 格式的种类。

这些协议数据单元在管理站和代理系统之间或者是两个管理站之间交换,以完成需要的协议操作。它们的交换序列如图 4-33 和图 4-34 所示。下面解释管理站和代理系统对这些 PDU 的处理和应答过程。

PDU 类型	请求表示	0	0	变量绑定表

（a）GetRequest、GetNextRequest、SetRequest、InformRequest 和 Trap

PDU 类型	请求标识	错误状态	错误索引	变量绑定表

（b）ResponsePDU

PDU 类型	请求标识	非重复数 N	最大后继数 M	变量绑定表

（c）GetBulkRequestPDU

图 4-32　SNMPv2 PDU 格式

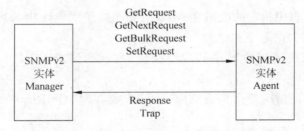

图 4-33　管理站和代理之间的通信

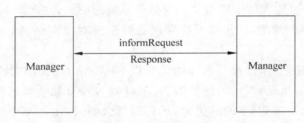

图 4-34　管理站和管理站之间的通信

1．GetRequestPDU

SNMPv2 对这种操作的响应方式与 SNMPv1 不同，SNMPv1 的响应是原子性的，即只要有一个变量的值检索不到，就不返回任何值。而 SNMPv2 的响应不是原子性的，允许部分响应，按照以下规则对变量绑定表中的各个变量进行处理。

（1）如果该变量的对象标识符前缀不能与这一请求可访问的任何变量的对象标识符前缀匹配，则返回一个错误值 noSuchObject。

（2）如果变量名不能与这一请求可访问的任何变量名完全匹配，则返回一个错误值 noSuchInstance。这种情况可能出现在表访问中：访问了不存在的行，或正在生成中的表行等。

（3）如果不属于以上情况，则在变量绑定表中返回被访问的值。

（4）如果由于任何其他原因而处理失败，则返回一个错误状态 genErr，对应的错误索引指向有问题的变量。

（5）如果生成的响应 PDU 太大，超过了本地的或请求方的最大报文限制，则放弃这个 PDU，构造一个新的响应 PDU，其错误状态为 tooBig，错误索引为 0，变量绑定表为空。

改变 get 响应的原子性为可以部分响应是一个重大进步。在 SNMPv1 中，如果 get 操作的一个或多个变量不存在，代理就返回错误 noSuchName。剩下的事情完全由管理站处理：要么不向上层返回值；要么去掉不存在的变量，重发检索请求，然后向上层返回部分结果。由于生成部分检查算法的复杂性，很多管理站并不实现这一功能，因而就不可能与实现部分管理对象的代理系统互操作。

2. GetNextRequestPDU

在 SNMPv2 中，这种检索请求的格式和语义与 SNMPv1 基本相同，唯一的差别就是改变了响应的原子性。SNMPv2 实体按照下面的规则处理 GetNext PDU 变量绑定表中的每一个变量，构造响应 PDU。

（1）对变量绑定表中指定的变量在 MIB 中查找按照词典顺序的后继变量，如果找到，返回该变量（对象实例）的名字和值。

（2）如果找不到按照词典顺序的后继变量，则返回请求 PDU 中的变量名和错误值 endOfMibView。

（3）如果出现其他情况使得构造响应 PDU 失败，以与 GetRequest 类似的方式返回错误值。

3. GetBulkRequestPDU

这是 SNMPv2 对原标准的主要增强，目的是以最少的交换次数检索大量的管理信息，或者说管理站要求尽可能大的响应报文。对这个系统的响应，在选择 MIB 变量值时采用与 GetBulkRequest 同样的原理，即按照词典顺序选择后继对象实例，但是这个操作可以说明多种不同的后继。

这种块检索操作的工作过程是这样的。假设 GetBulkRequestPDU 变量绑定表中有 L 个变量，该 PDU 得"非重复数"字段的值为 N，则对前 N 个变量应各返回一个词典后继。再设请求 PDU 的"最大后继数"字段的值为 M，则对其余的 $R=L-N$ 个变量应该各返回最多 M 个词典后继。如果可能，总共返回 $N+R\times M$ 个值，这些值的分布如图 4-35 所示。如果在任何一步查找过程中遇到不存在后继的情况，则返回错误值 endOfMibView。

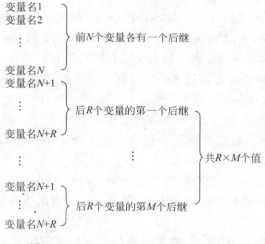

图 4-35　GetBulkRequest 检索得到的值

为了说明块检索的方法,让我们考虑一个例子。假设有下面的表(表4-5)。

表 4-5　一个简单的例子

IfIndex	ipNetToMediaNetAddress	ipNetToMediaPhysAddress	ipNetToMediaType
1	10.0.0.51	00 00 10 01 23 45	static
1	9.2.3.4	00 00 10 54 32 10	dynamic
2	10.0.0.15	00 00 10 98 76 54	Dynamic

这个表的检索由前两个变量组成。如果管理站希望检索这个表的值和一个标量对象 sysUpTime 的值,则可以发出这样的请求:

GetBulkRequest [非重复数 = 1,最大后继数 = 2]
　　　　　　{sysUpTime,ipNetToMediaPhysAddress,ipNetToMediaType}

代理的响应是:

Response((sysUpTime.0 = "123456"),
　　　　(ipNetToMediaPhysAddress.1.9.2.3.4 = "00 00 10 54 32 10")
　　　　(ipNetToMediaType.1.9.2.3.4 = "dynamic")
　　　　(ipNetToMediaPhysAddress.1.10.0.0.51 = "00 00 10 01 23 45")
　　　　(ipNetToMediaType.1.10.0.0.51 = "static"))

管理站又发出下一个请求:

GetBulkRequest [非重复数 = 1,最大后继数 = 2]
　　　　　　{sysUpTime,ipNetToMediaPhysAddress.1.10.0.0.51,
　　　　　　ipNetToMediaType.1.10.0.0.51}

代理的响应是:

Response((sysUpTime.0 = "123466"),
　　　　(ipNetToMediaPhysAddress.2.10.0.0.15 = "00 00 10 98 76 54"),
　　　　(ipNetToMediaType.2.10.0.0.15 = "dynamic"),
　　　　(ipNetToMediaPhysAddress.1.9.2.3.4 = "9.2.3.4")
　　　　(ipRoutingDiscards.0 = "2"))

我们再来看一个例子。如果我们发出这样的操作命令:

getBulk(
non – repeator = 1;
max – repetitions = 2;
1.1; 1.3.1.2; 1.3.1.3)

将会得到的结果是:

response(
1.1.0 => 130.89.16.2;
1.3.1.3 => 3;
1.3.1.5 => 2;
1.3.1.5 => 2;
1.3.1.7 => 2)

简单网络管理协议 SNMP

Getbulk 操作举例如图 4-36 所示。

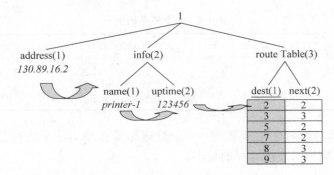

图 4-36　Getbulk 操作举例

4. serRequestPDU

这个请求的格式和语义与 SNMPv1 的相同,区别是处理响应的方式不同。SNMPv2 实体分两个阶段处理这个请求的变量绑定表,首先是检验操作的合法性,然后再更新变来那个。如果至少有一个变量绑定对的合法性检验没有通过,则不进行下一阶段的更新操作。所以这个操作与 SNMPv1 一样,是原子性的。合法性检验有以下内容:

如果有一个变量不可访问,则返回错误状态 noAccess;

如果与绑定表中变量共享对象标识符的任何 MIB 变量都不能收成、修改,也不接收制定的值,则返回错误状态 notWritable;

如果要设置的值的类型不适合被访问的变量,则返回错误状态 wrongType;

如果要设置的值的长度与变量的长度限制不同,则返回错误状态 wrongLength;

如果要设置的值的 ASN.1 编码不适合变量的 ASN.1 标签,则返回错误状态 wrongEncoding;

如果指定的值在任何情况下都不能赋予变量,则返回错误状态 wrongValue;

如果变量不存在,也不能生成,则返回错误状态 noCreation;

如果变量不存在,只是在当前的情况下不能生成,则返回错误状态 inconsistantName;

如果变量存在,但不能修改,则返回错误状态 notWritable;

如果变量在其他情况下可以赋予指定的值,但当前不行,则返回错误状态 inconsistantValue;

如果为了给变量赋值而缺乏需要的资源,则返回错误状态 resourceUnavailable;

如果由于其他原因而处理变量绑定对失败,则返回错误状态 genErr。

如果对任何变量检查出上述任何一种错误,则在响应 PDU 变量绑定表中设置对应的错误状态,错误索引设置为问题变量的序号。使用如此之多的错误代码也是 SNMPv2 的一大进步,这使得管理站能了解详细的错误信息,以便采取纠正措施。

如果没有检查出错误,就可以给所有指定变量赋予新值。若有至少一个赋值操作失败,则所有赋值被撤销,并返回错误状态为 commitFailed 的 PDU,错误索引指向问题变量的序号。但是若不能全部撤销所赋的值,则返回错误状态 undoFailed,错误索引字段置 0。

5. TrapPDU

陷入是由代理发给管理站的非确认性消息。SNMPv2 的陷入采用与 get 等操作相同的 PDU 格式,这一点也是与原标准不同的。TrapPDU 变量绑定表中应报告下面的内容。

(1) sysUpTime.0 的值,即发出陷入的时间。

（2）snmpTrapOID.的值，这是 SBNPv2 MIB 对象组定义的陷入对象的标识符。

（3）有关通知宏定义中包含的各个变量及其值。

（4）代理系统选择的其他变量的值。

6. InformRequestPDU

这是管理站发送给管理站的消息，PDU 格式与 Get 等操作相同，变量绑定表的内容与陷入报文一样。但是与陷入不同，这个消息是需要应答的。所以管理站收到通知请求后首先要决定应答报文的大小，如果应答报文大小超过本地或对方的限制，则返回错误状态 tooBig。如果接收的请求报文不是太大，则把有关信息传送给本地的应用实体，返回一个错误状态为 noErr 的响应报文，其变量绑定表与收到的请求 PDU 相同。关于管理站之间通信的内容，SNMPv2 给出了详细的定义，见下一小节。

4.7.3 管理站之间的通信

SNMPv2 增加的管理站之间的通信机制是分布式网络管理所需要的功能特性，为此引入了通知报文 InformRequest 和管理站数据库（manager-to-manager MIB）。管理站数据库主要由以下 3 个表组成。

（1）snmpAlarmTable：报警表提供被监视的变量的有关情况，类似于 RMON 警报组的功能，但这个表记录的是管理站之间的报警信息。

（2）snmpEventTable：事件表记录 SNMPv2 实体产生的重要事件，或者是报警事件，或者是通知类型宏定义的事件。

（3）snmpEventNotifyTable：事件通知表定义了发送通知的目标和通知的类型。

由这 3 个表以及其他有关标量对象共同组成了 snmpM2M 模块，给模块表示了管理站之间交换的主要信息。下面介绍以上 3 个表的内容。

报警表如图 4-37 所示，有 5 个变量解释如下，其他有关内容可参照 RMON 报警组的解释。

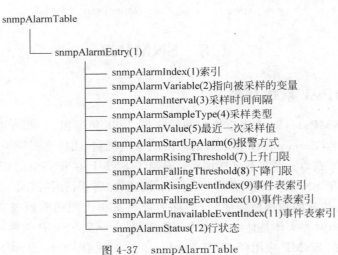

图 4-37 snmpAlarmTable

snmpAlarmSampleType(4)采样类型，可取两个值 absoluteValue(1)和 deltaValue(2)；
snmpAlarmStartUpAlarm(6)报警方式，可取 3 个值 risingAlarm(1)、fallingAlarm(2)

和 risingOrFallingAlarm(3)；

snmpAlarmRisingEventIndex(9)事件表索引，当被采样的变量超过上升门限时产生该事件；

snmpAlarmFallingEventIndex(10)事件表索引，当被采样的变量低于下降门限时产生该事件；

snmpAlarmUnavailableEventIndex(11)事件表索引，当被采样的变量不可用时产生该事件。

事件表共有 6 个变量，如图 4-38 所示。事件通知表有 4 个变量，如图 4-39 所示。这两个表已经对其中的变量做了解释。

图 4-38　snmpEventTable

图 4-39　snmpEventNotifyTable

4.8　SNMPv3

4.8.1　SNMPv3 管理框架

为了改进 SNMPv1/v2c 在安全性方面的缺陷，1998 年提出、2002 年形成了一套正式的标准。基于团体名(Community Name)的有限的安全机制，团体名是明文传输，入侵者很容易通过抓包工具来获取；报文不支持加密；限制了 SNMP 在非完全信任的网络中的使用。SNMPv3 在继承了 SNMPv2c 的基础上，提供：认证、加密和访问控制。

在 RFC2571 描述的管理框架中，以前称为管理站和代理的东西现在统一称为 SNMP 实体(SNMP Entity)。实体是体系结构的一种实现，由一个 SNMP 引擎(SNMP Engine)和一个或多个有关的 SNMP 应用(SNMP Application)组成，图 4-40 显示了 SNMP 实体的组成元素。

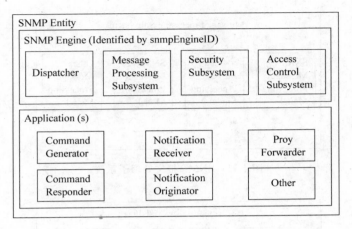

图 4-40　SNMP 实体

4.8.2　SNMP 引擎

　　SNMP 引擎提供下列服务：发送和接收报文，认证和加密报文，控制对管理对象的访问。SNMP 引擎有唯一的标识 snmpEngineID，这个标识在一个上层管理域中是无二义性的。由于 SNMP 引擎和 SNMP 实体具有一一对应的关系，所以 snmpEngineID 也是对应的SNMP 实体的唯一标识。SNMP 引擎具有复杂的结构，它包含以下各部分。

　　(1) 一个调度器(Dispatcher)。

　　(2) 一个报文处理子系统(Message Processing Subsystem)。

　　(3) 一个安全子系统(Security Subsystem)。

　　(4) 一个访问控制子系统(Access Control Subsystem)。

1. 调度器

　　一个 SNMP 引擎只有一个调度器，它可以并发地处理多个版本的 SNMP 报文。调度器包括如下功能。

　　(1) 向/从网络中发送/接收 SNMP 报文。

　　(2) 确定 SNMP 报文的版本，并交给相应的报文处理模块处理。

　　(3) 为接收 PDU 的 SNMP 应用提供一个抽象的接口。

　　(4) 为发送 PDU 的 SNMP 应用提供一个抽象的接口。

2. 报文处理子系统

　　报文处理子系统由一个或多个报文处理模块(Message Processing Model)组成。每一个报文处理模块定义了一种特殊的 SNMP 报文格式，它的功能是按照预定的格式准备要发送的报文，或者从接收的报文中提取数据，如图 4-41 所示。

　　这种体系结构允许扩充其他的报文处理模块，扩充的处理模块可以是企业专用的，也可以是以后的标准增添的。每一个报文处理模块都定义了一种特殊的 SNMP 报文格式，以便能够按照这种格式生成报文或从报文中提取数据。

3. 安全子系统

　　安全子系统提供安全服务，例如，报文的认证和加密。一个安全子系统可以有多个安全模块，以便提供各种不同的安全服务，如图 4-42 所示。

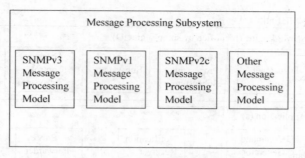

图 4-41 SNMP 报文处理子系统

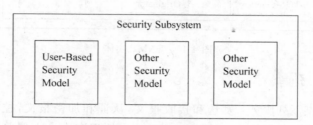

图 4-42 安全子系统

安全子系统由安全模型和安全协议组成。每一个安全模块定义了一种具体的安全模型,说明它可以防护的安全威胁、它提供安全服务的目标和使用的安全协议。而安全协议则说明了用于提供安全服务(例如,认证和加密)的机制、过程,以及 MIB 对象。目前的标准提供了机遇用户的安全模型(User-Based Security Model)。

4. 访问控制子系统

安全访问控制可以使 Agent 对不同的管理者提供不同的管理信息库访问权限。

(1) 限制访问 MIB 库信息的访问视图。

(2) 限制访问 MIB 库信息的操作类型。

访问类型如图 4-43 所示。

MIB 视图	允许的操作类型	允许的管理者	被请求的安全级别
Interface Table	SET.	John	Authentication Encryption
Interface Table	GET/GETNEXT	John,Paul	Authentication
Systems Group	GET/GETNEXT	George	None
…	…	…	…

图 4-43 安全访问类型

访问控制子系统通过访问控制模块(Access Control Model)提供授权服务,即确定是否允许访问一个管理对象,或者是否可以对某个管理对象实施特殊的管理操作。每个访问控制模块定义了一个具体的访问决策功能,用以支持对访问权限的决策。在应用程序的处理过程中,访问控制模块还可以通过已定义的 MIB 模块进行远程配置访问控制策略。SNMPv3 定义了基于视图的访问控制模型(View-Based Access,Control Model),其安全访问控制图如图 4-44 所示。

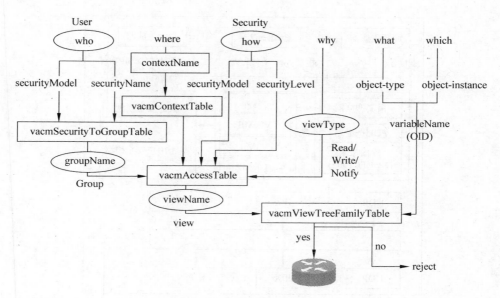

图 4-44　安全访问控制图

4.8.3　应用程序

SNMPv3 的应用程序分为 5 种。

（1）命令生成器（Command Generators）：建立 SNMP Read/Write 请求，并且处理这些请求的响应。

（2）命令响应器（Command Responders）：接收 SNMP Read/Write 请求，对管理数据进行访问，并按照协议规定的操作产生响应报文，返回给读/写命令的发送者。

（3）通知发送器（Notification Originators）：监控系统中出现的特殊事件，产生通知类报文，并且要有一种机制，以决定向何处发送报文，是用什么 SNMP 版本的安全参数，等等。

（4）通知接收器（Notification Receivers）：接听通知报文，并对确认型通知产生响应。

（5）代理转发器（Proxy Forwarders）：在 SNMP 实体之间转发报文。

在 SNMP 的历史上使用的"proxy"有多种含义，但是在 RFC 2573 中则是专指转发 SNMP 报文，而不考虑报文中包含何种对象，也不处理 SNMP 请求，所以它与传统的 SNMP 代理（Agent）是不同的。

这 5 种应用程序的抽象接口和操作过程就不叙述了，读者可参考有关文件。为了与以前的版本对照，下面给出管理站和代理的组成。

4.8.4　SNMP 管理站和代理

一个 SNMP 实体包含一个或多个生成器，以及通知接收器，这种实体传统上称为 SNMP 管理站，如图 4-45 所示。

一个 SNMP 实体包含一个或多个命令响应器，以及通知发送器，这种实体传统上称为 SNMP 代理，如图 4-46 所示。

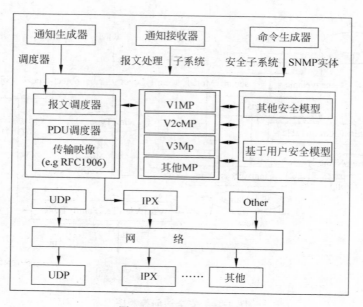

图 4-45 SNMP 管理站

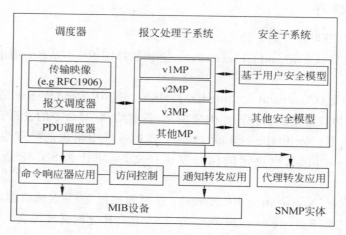

图 4-46 SNMP 代理

4.8.5 基于用户的安全模型(USM)

目前,网络安全成为 21 世纪世界十大热门课题之一。网络安全在 IT 业内可分为:网络安全硬件、网络安全软件、网络安全服务。网络安全硬件包括:防火墙和 VPN、独立的 VPN、入侵检测系统、认证令牌和卡、生物识别系统、加密机和芯片。网络安全软件包括:安全内容管理、防火墙/VPN、入侵检测系统、安全 3A、加密,其中安全内容管理还有防病毒、网络控制和邮件扫描,安全 3A 包括授权、认证和管理。网络安全服务包括:顾问咨询、设计实施、支持维护、教育培训、安全管理。目前随着互联网的日益普及,网络安全正在成为一个人们关注的焦点。而要保证网络安全就必须对网络进行安全的管理。让我们对网络安全进行详细的分析以及讨论解决网络安全管理问题的关键技术。

网络系统的安全涉及平台的各个方面。按照网络 OSI 的 7 层模型,网络安全贯穿于整个 7 层模型。针对网络系统实际运行的 TCP/IP 协议,网络安全贯穿于信息系统的 4 个层次。

(1) 物理层。物理层信息安全,主要防止物理通路的损坏、物理通路的窃听、对物理通路的攻击(干扰)等。

(2) 数据链路层。数据链路层的网络安全需要保证通过网络链路传送的数据不被窃听。主要采用划分 VLAN(局域网)、加密通信(远程网)等手段。

(3) 网络层。网络层的安全需要保证网络只给授权的客户使用授权的服务,保证网络路由正确,避免被拦截或监听。

(4) 操作系统。操作系统安全要求保证客户资料、操作系统访问控制的安全,同时能够对该操作系统上的应用进行审计。

(5) 应用平台。应用平台指建立在网络系统之上的应用软件服务,如数据库服务器、电子邮件服务器、Web 服务器等。由于应用平台的系统非常复杂,通常采用多种技术(如 SSL 等)来增强应用平台的安全性。

(6) 应用系统。应用系统完成网络系统的最终目的——为用户服务。应用系统的安全与系统设计和实现关系密切。应用系统使用应用平台提供的安全服务来保证基本安全,如通信内容安全、通信双方的认证等。

基于用户的安全模型(User-Based Security Model)提供了认证(Authentication)和加密(Privacy)的功能,定义了以下 3 个安全级别。

(1) 无认证无加密 (noAuthNoPriv);

(2) 有认证无加密 (authNoPriv);

(3) 有认证有加密 (authPriv)。

注意:不存在无认证有加密(noAuthPriv),因为加密所使用的密码必须与用户相关联。

SNMPv3 把对网络协议的安全威胁分为主要的和次要的两类。标准规定安全模块必须提供防护的两种主要威胁如下。

(1) 修改信息(Modification of Information):就是某些未经授权的实体改变了进来的 SNMP 报文,企图实施未经授权的管理操作,或者提供虚假的管理对象。

(2) 假冒(Masquerade):即未经授权的用户冒充授权用户的标识,企图实施管理操作。

标准还规定安全模块必须对两种次要威胁提供防护。

(1) 修改报文流(Message Stream Modification):由于 SNMP 协议通常是基于无连接的传输服务,重新排序报文流、延迟或重放报文的威胁都可能出现。这种威胁的危害性在于通过报文流的修改可能实施非法的管理操作。

(2) 消息泄露(Disclosure):SNMP 引擎之间交换的信息可能被偷听,对这种威胁的防护应采取局部的策略。

有两种威胁是安全体系结构不必防护的,因为它们很重要,或者这种防护没有多大作用。

(1) 拒绝服务(Denial of Service):因为在很多情况下拒绝服务和网络失效是无法区别的,所以可以由网络管理协议来处理,安全子系统不必采取措施。

(2) 通信分析(Traffic Analysis):即由第三者分析管理实体之间的通信规律,从而获取需要的信息。由于通常都是有少数管理站来管理整个网络的,所以管理系统的通信模式是可预见的,防护通信分析就没有多大作用了。

保证网络安全的措施一般包括如下几种：防火墙、身份认证、加密、数字签名、内容检查、存取控制、安全协议。

下面我们重点介绍 RFC2574 安全协议的 3 个模块。

(1) 时间序列模块：提供对报文延迟和重放的防护。

(2) 认证模块：提供完整性和数据源认证。

(3) 加密模块：防止报文内容的泄漏。

下面分别介绍这 3 个模块。

1. 时间序列模块

为了防止报文被重放和故意延迟,在每一次通信中有一个 SNMP 引擎被指定为是有权威的(Authoritative,记为 AU),而通信双方则是无权威的(Non-authoritative,记为 NA)。当 SNMP 报文要求响应时,该报文的接收者是有权威的。反之,当 SNMP 报文不要求响应时,该报文的发送者是有权威的。有权威的 SNMP 引擎维持一个时钟值,无权威的 SNMP 引擎跟踪这个时钟值,并保持与之松散同步。时钟由以下两个变量组成。

(1) snmpEngineBoots：SNMP 引擎重启动的次数。

(2) snmpEngineTime：SNMP 引擎最近一次重启动后经过的秒数。

SNMP 引擎首次安装时置这两个变量的值为 0。SNMP 引擎重启动一次,snmpEngineBoots 增值一次,同时 snmpEngineTime 被置 0,并重新开始计时。如果 snmpEngineTime 增加到了最大值 2147483647,则 snmpEngineBoot 加 1,而 snmpEngineTime 回 1,就像 SNMP 引擎重新启动过一样。

另外还需要一个时间窗口来限定报文提交的最大延迟时间,这个界限通常由上层管理模式块决定,延迟时间在这个界限之内的报文都是有效的。在 RFC2574 文件中,时间窗口定义为 150 秒。

对于一个 SNMP 引擎,如果要把一个报文发送给有权威的 SNMP 引擎,或者要验证一个从有权威的 SNMP 引擎接受来的报文,则它首先必须"发现"有权威的 SNMP 引擎的 snmpEngineBoots 和 snmpEngineTime 值。发现过程是由无权威的 SNMP 引擎(NA)向有权威的 SNMP 引擎(AU)发送一个 Request 报文,其中：

msgAuthoritativeEngineID＝AU 的 snmpEngineID

msgAuthoritativeEngineBoots＝0

msgAuthoritativeEngineTime＝0

而有权威的 SNMP 引擎返回一个 Report 报文,其中：

msgAuthoritativeEngineID＝AU 的 snmpEngineID

msgAuthoritativeEngineBoots＝snmpEngineBoot

msgAuthoritativeEngineTime＝snmpEngineTime

于是,无权威的 SNMP 引擎把发现过程中得到的 msgAuthoritativeEngineBoots 和 msgAuthoritativeEngineTime 值存储在本地配置数据库中,分别记为 BootsL 和 TimeL。

当有权威的 SNMP 引擎收到一个认证报文时,从其中提取 msgAuthoritativeEngineBoots 和 msgAuthoritativeEngineTime 字段的新值,分别记为 BootsA 和 TimeL。如果下列条件之一成立,则认为该报文在时间窗口之外。

(1) BootsL 为最大值 2147483647。

(2) BootsA 与 BootsL 的值不同。

(3) TimeA 与 TimeL 的值相差大于＋/－150 秒。

当无权威的 SNMP 引擎收到一个认证报文时，从其中提取 msgAuthoritativeEngineBoots 和 msgAuthoritativeEngineTime 字段的新值，分别记为 BootsA 和 TimeL。如果下列条件之一成立，则引起下面的重同步过程：置 BootL＝BootA，置 TimeL＝TimeA。

(1) BootsA 大于 BootsL。

(2) BootsA 等于 BootsL，而 TimeA 大于 TimeL。

当无权威的 SNMP 引擎认证报文时，如果下列条件之一的成立，则认为该报文在时间窗口之外。

(1) BootsL 为最大值 2147483647。

(2) BootsA 小于 BootsL 的值。

(3) BootsA 与 BootsL 的值相等，而 TimeA 与 TimeL 的值为 150 秒。

值得注意的是，时间序列的验证必须使用认证协议，否则从报文中得到的 msgAuthoritativeEngineBoots 和 msgAuthoritativeEngineTime 就不可靠了。

2. 认证协议

(1) 认证机制确保管理站和 Agent 之间的通信是可信的：Agent 收到的请求报文是报文中所声明的管理站发送的；管理站接收到响应报文是它所希望的目标 Agent 所响应的；保证消息的完整性，在传输过程中没有被篡改。

(2) 通过时间窗的机制，防止重放。

(3) 认证协议：HMAC-MD5 或者 HMAC-SHA。

(4) 基本原理是双方共享一个私有密钥，发送方使用此密钥来创建一个 Message Authentication Code(MAC)，接收方使用认证密钥来计算出此 MAC，如果与发送方的 MAC 互相匹配，该消息就通过了认证。

所谓的 MAC 是指报文认证码(Message Authentication Code)。MAC 通常用于共享密钥的两个实体之间，这里的 MAC 机制使用散列(Hash)函数作为密码，所以叫做 HMAC。HMAC-MD5-96 认证协议就是使用散列函数 MD5 的报文认证协议，输入的报文摘要长度为 96 位，认证服务如图 4-47 所示。

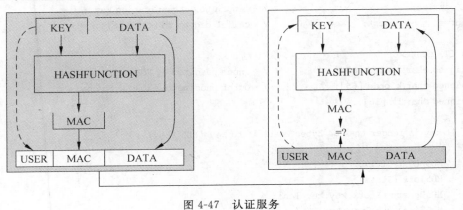

图 4-47　认证服务

3. MAC-MD5-96 协议

HMAC-MD5-96 是 USM 必须支持的第一个报文摘要认证协议。这个协议可以验证报文的完整性，还可以验证数据源的有效性。实现这个协议涉及下列变量：

\<USM\>表示用户名字的字符串；

\<authKey\>用户用于计算认证码的密钥，16 字节（128 位）长；

\<extendedAuthKey\>在 authKey 后面附加 48 个 0 字节，组成 64 个字节的认证码；

\<wholeMsg\>需要认证的报文；

\<msgauthenticationParameters\>计算出的报文认证码；

\<AuthenticatedWholeMsg\>完整的认证报文。

计算报文摘要的过程如下。

（1）把 msgauthenticationParameters 字段置为 12 个 0 字节。

（2）根据密钥 authKey 计算 K1 和 K2。

① 在 authKey 后面附加 48 个 0 字节，组成 64 个字节的认证码 extendedAuthKey。

② 重复 0x36 字节 64 次，得到 IPAD。

③ 把 extendedAuthKey 和 IPAD 按位异或（XOR），得到 K1。

④ 重复 0x5C 字节 64 次，得到 OPAD。

⑤ 把 extendedAuthKey 和 OPAD 按位异或（XOR），得到 K2。

（3）把 K1 附加在 WholeMsg 后面，根据 MD5 算法计算报文摘要。

（4）K2 附加在第（3）步得到的结果后面，根据 MD5 算法计算报文摘要（16 字节），取前 12 个字节（96 位）作为最后的报文摘要，即报文认证码 MAC。

（5）用第（4）步得到的 MAC 代替 msgauthenticationParameters。

（6）返回 authenticatedWholeMsg 作为被认证了的报文。

为了说明 HMAC-MD5 算法，下面举出自 RFC2104 中的一个例子：

```
/ * Funtion:hamc_md5 * /
void
hamc_md5(text,text_len,key,key_len,digest)
unsigned char * text;            / * pointer to data stream * /
int text_len;                    / * length of data stream * /
unsigned char  * key;            / * pointer to authentication key * /
int key_len;                     / * length to authentication key * /
caddr_t        digest;           / * caller digest to be filled in * /
{
MD5_CTX context;
Unsigned char k_ipad [65];       / * inner padding key XORd with ipad * /
Unsigned char k_opad [65];       / * outer padding key XORd with opad * /
Unsigned char tk [16];
int i;
/ * if key is longer than 64 bytes reset it to key = MD5 (key)  * /
  If (key_len > 64)  {
      MD5_CTX    tctx;
      MD5Init (&tctx);
      MD5Update (&tctx,key,key_len);
      MD5Final (tk &tctx);
```

```
        Key = tk;
        Key_len = 16;
    }
    / * the HMAC_MD5 transform looks like:
     * MD5 (K XOR opad, MD5 (K XOR ipad, text))
     * where K is an n byte key
     * ipad is the byte 0x36 repeated 64 times
     * opad is the byte 0x5c repeated 64 times
     * and text is the data being protected
     * /

/ * start out by storing key in pads * /
bzero (k_ipad, sizeof k_ipad);
bzero (k_opad, sizeof k_opad);
bcopy (key, k_ipad, key_len);
bcopy (key, k_opad, key_len);

/ * XOR key with ipad and opad values * /
for (i = 0; i < 64; i ++ ) {
    k_ipad [i]^ = 0x36;
    k_opad[i]^ = 0x5c;
}
                                  / * perform inner MD5 * /
MD5Init (&context);               / * init context for 1st pass * /
MD5Update(&context, k_ipad, 64)   / * start with inner pad * /
MD5Update(&context, text, text_len);  / * then text of datagram * /
MD5Final(digest, &context);       / * finish up 1st pass * /
                                  / * perform outer MD5 * /

MD5Init (&context);               / * init context for 2nd pass * /
MD5Update (&context, k_opad, 64); / * start with outer pad * /
MD5Update (&context, digest, 16); / * then results of 1st hash * /
MD5Final (digest, &context);      / * finsh up 2nd pass * /
}
```

下面是用实际的字符串进行测试的结果：

```
Text Vectors(Trailing'\0' of a character string not include in test);
    key =        0x0b0b0b0b0b0b0b0b0b0b0b0b0b0b0b0b
    key_len =    16 bytes
    data =       "Hi There"
    data_len =   8 bytes
    digest =     0x9294727a3638bb1c13f48ef8158bfc9d

    key =        "Jefe"
    data =       "what do ya want for nothing ?"
    data_len =   28 bytes
    digest =     0x750c783e6zb0b503eaa86e310a5db738

    key =        0xAAAAAAAAAAAAAAAAAAAAAAAAAAAAAAAA
    key_len =    16 bytes
```

```
data =          0DDDDDDDDDDDDDDDDDDDD...
                ..DDDDDDDDDDDDDDDDDDDD...
                ..DDDDDDDDDDDDDDDDDDDD...
                ..DDDDDDDDDDDDDDDDDDDD...
                ..DDDDDDDDDDDDDDDDDDDDD
Data_len =      50 bytes
digest =        0x56be34521d144c88dbb8c733f0e8b3f6
```

4. HMAC-SHA-96 认证协议

HMAC-SHA-96 是 USM 必须支持的第二个认证协议,与前一个协议不同的是它是用 SHA 三列函数作为密码。计算 160 位的报文摘要,然后截取前 96 位作为 MAC,这个算法使用的 authKey 为 20 个字节的认证码。

5. CBC-DES 对称加密协议

加密范围:消息报文中 PDU 部分。

加密协议:CBC-DES。

加密模式如图 4-48 所示。

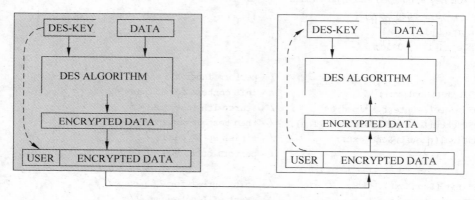

图 4-48   加密模式

这是为 USM 定义的第一个加密协议,以后还可以增加其他的加密协议。数据的加密使用 DES 算法,使用 56 位的密钥,按照 CBC(Cipher Block Chaining)模式对 64 位长的明文块进行替代和换位,最后产生的密文也被分成 64 位的块。在进行加密之前先要对用户的私有密钥(16 字节长)进行一些变换,产生数据加密用的 DES 密钥和初始化矢量(Initialization Vector,IV)。

(1) 把 16 字节的私有密钥的前 8 个字节用作 DES 密钥。由于 DES 密钥只有 56 位长,所以每一字节的最低位被丢掉。

(2) 私有密钥的后 8 个字节作为预初始化矢量 pre-IV。

(3) 把加密引擎维护的 snmpEngineBoots(4 字节长)和加密引擎维护的一个 32 位整数级连起来,形成 8 字节长的 salt。

(4) 对 salt 和 pre-IV 进行异或运算(XOR),得到初始化矢量 IV。

(5) 对加密引擎维护的 32 位整数加 1,使得每一个报文用的 32 位整数都不同。

加密过程如下。

(1) 被加密的数据是一个字节串,其长度应该是 8 的整数倍,如果不是,则应附加上需要的数据,实际附加什么值则无关紧要。

（2）明文被分成 64 位的块。

（3）初始化矢量作为第一个密文块。

（4）把下一个明文块与前面产生的密文块进行异或运算。

（5）把前一步的结果进行 DES 加密,产生对应的密文块。

（6）返回第（4）步,直到所有的明文块被处理完。

解密过程如下。

（1）验证明文的长度,如果不是 8 字节的整数倍,则解密过程停止,返回一个错误。

（2）解密第一个明文块。

（3）把上一步的结果与初始化矢量进行异或,得到第一个明文块。

（4）把下一个密文块解密。

（5）把上一步与前面的密文块进行异或运算,产生对应的明文块。

（6）返回第（4）步,直到所有的密文块被处理完。

6. 密钥的局部化

用户通常使用可读的 ASCII 字符串作为口令字(Password),所谓的密钥局部化就是把用户的口令字变换成他/她与一个有权威的 SNMP 引擎共享的密钥。虽然用户在整个网络中可能只使用一个口令,但是通过密钥局部化以后,用户与每一个有权威的 SNMP 引擎共享的密钥都是不同的。这样的设计可以防止一个密钥值的泄漏对其他有权威的 SNMP 引擎造成危害。

密钥局部化过程的主要思想是把口令字和相应的 SNMP 引擎表示作为输入,运行一个散列函数(例如,MD5 或 SHA),得到一个固定长度的伪随机序列,作为加密密钥。其操作步骤如下。

（1）首先把口令字重复级连若干次,形成 1 兆字节的位组串。这一步的目的是防止字典攻击。

（2）对第（1）步形成的位组串运行一个散列函数,得到 ku。

（3）把相应的 SNMP 引擎的 snmpEngineID 附加在 ku 之后,然后再附加上一个 ku（即两个 ku 中间夹着一个 snmpEngineID）,对整个字符串再一次运行散列函数,得到 64 位的 kul,这就是用户和 SNMP 引擎共享的密钥。

下面给出的算法使用 MD5 作为散列函数（当然也可以用 SHA 作为散列函数）：

```
void  password_to_key_md5(
 u_char * passedword,                    /* IN */
 u_int passwordlen,                      /* IN */
 u_char * engineID,                      /* IN - pointer to snmpEngineID */
 u_int engineLength,                     /* IN - length of snmpengineID */
 u_char * key)                           /* OUT - pointer to caller 16 - octet buffer */
{
 MD5_CTX     MD;
 u_char      * cp, password_buf [64];
 u_long      password_index = 0;
 u_long      count = 0, i;
```

```
        MD5Init (&MD);                                        /* initialize MD5 */

    /********************************************************************/
    /*            Use while loop until we've done 1 Megabyte            */
    /********************************************************************/
    While (count < 1048576) {
     cp = password_buf;
     for ( i = 0;i < 64;i ++ ) {
/********************************************************************/
/*            Take the next octet of the password ,wrapping        */
/*            to the beginning of the password as necessary.       */
/********************************************************************/
          * cp ++ = password[password_index ++ % passwordlen];
          }
          MD5Update (&MD,password_buf ,64);
          count += 64;
        }
    MD5Final (key,&MD);                                    /* tell   MD5 we're done */


    /********************************************************************/
    /*        Now localize the key with the engineID and pass          */
    /*        through MD5 to poduce final key                          */
    /*        May want to ensure that engine that engineLength < = 32   */
    /*        otherwise need to use a buffer larger than 64            */
    /********************************************************************/
    memcpy (password_buf.key,16);
    memcpy(password_buf + 16,engineID,engineLength);
    memcpy (password_buf + 16 + engineLength,key,16);

    MD5Init (&MD);
    MD5Update (&MD,password_buf,32 + engineLength);
    MD5Final (key,&MD);
    return;
    }
```

7. 密钥的更新

密钥修改越频繁,越不容易泄露,所以要经常(每天或每周)改变密钥的值。密钥更新算法定义在文本约定 KeyChange 中。假设有一个老密钥 KeyOld 和一个单项散列算法 H(例如,MD5 或 SHA),以及将要使用的新密钥 keyNew,则进行下面的步骤。

(1) 通过一个(伪)随机数产生器生成一个随机值 R。

(2) 把 R 和 keyOld 作为散列函数 H 的输入,计算出临时变量 T 的值。

(3) 对 T 和 keyNew 进行异或运算(XOR),产生一个 delta。

(4) 把 R 和 delta 发送给一个远程引擎。

远程接收引擎执行相反的过程,由 keyOld、接收到的随机值 R 和 delta 计算出新密钥值。

(1) 把临时变量 T 初始化为 keyOld。

(2) 把 T 和接收到的随机值 R 作为散列算法 H 的输入,计算结果作为新的 T 值。

（3）把 T 与接收到的 delta 进行异或（XOR），生成新密钥 keyNew。

如果窃听者得到了 R 和 delta，但是不知道老密钥 keyOld，他就无法计算新密钥。相反如果 keyOld 被泄露，而且窃听者可以随时监视网络通信，获取每一个传送 R 和 delta 的报文，那他就能够不断计算出新的密钥，所以对待这样的攻击还是无能为力的。设计者建议：发送 R 和 delta 的报文要用老密钥进行加密。这样，窃听者就只能用被密钥保护的信息来确定该密钥的值了。

4.9　SNMP 基本操作

1. MIB Browser（编译 MIB）步骤

编译 MIB 菜单如图 4-49 所示。

（1）选择图 4-50 所示的窗口中的 MIB 文件（可一次选择多个 MIB 文件）。

（2）编译 MIB 文件（可一次编译多个 MIB 文件）。

（3）查看图 4-50 所示窗口中的编译信息，确保编译正确。

（4）弹出编译后的模块保存框。

（5）MIB 文件所在目录无汉字、无空格。

（6）模块间依赖关系。

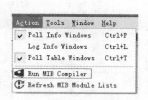

图 4-49　编译 MIB 菜单

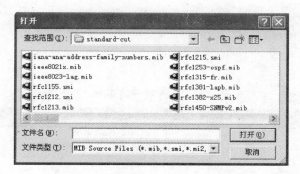

图 4-50　编译 MIB 信息提示

2. MIB Browser（MIB 装载）

MIB 装载操作界面及信息如图 4-51 所示。

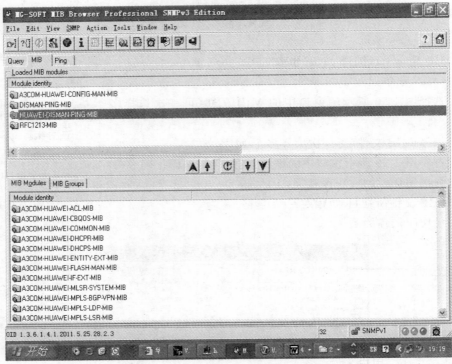

图 4-51 装载操作

3. MIB Browser（参数配置）

MIB Browser 参数配置如图 4-52 所示。

4. MIB Browser（参数配置 SNMPv1/v2）

（1）协议：SNMPv1。

（2）Port number：SNMP 的端口号，默认 161。

（3）Read community：只读团体字，默认 public。

（4）Write community：读写团体字，默认 private。

（5）Timeout：超时时间，默认 5s。

（6）Retransmits：重试次数，默认 4。

（7）Get Bulk 参数设置如下。

① Non repeaters：不重复的索引，默认 0。

② Max repetitions：最大重复次数，默认 10。

这部分参数配置如图 4-53 所示。

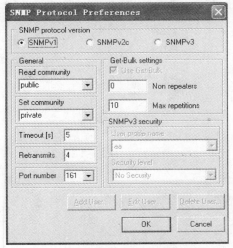

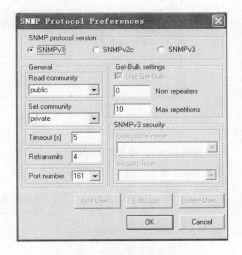

图 4-52　配置、修改 Agent Address　　　　　　图 4-53　配置 SNMPv1/v2

5. MIBBrowser（参数配置 SNMPv3）

配置 SNMPv3,如图 4-54 所示。其用户属性如下。

User Name：用户名称。

Auth Protocol：验证协议（MD5,SHA）。

Priv Protocol：加密协议（DES,IDEA）。

Auth Pass：验证密码。

Priv Pass：加密密码。

6. MIB Browser（MIB 操作）

MIB Browser 操作如图 4-55 所示,其中各项含义如下。

(1) Contact：检测一下是否可以和代理联系上,取代理 sysoid 的值。

(2) Walk：对选中节点下的子树进行遍历操作。

(3) Get：使用选中 MIB 节点的 OID 向代理发送 Get 操作,对父节点无效。

(4) Get Next：使用选中 MIB 节点的 OID 向代理发送 Get Next 操作。

(5) Get Bulk：使用选中 MIB 节点的 OID 向代理发送 Get Bulk 操作。

(6) Set：发送 Set 操作,对父节点无效。

(7) Table View：查看表信息,针对表节点和表的父节点有效。

(8) Find：在 MIB 树中查找一节点。

简单网络管理协议 SNMP

（9）Properties：查看 MIB 节点属性。

图 4-54　配置 SNMPv3

图 4-55　操作

7. Quidview DM（参数配置）

有关这部分的参数配置如图 4-56、图 4-57 所示。

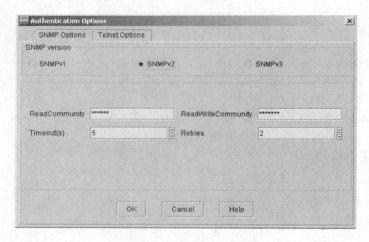

图 4-56　SNMPv1/v2 配置

8. Quidview DM（打开设备）

打开设备的操作步骤如下，操作界面如图 4-58 所示。

（1）输入设备 IP。

（2）选择 SNMP 配置。

（3）双击设备树中的所选设备。

（4）菜单颜色变绿为成功，否则失败。

9. Quidview DM（操作）

（1）注意 Quidview 与 MIB Browse 的区别。

（2）在 Quidview 中浏览、刷新等查看操作将涉及 Get/Get Next 操作；配置和修改涉及

图 4-57 SNMPv3 配置

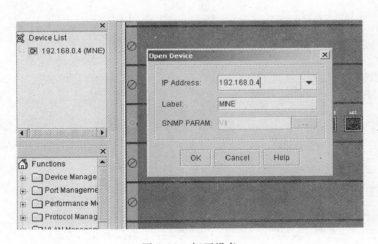

图 4-58 打开设备

Set 操作；Trap 操作在 DM 中体现不出来。

（3）DM 中不能接收 Trap 报文，只有在 NMF 中才能接收到。

选择要操作的对象，如图 4-59 所示。

10. Quidview DM（操作验证）

（1）如图 4-60 所示，使用抓包工具验证 snmp 基本操作：Get/Get Next/Set/Trap。

（2）Get/Get Next/Set 请求报文中，源端口任意，目的端口 161；应答报文中，源端口 161，目的端口任意。请求报文和应答报文分别如图 4-61 和图 4-62 所示。

（3）Trap 报文，源端口任意，目的端口 162。

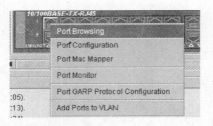

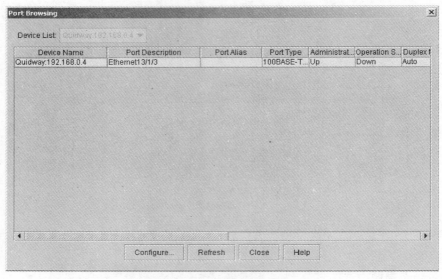

图 4-59 操作

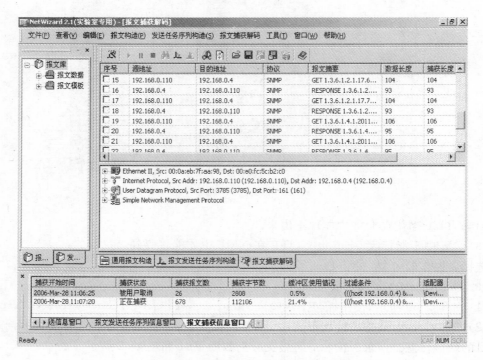

图 4-60 抓包工具 NetWizard

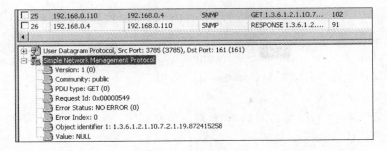

图 4-61　请求报文

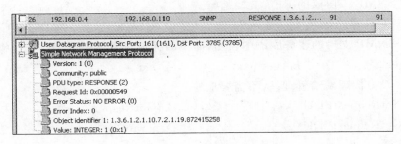

图 4-62　应答报文

4.10　习　　题

一、单项选择题

1. SNMP 的基础 SNMPv1 规范是由请求注解即 Internet 标准草案(　　)定义的。
   A. RFC1155　　　　B. RFC1157　　　　C. RFC1212　　　　D. RFC1213

2. 下列叙述正确的是(　　)。
   A. SNMP 不支持管理站改变管理信息库的结构。
   B. SNMP 管理站不能增加删除管理信息库中的管理对象实例。
   C. SNMP 管理站不能一次性访问一个子树。
   D. 以上都正确。

3. SNMP 报文在管理站和代理之间传送,代理的响应报文是(　　)。
   A. SetRequestPDU　　　　　　　　　B. GetResponse
   C. GetRequestPDU　　　　　　　　　D. TrapPDU

4. get 命令用于检索简单的标量对象,如果所有请求对象值中有一个对象值得不到,则响应实体返回的 GetResponsePDU 中错误状态字段的值不会是(　　)。
   A. noSuchName　　B. tooBig　　　　C. badValue　　　D. genError

5. 搜索表对象或检索变量名指示的下一个对象实例用(　　)命令。
   A. get　　　　　　B. get-next　　　C. set　　　　　　D. trap

6. 假定由网络管理站向代理发送下面的命令

```
SetRequest (ipRouteDest.10.1.2.3 = 10.1.2,
            ipRouteMetric.10.1.2.3 = 2,
            ipRouteNextHop.10.1.2.3 = 10.5.4.3)
```

因为对象标识符 ipRouteDest.10.1.2.3 不存在,所以代理拒绝执行这个命令,这时,管理站接收到的返回值为( )。

    A. tooBig   B. noSuchName   C. badValue   D. genError

7. 在 SNMP 协议中,团体名(Community)是用于( )。

    A. 确定执行环境

    B. 定义 SNMP 实体可访问的 MIB 对象子集

    C. 身份认证

    D. 定义上下文

8. 描述 SNMPv1 协议的 RFC 文档是( )。

    A. RFC1157   B. RFC1212   C. RFC1092   D. RFC1905

9. 使用 SNMP 支持的服务原语中,检索简单的标量对象值可以用( )操作。

    A. get   B. get-next   C. set   D. trap

10. ( )由代理发给管理站,不需要应答。

    A. SetRequestPDU   B. GetResponse

    C. GetRequestPDU   D. TrapPDU

二、填空题

1. SNMP 只支持对管理对象值的检索和修改等简单操作,_____操作的功能是用于检索管理信息库中标量对象的值,get 操作的功能是管理站用于设置_____中_____的值;_____操作的功能是代理用于向管理站报告对象的状态变化。

2. 在 SNMP 管理中,管理站和代理之间的交换信息构成了 SNMP 报文,报文由三部分组成,即_____、_____和_____。

3. SNMP 的团体名是一个和多个管理站之间的_____和_____关系。一个团体的_____和_____组合称为团体的形象。团体和团体形象的组合称为_____。

4. get 命令用于设置或更新变量的值,它的 PDU 格式与_____命令相同,但是变量绑定表中必须包含要设置的_____和_____。

5. trap 命令是由代理向管理站发出的_____的实践报告,不需要_____报文。

6. 由代理向管理站发出的异步事件报告是_____。

7. SNMP 报文由版本号、团体名和_____三部分组成。

8. SNMP 团体(Community)是用来控制代理和管理站之间的认证和访问控制关系的。允许访问的团体名是在_____一侧定义的。

9. 轮询是管理站定期向其管辖的所有代理搜集信息的一种方法。在报文处理时间、网络延时、轮询间隔不变的情况下,代理数目越多,轮询频率就越_____。

10. 假定对象标识符为 x,该对象所在的表在某一行的 k 个检索对象值分别为(i1),(i2),…,(ik),则该对象在该行的实例标识符是_____。

三、简述题

1. SNMPv1 支持哪些管理操作?对应的 PDU 格式如何?

2. SNMPv1 报文采用什么样的安全机制?这种机制有什么优缺点?

3. 举例说明如何检索一个简单对象,如何检索一个表对象。

4. 怎样利用 GetNext 命令检索未知对象?

5. 如何更新和删除一个表对象？

6. 试描述数据加密、身份验证、数字签名和消息摘要在网络安全中的作用,这些安全工具能对付哪些安全威胁？

7. SNMPv2 对 SNMPv1 进行了哪些扩充？

8. SNMPv2 对计数器和计数器类型的定义做出了哪些改进？这些改进对网络管理有什么影响？

9. 举例说明不同类型的索引对象如何用作表项的索引。

10. 在表的定义中,AUGMENTS 子句的作用是什么？

11. 允许生成和删除的表与不允许生成和删除的表有什么不同？

12. 试描述生成表项的两种方法。

13. SNMPv2 管理信息库增加了哪些新的对象？

14. 试描述 SNMPv2 的 3 种检索操作的工作过程。

15. SNMPv2 的操作管理框架由哪些部分组成？它们对管理操作的安全有什么作用？

16. 管理站之间的通信有什么意义？需要哪些管理信息的支持？

17. 试描述 SNMPv2 加密报文的发送和接收过程。

四、综合题

1. 假设有一个 LAN,每 20min 轮询所有被管理设备一次,管理报文处理时间是 99ms,网络延时 2ms,没有产生明显的网络拥挤。管理站最多可以支持的代理设备数是多少？

2. 假设有一个 LAN,管理报文的处理时间是 99ms,网络延时为 2ms,没有产生明显的网络拥挤。有 600 个网络设备时,最小的轮询时间间隔是多长时间？

第 5 章　远程网络监控 RMON

SNMP 作为一个基于 TCP/IP 并在 Internet 中应用最广泛的网管协议,网络管理员能使用 SNMP 监视和分析网络运行情况。不过 SNMP 也有一些明显的不足之处:由于 SNMP 使用轮询采集数据,在大型网络中轮询会产生巨大的网络管理报文,从而导致网络拥塞;SNMP 仅提供一般的验证,不能提供可靠的安全确保;不支持分布式管理,而采用集中式管理。由于只由网管工作站负责采集数据和分析数据,所以网管工作站的处理能力可能成为瓶颈。

为了提高传送管理报文的有效性,减少网管工作站的负载,满足网络管理员监视网段性能的需求,IETF 研发了远程网络监控(Remote Network Monitoring,RMON),用以解决 SNMP 在日益扩大的分布式互联中所面临的局限性。

RMON 是对 SNMP 标准的重要补充,是简单网络管理向互联网管理过渡的重要步骤。RMON 扩充了 SNMP 的管理信息库 MIB-2,可以提供有关互联网管理的主要信息,在不改变 SNMP 协议的条件下增强了网络管理的功能。

这一章首先介绍 RMON 的基本原理,然后讲述远程网络监控的两个标准 RMON1 和 RMON2 的管理信息库,以及这些管理对象在网络管理中的应用。

5.1　RMON 的基本原理

远程网络监控(RMON)是个标准监视规范,它能使各种网络监视器和控制台系统之间交换网络监视数据。RMON 为网络管理员选择符合特别网络需求的控制台和网络监视探测器提供了更多的自由。RMON 首先实现了对异构环境进行一致的远程管理,为通过端口远程监视网段提供了解决方案。主要实现对一个网段乃至整个网络的数据流量的监视功能,目前已成为成功的网络管理标准之一。RMON 有两种版本:RMON v1 和 RMONv2。RMON v1 在目前使用较为广泛的网络硬件中都能发现,它定义了 9 个 MIB 组服务于基本网络监控;RMON v2 是 RMON v1 的扩展,专注于 MAC 层以上更高的流量层,它主要强调 IP 流量和应用程序层流量。RMON v2 允许网络管理应用程序监控所有网络层的信息包,与 RMON v1 不同,后者只允许监控 MAC 及其以下层的信息包。RMON 协议结构如图 5-1 所示。

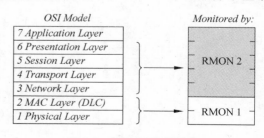

图 5-1　RMON 协议结构

RMON 标准使 SNMP 更有效、更积极主动地监测远程设备,网络管理员能更快地跟踪网络、网段或设备出现的故障。RMON MIB 的实现能记录某些网络事件,能记录网络性能数据和故障历史,能在所有时候访问故障历史数据以有利于进行有效的故障诊断。使用这种方法减少了管理工作站同代理(Agent)间的数据流量,使简单而有力地管理大型网络成为可能。

RMON 监视器可用两种方法收集数据:一种是通过专用的 RMON 探测器(Probe),网管工作站直接从探测器获取管理信息并控制网络资源,这种方式能获取 RMON MIB 的全部信息;另一种方法是将 RMON 代理直接植入网络设备(路由器、交换机、HUB 等),使它们成为带 RMON Probe 功能的网络设施,网管工作站用 SNMP 的基本命令和其交换数据信息,收集网络管理信息,但这种方式受设备资源限制,一般不能获取 RMON MIB 的所有数据,大多数只收集 4 个组的信息。

MIB-2 能提供的只是关于单个设备的管理信息,例如,进出某个设备的分组数或字节数,而不能提供整个网络的通行情况。通常用于监视整个网络通信情况的设备叫做网络监视器(Monitor)或网络分析器(Analyzer)、探测器(Probe)等。监视器观察 LAN 上出现的每个分组,并进行统计和总结,给管理人员提供重要的管理信息。例如,出错统计数据(残缺分组数、冲突次数)、性能统计次数(每秒钟提交的分组数、分组大小的分布情况)等。监视器还能存储部分分组,供以后分析用。监视器也根据分组类型进行过滤并捕获特殊的分组。通常是每个子网配置一个监视器,并且与中央管理站通信,因此称为远程监视器,如图 5-2 所示。监视器可以是一个独立设备,也可以是运行监视器软件的工作站或服务器等。图中的中央管理站具有 RMON 管理能力,能够与各个监视器交换管理信息。RMON 监视器或探测器(RMONProbe)实现 RMON 管理信息库(RMON MIB)。这种系统与通常的 SNMP 代理一样包含一般的 MIB,另外还有一个探测器进程,提供与 RMON 有关的功能。探测器进程能够读/写本地的 RMON 数据库,并响应管理站的查询请求。以后也把 RMON 探测器称为 RMON 代理。

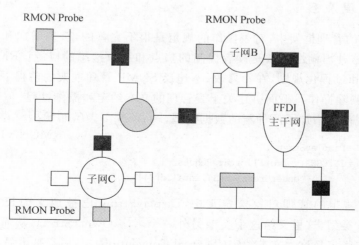

图 5-2　远程网络监控的配置

5.1.1 远程网络监控的目标

RMON 定义了远程网络监控的管理信息库,以及 SNMP 管理站与远程检测器之间的接口。一般地说,RMON 的目标就是监视子网范围内的通信,从而减少管理站和被管理系统之间的通信负担。更具体地说,RMON 有下列目标。

(1) 离线操作:必要时管理站可以停止对监视器的轮询,有限的轮询可以节省网络带宽和通信费用。即使不受管理站查询,监视器也要持续不断地收集子网故障、性能和配置方面的信息,统计和积累数据,以便管理站查询时提供管理信息。另外,在网络出现异常情况时监视器要及时报告管理站。

(2) 主动监视:如果监视器有足够的资源,通信负载也容许,监视器可以连续地或周期地运行诊断程序,收集并记录网络性能参数。在子网出现失效时通知管理站,给管理站提供有用的诊断故障信息。

(3) 问题监测和报告:如果主动监视消耗网络资源太多,监视器也可以被动地获取网络数据。可以配置监视器,使其连续观察网络资源的消耗情况,记录随时出现的异常条件(例如,网络拥挤),并在出现错误条件时通知管理站。

(4) 提供增值数据:监控器可以分析收集到的子网数据,从而减轻管理站的计算任务。例如,监视器可以分析子网的通信情况,计算出哪些主机通信最多,哪些主机出错最多,等等。这些数据的收集和计算由监视器来做,比由远处的管理站来做更有效。

(5) 多管理站操作:一个互联网可能有多个管理站,这样可以提高可靠性,或者分布地实现各种不同的管理功能。监视器可以配置得能够并发地工作,为不同的管理站提供不同的信息。

不是每一个监视器都能实现所有这些目标,但是 RMON 规范提供了实现这些目标的基础结构。

5.1.2 表管理原理

在 SNMPv1 的管理框架中,对表操作的规定是很不完善的,至少增加和删除表行的操作是不明确的。这种模糊性常常是读者提问的焦点和用户抱怨的根源。RMON 规范包含了一组文本约定和过程化规则,在不修改、不违反 SNMP 管理框架的前提下提供了明晰而规律的行增加和删除操作。下面讲述关于表管理的文本约定和操作过程。

在 RMON 规范中增加了两种新的数据类型,以 ASN.1 表示如下:

```
OwnerString::= DisplayString,
EntryStatus::= INTEGER{valid(1),createRequest,
                       underCreation(3),invalid(4)}
```

在 RFC1212 规定的管理对象宏定义中,DisplayString 已被定义为长 255 个字节的 OCTETSTRING 类型,这里又给这个类型另外一个名字 OwnerString,从而赋予了新的语义。FC1757 把这些定义称为文本约定(Textual Convention),其用意是增强规范的可读性。

在每一个可读/写的 RMON 表中都有一个对象,其类型为 OwnerString,其值为表行所有人或创建者的名字,对象名以 Status 结尾;RMON 的表中还有一个对象,其类型为 EntryStatus,其值表示行的状态,对象名以 Status 结尾。该对象用于行的生成、修改和删除。

RMON 规范中的表结构由控制表和数据表两部分组成。控制表定义数据表的结构,数据表用于存储数据。下面是控制表的一个例子,该控制表包含下面的列对象:

```
rm1 ControlTable OBJECT - TYPE
SYNTAX   SEQUENCE   OF rmlControlEntry
ACCESS not - accessible
STATUS mandatory
DESCRIPTION
"A control table."
:: = {exl 1 }
rm1ControlEntry   OBJECT - TYPE
SYNTAX   rm1ControlEntry
ACCESS not - accessible
STATUS mandatory
DESCRIPTION
"defines a parameter that Control a set of data table entries."
INDEX   {rm1ControlIndex}:: = {rm1ControlTable 1 }
rm1ControlEntry:: = SEQUENCE{
rm1ControlIndex         INTEGER,
rm1ControlParameter     Counter,
rm1ControlOwner         OwnerString,
rm1ControlStatus        RowStatus}
rm1ControlIndex   OBJECT - TYPE
SYNTAX   INTEGER,
ACCESS read - only,
STATUS mandatory
DESCRIPTION
"the value of this object uniquely
Identifies this rm1 Control entry."
:: = { rm1ControlEntry 1 }

rm1ControlParameter
SYNTAX   INTEGER,
ACCESS read - write,
STATUS mandatory
DESCRIPTION
"the value of this object characterizes
Datatable rows associated with this entry."
:: = { rm1ControlEntry 2}

rm1ControlOwner   OBJECT - TYPE
SYNTAX   OwnerString,
ACCESS read - write,
STATUS mandatory
DESCRIPTION
"the entry that configured this entry."
:: = { rm1ControlEntry 3}

rm1ControlStatus   OBJECT - TYPE,
```

```
        SYNTAX   entryStaus,
        ACCESS read - write,
        STATUS mandatory
        DESCRIPTION
        "the status of this rm1 Control entry."
        ∷ = { rm1ControlEntry 4}


        rm1 DataTable OBJECT - TYPE
        SYNTAX   SEQUENCE  OF rmlDataEntry
        ACCESS not - accessible
        STATUS mandatory
        DESCRIPTION
        "Adatatable."
        ∷ = {exl 2}


        rm1 DataEntry OBJECT - TYPE
        SYNTAX   rm1Datatable
        ACCESS not - accessible
        STATUS mandatory
        DESCRIPTION
        "A single data table entry."
        INDEX {rm1 DtaControlIndx, rm1 DataIndex}
        ∷ = {rm1 DataTable 1 }
        rm1 DataEntry ∷ = SEQUENCE{
        rm1DataControlIndex INTEGER,
        rm1DataIndex   INTEGER,
        rm1DataValue Counter}
        rm1DataControlIndex   OBJECT - TYPE
        SYNTAX   INTEGER,
        ACCESS read - only,
        STATUS mandatory
        DESCRIPTION
        "the control set of identified by a value of this index is the same control set identified by the
        same value of rm1 ControlIndex."
        ∷ = { rm1DataEntry 1 }
        rm1DataIndex   OBJECT - TYPE
        SYNTAX   INTEGER,
        ACCESS read - only,
        STATUS mandatory
        DESCRIPTION
        "An index that uniquely identifies a particular entry among all data entries associated with the
        same rm1 ControlEntry."
        ∷ = { rm1DataEntry2}
        rm1DataValue   OBJECT - TYPE
        SYNTAX   Conter,
        ACCESS read - only,
        STATUS mandatory
        DESCRIPTION
        "The value reported by this entry."
        ∷ = { rm1DataEntry 3}
```

（1）rm1ControlIndex：唯一地标识 rm1ControlTable 中的一个控制行，该控制行定义了 rm1ControlTable 中的一个数据行集合。集合中的数据行由 rm1ControlTable 的相应行控制。

（2）rm1ControlParameter：这个控制参数应用于控制行控制的所有数据行。通常那个有多个控制参数，而这个简单的表只有一个参数。

（3）rm1ControlOwner：该控制行的主人或所有者。

（4）rm1Controlstatus：该控制行的状态。

数据表由 rm1DataControlIndex 和 rm1DataIndex 共同索引。rm1DataControlIndex 的值与控制行的索引值 rm1ControlIndex 相同，而 rm1DataIndex 的值唯一地指定数据行集合中某一行。图 5-3 给出了这种表的一个实例。图中的控制表有 3 行，因而定义了数据表的 3 个数据行集合。控制表第一行的所有者是 monitor，按照约定这是指代理本身。控制行和数据行集合的关系已表示在图中。

rm1ControlTable

rm1ControlIndex	rm1Controlparameter	rm1Controlowner	rm1ControlStatus
1	5	monitor	Valid
2	26	Manager alpha	Valid
3	19	Manager beta	Valid

rm1DataTable

rm1DataControlIndex	rm1DataIndex	rm1DataValue
1	1	46
2	1	96
2	2	35
2	3	77
2	4	93
2	5	86
3	1	92
3	2	26

图 5-3　RMON 表的实例

1）增加行

管理站用 Set 命令在 RMON 表中增加新行，并遵循下列规则。

（1）管理站用 SetRequest 生成一个新行，如果新行的索引值与表中其他行的索引值不冲突，则代理产生一个新行，其状态对象的值为 createRequest(2)。

（2）新行产生后，由代理把状态对象的值置为 underCreation(3)。对于管理站没有设置新值的列对象，代理可以置为默认值，或者让新行维持这种不完整、不一致状态，这取决于具体的实现。

（3）新行的状态值保持为 underCreation(3)，直到管理站产生了所有要生成的新行。这时由管理站置每一行状态对象的值为 valid(1)。

（4）如果管理站要生成的新行已经存在，则返回一个错误。

以上算法的效果就是，在多个管理站请求产生同一概念行时，仅最先达到的请求成功，其他请求失败。另外，管理站也可以把一个已存在的行的状态对象的值由 invalid 改写为 valid，恢复旧行的作用，这等于产生了一个新行。

2）删除行

只有行的所有者才能发出 SetRequest PDU，把行状态对象的值置为 invalid(4)，这样就删除了行。这是否意味着物理删除，取决于具体的实现。

3）修改行

首先置行状态对象的值为 invalid(4)，然后用 SetRequest PDU 改变行中其他对象的值。图 5-4 给出了行状态的变化情况，图中的实线是管理站的作用，虚线是代理的作用。

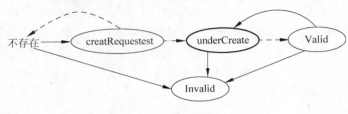

图 5-4 行状态的转换

5.1.3 多管理站访问

RMON 监视器应允许多个管理站并发的访问，当多个管理站访问时可能出现下列问题。

（1）多个管理站对资源的并发访问刚超过监视器的能力。

（2）一个管理站可能长时间占用监视器资源，使得其他站得不到访问。

（3）占用监视器资源的管理站可能崩溃，然而没有释放资源。

RMON 控制表中的列对象 Owner 规定了表行的所属关系，所属关系有以下用法，可以解决多个管理站并发地访问的问题。

（1）管理站知道自己需要及不再需要的资源。

（2）网络操作员可以知道管理站占有的资源，并决定是否释放这些资源。

（3）一个被授权的网络操作员可以单方面地决定是否释放其他操作员保有的资源。

（4）如果管理站经过了重启动过程，他应该首先释放不再使用的资源。

RMON 规范建议，所属标志应包括 IP 地址、管理站名、网络管理员的名字、地点和电话号码等。所属标志不能作为口令或访问控制机制使用。在 SNMP 管理框架中唯一的访问控制机制是 SNMP 视阈和团体名。如果一个可读/写的 RMON 控制指标出现在某些管理站的视阈中，则这些管理站都可以进行读/写访问。但是控制表行只能由其所有者改变或删除，其他管理站只能进行读访问。这些限制的实施已超出了 SNMP 和 RMON 的范围。

为了提供共享的功能，监视器通常配置一定的默认功能。定义这些功能的控制行的所有者是监视器，所属标志的字符串以监视器名打头，管理站只能以读方式利用这些功能。

5.2 RMON 管理信息库

RMON 规范定义了管理信息库 RMON MIB，它是 MIB-2 下面的第 16 个子树。RMON MIB 分为 10 组，如图 5-5 所示。存储在每一组中的信息都是监视器从一个或几个子网中统计和收集的数据。这 10 个功能组都是任选的，但事实显示有下列连带关系。

（1）实现警报组时必须实现事件组。

（2）实现最高 N 台主机组时必须实现主机组。

（3）实现捕获组时必须实现过滤组。

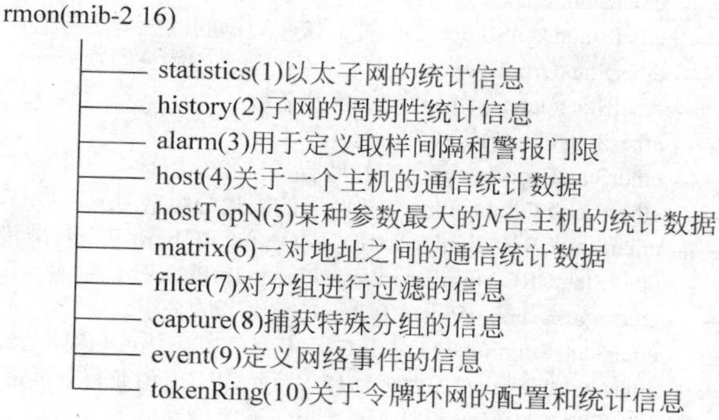

```
rmon(mib-2 16)
    ├── statistics(1)以太子网的统计信息
    ├── history(2)子网的周期性统计信息
    ├── alarm(3)用于定义取样间隔和警报门限
    ├── host(4)关于一个主机的通信统计数据
    ├── hostTopN(5)某种参数最大的N台主机的统计数据
    ├── matrix(6)一对地址之间的通信统计数据
    ├── filter(7)对分组进行过滤的信息
    ├── capture(8)捕获特殊分组的信息
    ├── event(9)定义网络事件的信息
    └── tokenRing(10)关于令牌环网的配置和统计信息
```

图 5-5　RMON MIB 子树

5.2.1　以太网的统计信息

RFC1757（Feb1995）定义的 RMON MIB 主要包含以太网的各种统计数据，以及有关分组捕获、网络事件报警方面的信息。这一节介绍有关以太网的统计信息方面的内容。

1. 统计组

统计组提供一个表，该表每一行表示一个子网的统计信息。其中的大部分对象是计数器，记录监视器从子网上收集到的各种不同状态的分组数。统计组的所有对象表示在图 5-6 中，并作了注释。其中两个不是计数器类型的变量解释如下。

（1）etherStatsIndex(1)：整数类型，表项索引，每一表项对应一个子网接口。

（2）etherStatsDataSource(2)：类型为对象标识符，表示监视器接收数据的子网接口，则 etherStatsDataSource 的值是 ifIndex.1。这样就把统计表与 MIB-2 接口组联系起来了。

图 5-6 中的对准错误是指非整数字节的分组。这个组只有 3 个变量是可读/写的，即 etherStatsDropEvents、etherStatsOwner 和 etherStatsStatus。为这 3 个变量设置不同的值，监视器就可以从不同的子网接口收集同样的信息。显然，这些子网必须是以太网。

把统计组与 MIB-2 接口组比较会发现，有些数据是重复的。但是统计组提供的信息分类更详细，而且是针对以太网特点设计的。

把统计组与 dot3 统计表比较会发现，也有些数据是相同的。但是统计的角度不一样，dot3 统计表是收集单个系统的信息，而统计组收集的是关于整个子网的统计数据。

这个组的很多变量对性能管理也是有用的，而变量 etherStatsDropEvents、etherStatsCRCAlignErrors 和 etherStatsUndersizePkts 对故障管理也很有用。如果对某些出错情况要采取措施，可以对变量 etherStatsDropEvents、etherStatsCRCAlignErrors 和 etherStatsUndersizePkt 分别设定门限值，超过门限后产生事件警报，以后我们还会详细讨论这个问题。

2. 历史组

历史组存储的是以固定间隔取样所获得的子网数据。该组由历史控制表和历史数据表组成。控制标定已被取样的子网接口编号，取样间隔大小，以及每次取样数据的多少，而数据表则用于存储取样期间获得的各种数据。这个表的细节画在图 5-7 中，并加上了注释。

Statistcs(rmon 1)
    etherStatsTable(1)
        etherStatsEntry(1)
            etherStatsIndex(1)索引，对应一个子网
            etherStatsDataSource(2)监视器接收数据的以太网接口
            etherStatsDropEvents(3)因资源不足而丢失的分组数
            etherStatsOctets(4)接收到的字节总数
            etherStatsPkts(5)接收到的分组总数
            etherStatsBroadcastPkts(6)接收到的广播分组数
            etherStatsMulticastPkts(7)接收到的组播分组数
            etherStatsCRCAlignErrors(8)接收到的CRC出错或有对准错误的分组数
            etherStatsCRCAlignErrorStatusUndersizePkts(9)不足64字节的分组数
            etherStatsoversizePkts(10)大于1518字节的分组数
            etherStatsFragment(11)不足64字节且CRC出错或有对准错误的分组数
            etherStatsJabbers(12)大于1518字节且CRC出错或有对准错误的分组数
            etherStatsCollisions(13)子网上发生冲突的次数
            etherStatsPkts64Octets(14)长度为64字节的分组数
            etherStatsPkts65To127Octets(15)65~127字节的分组数
            etherStatsPkts128 To255Octets(16)128~255字节的分组数
            etherStatsPkts256 To511Octets(17)256~511字节的分组数
            etherStatsPkts512 To1023Octets(18)512~1023字节的分组数
            etherStatsPkts1024 To1518Octets(19)1024~1518字节的分组数
            etherStatsOwner(20) 行的所有者
            etherStatsStatus(21)行的状态

图 5-6　RMON 统计图

history(rmon 2)
    historyControlTable(1)
    etherHistoryTable(2)
historyControlTable(1)
    historyControlEntry(1)
        historyControlIndex(1)索引
        historyControlDataSource(2)被采样接口编号
        historyControlBucketsRequested(3)请求的吊桶数(默认值为50)
        historyControlBucketGranted(4)实际得到的吊桶数
        historyControlInterval(5)采样间隔长度(默认值为1800秒)
        historyControlOwner(6)
        historyControlStatus(7)

etherHistoryTable(2)
    etherHistoryEntry(1)
        etherHistoryIndex(1)索引，与historycontrolIndex相同
        etherHistorySampleIndex(2)索引，唯一标识一个样品
        etherHistoryIntervalStart(3)采样开始时sysUpTime的值
        etherHistoryDrapEvents(4)因资源不足而丢弃的分组数
        etherHistoryOctets(5)接收到的字节总数
        etherHistoryPkts(6)接收到的分组总数
        etherHistoryBroadcastPkts(7)接收到的广播分组数
        etherHistoryMulticastPkts(8)接收到的组播分组数
        etherHistoryStatsCRCAlignErrors(9)接收到的CRC出错或有对准错误的分组数
        etherHistoryUndersizePkts(10)不足64字节的分组数
        etherHistoryoversizePkts(11)大于1518字节的分组数
        etherHistoryFragments(12)不足64且CRC出错或有对准错误的分组数
        etherHistoryJabbers(13)大于1518字节且CRC出错或有对准错误的分组数
        etherHistoryCollisions(14)冲突次数
        etherHistoryUtilization(15)表示子网利用率

图 5-7　RMON 历史组

历史控制表定义的变量 historyControlInterval 表示取样间隔长度,取值范围为 1～3600 秒,默认值为 1800 秒。变量 historyControlBucketGranted 表示可存储的样品数,默认值为 50。如果都取默认值,则每 1800 秒(30 分钟)取样一次,每个样品记录在数据表的一行中,只保留最近的 50 行。

数据表中包含与以太网统计表类似的计数器,提供关于各种分组的计数信息。与统计表的区别是这个表提供一定时间间隔之内的统计结果,这样可以做一些与时间有关的分析,例如,可以计算子网利用率变量 etherHistoryUtilization。如果计算出取样间隔(Interval)期间收到的分组数 Packets 和字节数 Octets,则子网利用率可计算如下:

$$(\text{Utilization} = \text{packets}(96 + 64) + \text{Octets} * 8) / \text{Interval} * 10$$

其中 10 表示数据速率为 10Mbps。以太网的帧间隔为 96 比特,帧前导字段 64 比特,所以每个帧有(96+64)比特的开销。

历史控制表和数据表的关系见图 5-8。控制表每一行有一个唯一的索引值,而各行的变量 historyControldatasource 和 historyControlInterval 的组合值都不相同。这意味着对一个子网可以定义多个取样功能,但每个功能的取样区间应不同。例如,RMON 规范建议,对每个被监视的接口至少应有两个控制行,一个行定义 30 秒钟的取样周期,另一个行定义 30 分钟的取样周期。短周期用于检测突发的通信事件,而长周期用于监视接口的稳定状态。

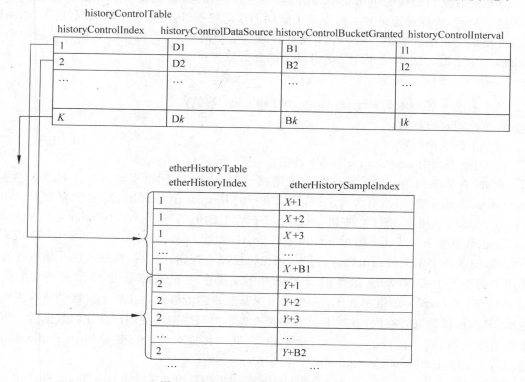

图 5-8 历史组控制表与数据表的关系

从图 5-8 可以看出,对应第 i 个($1<i<k$)控制行有 B_i 个数据行,这里 B_i 是控制变量 historyControlBucketGranted 的值。一般来说,变量 historyControlBucketGranted 的值由

监视器根据资源情况分配,但应与管理站请求的值 historyControlBucketRequest 相同或接近。每一个数据行(也称为吊桶 Bucket)保存一次取样中得到的数据,这些数据与统计表中的数据有关。例如,历史表中的数据 etherHistoryPkts 等于统计表中的数据 etherStutsPkts 在取样间隔结束时的值减去取样间隔开始时的值之差,如图 5-9 所示。

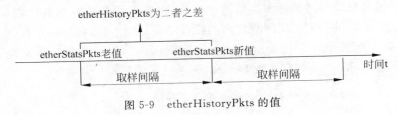

图 5-9　etherHistoryPkts 的值

当每一个取样间隔开始时监视器就在历史数据表中产生一行,行索引 etherHistoryIndex 与对应控制行的 HistoryControlIndex 相同,而 etherHistorySampleIndex 的值则加 1。当 etherHistorySampleIndex 的值增至与 historyControlBucketGranted 的值相等时,这一组数据行就当作循环使用的缓冲区,丢弃最老的数据行,保留 historyControlBucketGranted 最新的数据行。例如,图 5-9 中,第一组已丢弃了 X 个老数据行,第二组则丢弃了 Y 个老数据行。

3. 主机组

主机组收集新出现的主机信息,其内容与接口组相同,参见图 5-10。监视器观察子网上传送的分组,根据源地址和目标地址了解网上活动的主机,为每一个新出现(启动)的主机建立并维护一组统计数据。每一个空支行对应一个子网接口,而每一个数据行对应一个子网上的一个主机。这样,主机表 hostTable 的总行数为:

$$K = \sum Ni$$

其中：Ni＝控制表第 i 行 hostControlTableSize 的值;

K＝控制表的行数;

N＝主机表的行数;

i＝控制表索引 hostControlIndex 的值。

例如,在图 5-11 中,监视器有两个子网接口($K＝2$)。子网 X 与接口 1 相连(对应的 hostcontrolIndex 值＝1),有 3 台主机,所以该行的 hostcontrolTableSize 的值为 3($N1＝3$);子网 Y 与接口 2 相连,有 2 台主机,所以对应子网 Y 的值是 hostControlIndex＝2,$N2＝2$。

主机数据表 hostTable 的每一行由主机 MAC 地址 hostaddress 和接口号 hostindex 共同索引,记录各个主机的通信统计信息。当主机控制表控制好之后,监视器就开始检查各个子网上的分组。如果发现有新的源地址出现,就在主机数据表中增加一行,并且把 hostcontrolTableSize 的值增加 1。理想的情况是监视器能够保存接口上发现的所有主机的数据,但监视器的资源有限,有时不得不按先进先出的顺序循环使用已建立的数据行。当一个新行加入时,同一接口的一个老行被删除,与同一接口有关的行变量 hostCreationOrder 的值减 1,而新行的 hostCreationOrder 值为 Ni。

主机时间表 hostTimeTable 与 hostTable 内容相同,但是以发现时间 hostTimeaCreationOrder 排序的,而不是以主机的 MAC 排序的。这个表有两种重要应用。

(1) 如果管理站知道表的大小和行的大小,就可以用最有效的方式把有关的管理信息装入 SNMP 的 Get 和 GetNext PDU 中,这样检索起来更快捷、更方便。由于该表是以

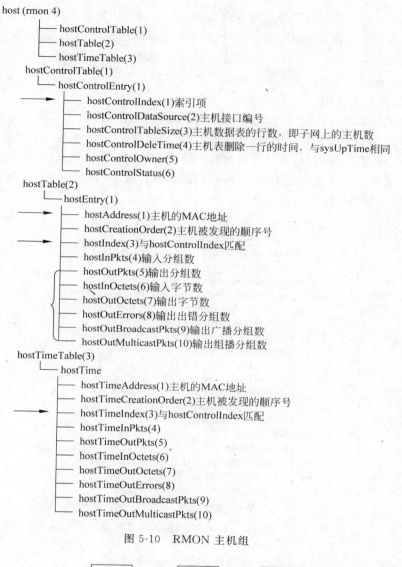

host (rmon 4)
├── hostControlTable(1)
├── hostTable(2)
└── hostTimeTable(3)

hostControlTable(1)
└── hostControlEntry(1)
    → ├── hostControlIndex(1)索引项
       ├── hostControlDataSource(2)主机接口编号
       ├── hostControlTableSize(3)主机数据表的行数，即子网上的主机数
       ├── hostControlDeleTime(4)主机表删除一行的时间，与sysUpTime相同
       ├── hostControlOwner(5)
       └── hostControlStatus(6)

hostTable(2)
└── hostEntry(1)
    → ├── hostAddress(1)主机的MAC地址
       ├── hostCreationOrder(2)主机被发现的顺序号
    → ├── hostIndex(3)与hostControlIndex匹配
       ├── hostInPkts(4)输入分组数
       ├── hostOutPkts(5)输出分组数
       ├── hostInOctets(6)输入字节数
       ├── hostOutOctets(7)输出字节数
       ├── hostOutErrors(8)输出出错分组数
       ├── hostOutBroadcastPkts(9)输出广播分组数
       └── hostOutMulticastPkts(10)输出组播分组数

hostTimeTable(3)
└── hostTime
       ├── hostTimeAddress(1)主机的MAC地址
       ├── hostTimeCreationOrder(2)主机被发现的顺序号
    → ├── hostTimeIndex(3)与hostControlIndex匹配
       ├── hostTimeInPkts(4)
       ├── hostTimeOutPkts(5)
       ├── hostTimeInOctets(6)
       ├── hostTimeOutOctets(7)
       ├── hostTimeOutErrors(8)
       ├── hostTimeOutBroadcastPkts(9)
       └── hostTimeOutMulticastPkts(10)

图 5-10　RMON 主机组

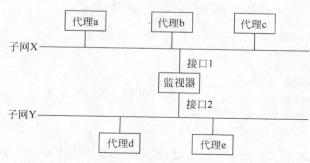

图 5-11　RMON 计数器配置的例子

host-TimeCreationOrder 由小到大的顺序排列的，所以应答的先后顺序不会影响检索的结果。

（2）这个表的结构方便了管理站找出某个接口上最新出现的主机，而不必查阅整个表。

主机组的两个数据表实际上是同一个表的两个不同的逻辑视图，并不要求监视器实现两个数据重复的表。另外，这一组的信息与 MIB-2 的接口组是相同的，但是这个组的实现也许更有效：暂时不工作的主机并不占用监视器资源。

4. 最高 N 台主机组

这一组记录某种参数最大的 N 台主机的有关信息，这些信息的来源是主机组。在一个取样间隔中为一个子网上的一个主机组变量收集到的数据集合称为一个报告。可见，报告是针对某个主机组变量的，是那个变量在取样间隔中的变化率。最高 N 台主机组提供的是一个子网上某种变量变化率最大的 N 台主机的信息。这个组包含一个控制表和一个数据表，画在了图 5-12 中，并加上了注释。

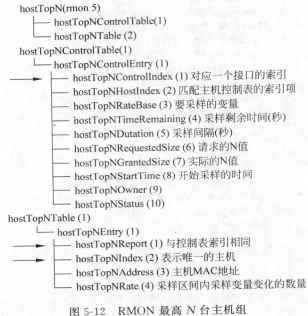

图 5-12　RMON 最高 N 台主机组

变量 hostTopNRateBase 为整数类型，可取下列值之一：

```
INTEGER { hostTopNInPkts (1),
         hostTopNOutPkts  (2),
         hostTopNOctets  (3),
         hostTopNOutOctets  (4),
         hostTopNOutErrors  (5),
         hostTopNOutBroadcastPkts  (6),
         hostTopNOutMulticastPkts  (7)}
```

hostTopNRateBase 定义了要采样的变量，实际上就是主机组中统计的 7 个变量之一。数据表变量 hostTopNRate 记录的是上述变量的变化率。报告准备过程如下：开始时管理站生成一个控制行，定义一个新的报告，此时监视器计算一个主机组变量在取样间隔结束和开始时的值之差。取样间隔长度（秒）存储在变量 hostTopNDutation 和 hostTopNTimeRemaining 中。在取样开始后 hostTopNDutation 保持不变，而 hostTopNTimeRemaining 递减，记录采样剩余时间。当剩余时间减到 0 时，监视器计算最后结果，产生 N 个数据行的报告。报告由变量 hostTopNIndex 索引，N 个主机以计算的变量值递减的顺序排列。报告产生后管理站以只读方式访问。如果管理站需要产生新报告，则可以把变量 hostTopNTimeRemaining 置为与 hostTopNDutation 的值一样，这样原来的报告被删除，又开始产生新的报告。

5. 矩阵组

　　这个组记录子网中一队主机之间的通信量，信息以矩阵的形式存储。矩阵组表示在图 5-13 中，并加上了注释。

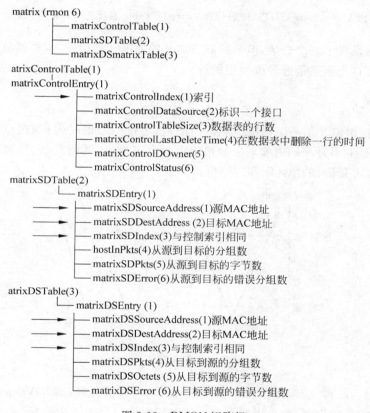

图 5-13　RMON 矩阵组

　　矩阵组由 3 个表组成。控制表的一行指明发现主机对会话的子网接口，其中的变量 matrixControlTableSize 定义了数据表的行数，而变量 matrixControlLastDeleteTime 说明数据表行被删除的时间，与 MIB-2 的变量 sysUpTime 相同。如果没有删除行，matrixControlLastDeleteTime 的值为 0。

　　数据表分成源到目标（SD）和目标到源（DS）两个表，它们的行之间的逻辑关系表示在图 5-14 中。SD 表首先由 matrixSDIndex 索引，然后由源地址索引，最后由目标地址索引。而 DS 表首先由 matrixDSIndex 索引，然后由目标地址索引，最后由源地址索引。

　　如果监视器在某个接口上发现了一对主机会话，则在 SD 表中记录两行，每行表示一个方向的通信。DS 表也包含同样的两行信息，但是索引的顺序不同。这样，管理站可以检索到一个主机向其他主机发送的信息，也容易检索到其他主机向某一个主机发送的信息。

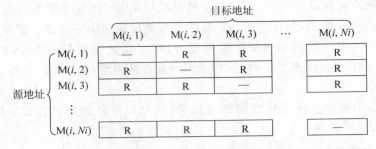

图 5-14 matrixSDTable 表行和 matrixDSTable 表行之间的逻辑关系

如果监视器发现了一个会话,但是控制表定义的数据行已用完,监视器就需要删除现有的行。标准规定首先删除最近最少使用的行。

5.2.2 警报

RMON 警报组定义了一组网络性能的门限值,超过门限值时向控制台产生报警事件。显然,这一组必须和事件组同时实现。警报组由一个表组成,见图 5-15,该表的一行定义了一种警报:监视的变量、采样区间和门限值。

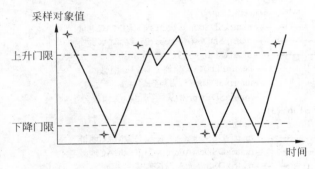

图 5-15 警报的例子

采样类型分为两种:absoluteValue(1)表示直接与门限值比较;deltaValue(2)表示相减后比较,所以比较的是变化率,称为增量报警。关于行生效后是否产生报警,alarmStartupAlarm 的取值有下面 3 种。

(1) risingAlarm(1):该行生效后第一个采样值≥上升门限(RisingThreshold),产生警报。

(2) fallingAlarm(2):该行生效后第一个采样值≤下降门限(FallingThreshold),产生警报。

(3) risingOrFallingAlarm(3):该行生效后第一个采样值≥上升门限或者≤下降门限,产生警报。

警报组定义了下面的报警机制。

(1) 如果行生效后的第一个采样值≤上升门限,而后来的一个采样值变得≥上升门限,则产生一个上升警报。

(2) 如果行生效后的第一个采样值≥上升门限,且 alarmStartupAlarm＝1 or 3,则产生一个上升警报。

（3）如果行生效后的第一个采样值≥上升门限，且 alarmStartupAlarm＝2，则当采样值落回上升门限后又变得≥上升门限时则产生一个上升警报。

（4）产生一个上升警报后，除非采样值落回上升门限到达下降门限，并且又一次到达上升门限，否则将不再产生上升警报。

对下降警报的规则是类似的。这个规则的作用是避免信号在门限附近波动时产生很多报警，加重网络负载，形象地称为 hysteresis 机制。图 5-16 给出了一个报警的例子，本例中 alarmStartupAlarm＝1 or 3，画星号的地方应产生警报。

关于增量报警方式（采样类型为 deltaValue），RMON 规范建议每个周期应采样两次，把最近两次采样值与门限比较，这样可以避免漏报超过门限的情况。试看下面的例子：

时间（秒）	0	10	20
观察的值	0	19	32
增量值	0	19	13

如果上升门限是 20，则不报警。但是按双重采样规则，每 5 秒观察一次，则有：

时间（秒）	0	5	10	15	20
观察的值	0	10	19	30	32
增量值	0	10	9	11	2

可见，在 15 秒时连续两次取样的和是 20，已达到报警门限，应产生一个报警事件。

5.2.3 过滤和通道

过滤组提供一种手段，使得监视器可以观察接口上的分组，通过过滤选择出某种指定的特殊分组。这个组定义了两种过滤器：数据过滤器是按位模式匹配，即要求分组的一部分匹配或不匹配指定的位模式；而状态过滤器是按状态匹配，即要求分组具有特定的错误状态（有效，CRC 错误等）。各种过滤器可以用逻辑运算（AND、OR 等）来组合，形成复杂的测试模式。一组过滤器的组合称为通道（Channel）。可以对通过通道测试的分组计数，也可以配置通道使得通过的分组产生事件（由事件组定义），或者使得通过的分组被捕获（由捕获组定义）。通道的过滤逻辑是相当复杂的，下面首先举例说明过滤逻辑。

1. 过滤逻辑

我们定义与测试有关的变量：

- input   被过滤的输入分组
- filterPktData   用于测试的位模式
- filterPktDataMask   要测试的有关位的掩码
- filterPktDataNotMask   指示进行匹配测试或不匹配测试

下面分步骤进行由简单到复杂的位模式测试。

（1）测试输入分组是否匹配位模式，这需要进行逐位异或：

```
if ( input ^ filterPktData == 0 ) filterResult = match;
```

（2）测试输入分组是否不匹配位模式，这也需要逐位异或：

```
if ( input ^ filterPktData == 0 ) filterResult = mismatch;
```

（3）测试输入分组中的某些位是否匹配位模式，逐位异或后与掩码逐位进行逻辑与运算（掩码中对应要测试的位是1，其余为0）。

```
if ( ( input ^ filterPktData)& filterPktDataMask == 0 ) filterResult = match;
else filterResult = mismatch;
```

（4）测试输入分组中是否某些位匹配测试模式，而另一些位不匹配测试模式。这里要用到变量 filterPktDataNotMask。该变量有些位是0，表示这些位要求匹配；有些位是1，表示这些位要求不匹配：

```
relevant_bits_different = ( input ^ filterPktData )& filterPktDataNotMask;
if ( ( relevant_bits_different & ~filterPktDataNotMask ) == 0 )
filterResult = successful_match.
```

作为一个例子，假定我们希望过滤出以太网分组的目标地址为 0xA5，而源地址不是 0xBB。由于以太网地址是 48 位，而且前 48 位是目标地址，后 48 位是源地址，所以有关变量设置如下：

```
filterPktDataOffset       = 0
filterPktData             = 0x0000000000A50000000000BB
filterPktDataMask         = 0xFFFFFFFFFFFFFFFFFFFFFFFF
filterPktDataNotMask      = 0x000000000000FFFFFFFFFFFF
```

其中变量 filterPktDataOffset 表示分组中要测试部分距分组头的距离（其值为 0，表示从头开始测试）。

状态过滤逻辑是类似的。每一种错误条件是一个整数值，并且是 2 的幂。为了得到状态模式，只要把各个错误条件的值相加，这样就把状态模式转换成了位模式。例如，以太网有下面的错误条件：

0　分组大于 1　518 字节
1　分组小于 1　64 字节
2　分组存在 CRC 错误或对准错误

如果一个分组错误状态值为 6，则它有后两种错误。

2. 通道操作

通道由一组过滤器定义，被测试的分组要通过通道中的有关过滤器的检查。分组是否被通道接受，取决于通道配置中的一个变量：

```
channelAcceptType:: = INTEGER {acceptMatched ( 1 ),accepFailed ( 2 ) }
```

如果该变量的值为 1，分组数据和分组状态至少与一个过滤器匹配，则分组被接受；如果该变量的值为 2，分组数据和分组状态与每一个过滤器都不匹配，则分组被接受。对于 channelAcceptType = 1 的情况，可以用图 5-16 说明。

与通道操作有关的变量是：

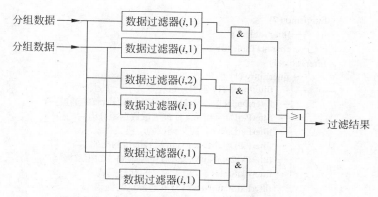

图 5-16 通道变量 channelAcceptType = 1 的例子

channelAcceptType 的值和过滤器集合决定是否接受分组；

channelMatches（计数器）对接受的分组计数；

channelDataControl 控制通道开/关；

channelEventStatus 当分组匹配时该变量指示通道是否产生事件，是否被捕获；

channelEventIndex 产生的事件的索引。

根据这些变量的值，通道操作逻辑如下（result == 1 表示分组通过检查，result ==0 表示分组没有通过检查）：

```
If ( ( ( result == 1 )&&( channelAcceptType == acceptMatched ) ) ||
    ( ( result == 0 )&&( channelAcceptType == acceptFailed ) ) )
{
    channelMatches = channelMatches + 1;
    if (channelDataControl == ON )
    {
    if ( (channelEventStatus ! = eventFired ) && (channelEventIndex ! = 0 ) )
        generateEvent ( );
    if (channelEventStatus == eventReady )
        channelEventStatus = eventFired;
    }
}
```

3. 过滤组结构

过滤组由两个控制表组成，如图 5-17 所示。过滤表 filterTable 定义了一组过滤器，通道表 channelTable 定义由若干过滤器组成的通道。

过滤组每一行定义一对数据过滤器和状态过滤器，变量 filterChannelIndex 说明该过滤器所属的通道。通道组每一行定义一个通道。通道组的有关变量解释如下。

(1) channelDataControl：通道开关，控制通道是否工作，可取值 on(1)/off(2)。

(2) channelTurnOnEventIndex：指向事件组的一个事件，该事件生成时把有关的 channel-DataControl 变量的值由 on 变 off。当这个变量为 0 时，不指向任何事件。

(3) channelTurnOffEventIndex：指向事件组的一个事件，该事件生成时把有关的 channel-DataControl 变量的值由 off 变 on。当这个变量为 0 时，不指向任何事件。

(4) channelEventIndex：指向事件组的一个事件，当分组通过测试时产生该事件。当这个变量为 0 时，不指向任何事件。

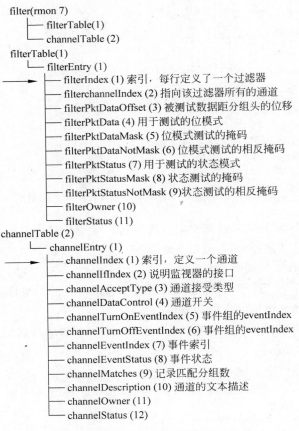

图 5-17　RMON 过滤组

（5）channelEventStatus：事件状态，可取下列值。

eventReady(1)：分组匹配时产生事件，然后值变为 eventFired(2)。

eventFired(2)：分组匹配时不产生事件。

eventAlwaysReady：每一个分组匹配时都产生事件。

当变量 channelEventStatus 的值为 eventReady 时，如果产生了一个事件，则 channelEvent-Status 的值自动变为 eventFired，就不会再产生同样的事件了。管理站响应时间通知后，可以恢复 channelEventStatus 的值为 eventReady，以便产生类似的事件。

5.2.4　包捕获和事件记录

1. 包捕获组

包捕获组建立一组缓冲区，用于存储从通道中捕获的分组。这个组由控制表和数据表组成，如图 5-18 所示。

变量 bufferControlFullStatus 表示缓冲区是否用完，可以取两个值：spaceAvailable（1）表示尚有存储空间，full（2）表示存储空间已占满。变量 bufferControlFullAction 表示缓冲区的两种不同用法，取值 lockWhenFull（1）表示缓冲区用完时不再接受新的分组，取值 wrapWhenFull（2）表示缓冲区作为先进先出队列循环使用。

还有一组参数说明分组在捕获缓冲区中如何存储，以及 SNMPGet 和 GetNext 如何从

图 5-18　RMON 包捕获组

捕获缓冲区提取数据。

（1）bufferControlCaptureSliceSize(CS)：每个分组可存入缓冲区中的最大字节数。

（2）bufferControlDownloadSliceSize(CS)：缓冲区中每个分组可以被单个 SNMP PDU 检索的最大字节数。

（3）bufferControlDownloadOffset(DO)：SNMP 从缓冲区取得的第一个字节距分组头的位移。

（4）captureBufferPacketLength(PL)：被接收的分组的长度。

（5）captureBufferPacketData：存储的分组数据。

设 PDL 是 captureBufferPacketData 的长度，则下面的关系成立：

$$PDL = MIN(PL, CS)$$

显然，存储在捕获缓冲区中的分组数据既不能大于分组的实际长度，也不能大于缓冲区容许的最大长度。当 CS 大时，分组可全部进入缓冲区，当 PL 大时只有一个分组片存储在缓冲区中。无论是整个分组，还是分组片，在缓冲区中都是以字节串（OCTET STRING）的形式存储的。如果这个字节串大于 SNMP 报文长度，检索时就只能装入一部分。标准提供了两个变量（DO 和 DS）帮助管理站分次分段检索缓冲区中的数据。变量 DO 和 DS 都是可读/写的。通常管理站先设置 DO=0，DS=100，可以读出缓冲的前 100 个字节。当然管理站也可以得到 PL 和分组的错误状态。如果有必要，再置 DO=100，再检索分组的下一部分。

2. 事件组

事件组的作用是管理事件。事件是由 MIB 中某个条件触发，也可以触发 MIB 中定义的某个操作。警报组和过滤组都有指向事件组的索引项。事件还能使得这个功能组存储有关信息，甚至引起代理进程发送陷入消息。

事件组的对象表示在图 5-19 中。该组分为两个表：事件表和 log 表，前者定义事件的作用，后者记录事件出现的顺序和时间。事件表中的变量 eventType 表示事件类型，可以取 4 个值：none(1)表示非以下 3 种情况，log(2)表示这类事件要记录在 log 表中，snmp-trap（3）表示事件出现时发送陷入报文，最后，log-and-snmp-trap(4)是 2 和 3 两种作用同时发作。

图 5-19　RMON 事件组

5.3　RMON2 管理信息库

前面介绍的 RMON MIB 只能存储 MAC 层管理信息。从 1994 年开始对 RMON MIB 进行了扩充，使得能够监视 MAC 层之上的通信，这就是后来的 RMON2，同时把前一标准称为 RMON1。这一节介绍 RMON2 的有关内容。

5.3.1　RMON2 MIB 的组成

RMON2 监视 OSI/RM 第 3 到第 7 层的通信，能对数据链路层以上的分组进行译码。这使得监视器可以管理网络层协议，包括 IP 协议。因而能了解分组的源和目标地址，能知道路由器负载的来源，使得监视的范围扩大到局域网之外。监视器也能监视应用层协议，例如，电子邮件协议、文件传输协议、HTTP 协议等。这样，监视器就可以记录主机应用活动的数据，可以显示各种应用活动的图表。这些，对网络管理人员来说都是很重要的信息。另外，在网络管理标准中，通常把网络层之上的协议都称为应用层协议，以后提到的应用层包含 OSI 的第 5、6、7 层。

RMON2 扩充了原来的 RMON MIB，增加了 9 个新的功能组，介绍如下。

（1）协议目录组（protocolDir）：这一组提供了表示各种网络协议的标准化方法，使得管理站可以了解监视器所在的子网上运行什么协议。这一点很重要，特别对于管理站和监视器来自不同制造商时是完全必要的。

（2）协议分布级（protocolDist）：提供每个协议产生的通信统计数据，例如，发送了多少分组、多少字节等。

（3）地址映像组（addressMap）：建立网络层地址（IP 地址）与 MAC 地址的映像关系。这些信息在发现网络设备、建立网络拓扑结构时有用。这一组可以为监视器在每一个接口上观察到的每一种协议建立一个表项，说明其网络地址和物理地址之间的对应关系。

（4）网络层主机组（nlHost）：这一组类似于 RMON1 的主机组，收集网上主机的信息，例如，主机地址、发送/接收的分组/字节数等。但是与 RMON1 不同，这一组不是基于 MAC 地址，而是基于网络层地址发现主机。这样，管理人员可以超越路由器看到子网之外的 IP 主机。

（5）网络层矩阵组（nlMatrix）：记录主机对（源/目标）之间的通信情况，收集的信息类似于 RMON1 的矩阵组，但是按网络层地址标识主机。其中的数据表分为 SD 表、DS 表和 TopN 表，与 RMON1 的对应表也是相似的。

（6）应用层主机组（alHost）：对应每个主机的每个应用协议（指第三层之上的协议）在 alHost 表中有一个表项，记录有关主机发送/接收的分组字节数等。这一组使用户可以了解每个主机上的每个应用协议的通信情况。

（7）应用层矩阵组（alMatrix）：统计一对应用层协议之间的各种通信情况，以及某种选定的参数（例如，交换的分组数/字节数）最大的（TopN）一对应用层协议之间的通信情况。

（8）用户历史组（usrHistory）：按照用户定义的参数，周期地收集统计数据。这使得用户可以研究系统中的任何计数器，例如，关于路由器—路由器之间的连接情况的计数器。

（9）监视器配置组（probConfig）：定义了监视器的标准参数集合，这样可以提高管理站和监视器之间的互操作性，使得管理站可以远程配置不同制造商的监视器。

5.3.2　RMON2 增加的功能

RMON2 引入了两种对象索引有关的新功能，增强了 RMON2 的能力和灵活性。下面介绍这两种新功能。

1. 外部对象索引

在 SNMPv1 管理信息结构的宏定义中，没有说明索引对象是否必须是被索引表的列对象。在 SNMPv2 的 SMI 中，已明确指出可以使用不是概念表成员的对象作为索引项。在这种情况下，必须在概念行的 DESCRIPTION 子名中给出文字解释，说明如何使用这样的外部对象唯一地标识概念行实例。

RMON2 采用了这种新的表结构，经常使用外部对象索引数据表，以便把数据表与对应的控制表结合起来。图 5-20 给出了这样的例子。这个例子与图 5-3 的 rml 表是类似的，只不过改写成了 RMON2 的风格。在图 5-3 的 rml 表中，数据表有两个索引对象。第一个索引对象 rm1 DataControlIndex 只是重复了控制表的索引对象。在图 5-22 的数据表中，这个索引对象没有了，只剩下了唯一的索引对象 rm2 DataIndex。但是在数据表的概念行定义中说明了两个索引 rm2 DataControlIndex 和 rm2 DataIndex，同时在 rm2 DataIndex 的描述子句中说明了索引的结构。

```
rm2ControlTable OBJECT - TYPE
    SYNTAX   SEQUENCE OF rm2ControlEntry
    ACCESS   not - accessible
    STATUS   mandatory
    DESCRIPTION
    "A control table."
    :: = { exl 1 }


rm2ControlEntry   OBJECT - TYPE
    SYNTAX   Rm2ControlEntry
    ACCESS   not - accessible
    STATUS   mandatory
    DESCRIPTION
    "Defines a parameter that Control
    A set of data table entries."
    INDEX { rm2ControlIndex }
    :: = { rm2ControTable 1 }
rm2ControlEntry :: = SEQUENCE{
    rm2Control entry."
    :: = { rm2ControEntry 1 }
rm2ControlParameter
    SYNTAX   INTEGER
    ACCESS   read - write
    STATUS   mandatory
    DESCRIPTION
    "The value of this object characterizes
    data table rows associated with
    this entry."
    :: = { rm2ControEntry 2 }
rm2ControlOwner   OBJECT - TYPE
    SYNTAX   OwnerString
    ACCESS   read - write
    STATUS   mandatory
    DESCRIPTION
    "The entry that configured this entry."
    :: = { rm2ControEntry 3 }
rm2ControlStatus   OBJECT - TYPE
    SYNTAX   RoStatus
    ACCESS   read - write
    STATUS   mandatory
    DESCRIPTION
    "The suatus of thisrm2Control entry."
    :: = { rm2ControEntry 4 }
rm2ControlTable   OBJECT - TYPE
    SYNTAX   SEQUENCE OF rm2DataEntry
    ACCESS   not - accessible
    STATUS   mandatory
    DESCRIPTION
    "A data table."
    :: = { exl 2 }
rm2ControlEntry   OBJECT - TYPE
```

```
rm2ControlIndex   INTEGER,
rm2ControlParameter   Counter,
rm2ControlOwner   OwnerString,
rm2ControlStatus   RowStatus}
rm2ControlIndex   OBJECT - TYPE
    SYNTAX   INTEGER
    ACCESS   read - only
    STATUS   mandatory
    DESCRIPTION
    "The unique index for this
    SYNTAX   Rm2DataEntry
    ACCESS   not - accessible
    STATUS   mandatory
    DESCRIPTION
    "A single data table
    Entry."
    INDEX { rm2ControlIndex, rm2DataIndex }
    :: = { rm2DataTable 1 }
rm2DataEntry :: = SEQUENCE{
    rm2DataIndex   INTEGER,
    rm2DataValue   Counter}
    rm2DataIndex   OBJECT - TYPE
    SYNTAX   INTEGER
    ACCESS   read - only
    STATUS   mandatory
    DESCRIPTION
    "The index that uniquely identifies a
    particular entry among all data entries
    associated with the
     same rm2ControlEntry."
    :: = { rm2ControEntry 1 }
rm2DataValue   OBJECT - TYPE
    SYNTAX   Counter
    ACCESS   read - only
    STATUS   mandatory
    DESCRIPTION
    "The value reportde by this entry."
    :: = { rm1DataEntry 2 }
```

图 5-20   RMON2 的控制表和数据表

假设我们要检索第二控制行定义的第 89 个数据值，则可以给出对象实例标识 rm2DataValue.2.89。显然，这样定义的数据表比 RMON1 的表少一个作为索引的列对象。另外 RMON2 的状态对象的类型为 RowStatus，而不是 EntryStatus。这是 SNMPv2 的一个文本约定。

2. 时间过滤器索引

网络管理应用需要周期地轮询监视器，以便得到被管理对象的最新状态信息。为了提高效率，我们希望监视器每次只返回那些自上次查询以来改变了的值。SNMPv1 和 SNMPv2 中都没有直接解决这个问题的方法。然而 RMON2 的设计者却给出了一种新颖的方法，在 MIB 的定义中实现了这个功能，这就是用时间过滤器进行索引。

RMON2 引入了一个新的文本约定：

```
TimeFilter:: = TEXTUAL - CONVENTION
STATUS CURRENT
DESCRIPTION
"…"
SYNTAX      TimeTicks
```

类型为 TimeFilter 的对象专门用于表索引，其类型也就是 TimeTicks。这个索引的用途是便于管理站从监视器取得自从某个时间以来改变过后的变量，这里的时间由类型为 TimeFilter 的对象表示。

为了说明时间过滤器的工作原理，考虑图 5-21 的例子。这个表 fooTable 有 3 个列对象：fooTimeMark 是时间过滤器（TimeFilter 类型），fooIndex 是表的索引，fooCounts 是一个计数器。假设表索引取值 1 和 2，因而该表有两个基本行。图 5-22 给出了这个表的一个实现，分 6 个不同时刻表示出表的当前值。可以看出，监视器对每个基本行打上了该行计数器值改变时的时间戳。开始时间戳为 0，两个计数器的值都是 0。后来在 500 秒、900 秒和 2300 秒时计数器 1 的值改变，在 1100 秒和 1400 秒时计数器 2 的值改变。如果管理站检索这个表，则发出下面的请求：

GetRequest(fooCounts.fooTimeMark 的值. fooIndex 的值)

监视器按照下面的逻辑检查各个基本行：

If (timestamp - for - this - fooIndex ≥ fooTimeMark - value - in - Request)

在应答 PDU 中返回这个实例。

else 跳过这个实例。

下面举例说明检索过程。假设管理站每 15 秒轮询一次监视器，nms 表示时间，分辨率为 0.01 秒，于是有下列应答步骤。

（1）在 nms＝1000 时，监视器开始工作，管理站第 1 次查询，GetRequest（sysUpTime.0,fooCounts.0.1,fooCounts.0.2）。

监视器在本地时间 600 时收到查询请求，计数器 1 在 500 时已变为 1，所以应答为：
Response(synUpTime.0＝600,fooCounts.0.1＝1,fooCounts.0.2＝0)

（2）在 nms＝2500 时（15 秒以后），监视器第 2 次查询，欲得到自 600 以后改变的值，GetRequest(sysUpTime.0,fooCounts.600.1,fooCounts.600.2)。

```
fooTable   OBJECT - TYPE
  SYNTAX   SEQUENCE OF FoolEntry
  ACCESS   not - accessible
  STATUS   current
  DESCRIPTION
  "A control table."
  :: = {ex  1}
fooEntry   OBJECT - TYPE
  SYNTAX   FoolEntry
  ACCESS   not - accessible
  STATUS   current
  DESCRIPTION
  "One row in fooTable."
  INDEX   {fooTimeMark,fooIndex}
  :: = {fooTable  1}
FooEntry :: = SEQUENCE{
  fooTimeMark   TimeFilter,
  fooIndex   INTEGER,
  fooCounts   Counter32}

fooTimeMark   OBJECT - TYPE
  SYNTAX   TimeFilter
  ACCESS   not - accessible
  STATUS   current
  DESCRIPTION
  "A TimeFilter for this entry."
  :: = {fooEntry  1}
fooIndex   OBJECT - TYPE
  SYNTAX   INTEGER
  ACCESS   not - accessible
```

```
  STATUS   current
  DESCRIPTION
  "Basic row index for this entry."
  :: = {fooEntry  2}
fooCounts   OBJECT - TYPE
  SYNTAX   Counter32
  ACCESS   read - only
  DESCRIPTION
  "Current count for this entry."
  :: = {fooEntry   3}
```

图 5-21   时间过滤器的例子

timestamp	fooIndex	fooCounts
0	1	0
0	2	0

(a) Time＝900

timestamp	fooIndex	fooCounts
500	1	1
0	2	0

(b) Time＝900

timestamp	fooIndex	fooCounts
900	1	2
0	2	0

(c) Time＝900

timestamp	fooIndex	fooCounts
900	1	2
1100	2	1

(d) Time＝900

timestamp	fooIndex	fooCounts
900	1	2
1400	2	2

(e) Time＝900

timestamp	fooIndex	fooCounts
2300	1	3
1400	2	2

(f) Time＝900

图 5-22   时间过滤器索引的表

监视器在本地时间 2100 时收到查询请求,计数器 1 在 900 时已变为 2,计数器 2 在 1100 时变为 1,后又在 1400 时变为 2,所以应答为:

Response(synUpTime. 0 = 2100, fooCounts. 900. 1 = 2, fooCounts. 1400. 2 = 2)

（3）在 nms＝4000 时（15 秒以后），监视器第 3 次查询，欲得到自 2100 以后改变的值，GetRequest（sysUpTime.0,fooCounts.2100.1,fooCounts.2100.2）

监视器在本地时间 3600 时收到查询请求，计数器 1 的值已变为 3，计数器 2 无变化，所以应答为：

Response(synUpTime.0 = 3600, fooCounts.2100.1 = 3)

（4）在 nms＝5500 时（15 秒以后），监视器第 4 次查询，GetRequest（sysUpTime.0,fooCounts.3600.1,fooCounts.3600.2）

监视器在本地时间 5500 时收到查询请求，两个计数器均无变化，不返回新值：

Response(synUpTime.0 = 5500)

可以看出，使用 TimeFilter 可以使管理站有效地过滤出最近变化的值。

5.4　RMON2 的应用

这一小节重点介绍 RMON2 新功能的应用，主要是网络协议的表示方法、用户历史的定义方法和监视器的标准配置方法等。

5.4.1　协议的标识

任何一个网络都可能运行许多不同的协议，有些协议是标准的，有些是专用于某种特定产品的。一个网络运行的各个协议之间还有复杂的关系，例如，可能同时运行多个网络层协议（IP、IPX），一个 IP 协议有多个数据链路层协议的支持，而 TCP 协议和 UDP 协议同时运行于 IP 协议之上，等等。在远程网络监控中必须能够识别各种类型的网络协议，表示协议之间的关系。RMON2 提供了表示协议类型和协议关系信息的标准方法。

RMON2 用协议标识符和协议参数共同表示一个协议以及该协议与其他协议之间的关系。协议标识符是由字节串组成的分层的树结构，类似于 MIB 对象组成的树。RMON2 赋予每一个协议层 32 位的字节串，编码为 4 个十进制数，表示为[a.b.c.d]的形式，这是协议标识符树的结点。例如，各种数据链路层协议被赋予下面的字节串：

```
ether2              = 1[0.0.0.1]
llc                 = 2[0.0.0.2]
snap                = 3[0.0.0.3]
vsnap               = 4[0.0.0.4]
wgAssigned          = 5[0.0.0.5]
anylink             = [1.0.a.b]
```

最后的 anylink 是一个通配符，可指任何链路层协议。有时监视器可以监视所有的 IP 数据报，而不论它是包装在什么链路层协议帧中，这时可以用 anylink 说明 IP 下面的链路层协议。

链路层协议字节串是协议标识符树的根，下面每个直接相连的结点是链路层协议直接支持的上层协议，或者说是直接包装在数据链路帧中的协议（通常情况下是网络层协议）。

整个协议标识符树就是这样逐级构造的,如图 5-23 所示。这里表示的是以太网协议直接支持 IP 协议,UDP 运行于 IP 之上。最后,SNMP 报文封装在 UDP 数据报中传送。用文字表示就是 ether2. ip. udp. snmp。

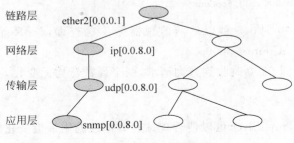

图 5-23　协议标识符树

RMON2 的协议标识符的格式如图 5-24 所示。开头有一个字节的长度计数字段 cnt,后续各层协议的子标识符字段。每层协议的子标识符都与上述链路层协议字节串相似,是 32 位,编码为 4 个十进制数。我们已经看到赋予以太 2 协议的字节串是[0.0.0.1],以太网之上的协议的字节串形式为[0.0.a.b],其中的 a 和 b 是以太 2 协议 MAC 帧中的类型字段的 16 位二进制数,这 16 位用来表示 2 型以太网协议支持的上层协议。以太 2 规范为 IP 协议分配的字节串是[0.0.8.0]。与此类似,在 IP 头中的 16 位协议号表示 IP 支持的上层协议,IP 标准为 UDP 分配的编号是 17。UDP 为 SNMP 分配的端口号为 161。这样 4 层协议的字节串级联起来,前面加上 16 表示长度,就形成了完整的 SNMP 协议标识符。

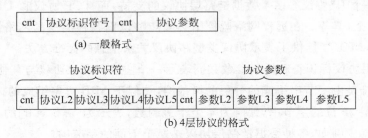

图 5-24　协议标识符和协议参数的格式

应该强调的是对监视器能解释的每个协议都必须有一个协议标识符。假如有个监视器可以识别以太 2 帧、IP 和 UDP 数据报,以及 SNMP 报文,则 RMON2 中必须记录 4 个协议标识符:

```
ether2(4.0.0.0.1)
ether.ip(8.0.0.0.1.0.0.8.0)
ether.ip.udp(12.0.0.0.1.0.0.8.0.0.0.0.17)
ether.ip.udp.snmp(16.0.0.0.1.0.0.8.0.0.0.0.17.0.0.0.161)
```

从图 5-24 可以看出协议参数的格式:长度计数字段后跟各层协议的参数。参数的每个比特定义了一种能力。例如,最低两比特的含义如下。

（1）比特 0：表示允许上层协议 PDU 分段。例如，上层报文可以分成若干 IP 数据报传送，则 IP 层的参数比特 0 为 1。

（2）比特 1：表示可以为上层协议指定端口号。例如，TFTP(Trivial File Transfer Protocol)协议，其专用端口号是 69。如果上层用户进程向端口 69 请求连接，TFTP 进程响应用户请求，派生出一个临时进程，并为其分配临时端口号，返回用户进程，用户就可以用 TFTP 传送文件了。

现在可以把上例中的协议标识符加上协议参数。如果表示 IP 之上的协议 PDU 可以分段传送，则有下面的协议标识符和协议参数串：

16.0.0.0.1.0.0.8.0.0.0.0.17.0.0.0.161.4.0.1.0.0

5.4.2 协议目录表

RMON2 的协议目录表的结构如图 5-25 所示。其中的协议标识符 protocolDirID 和协议参数 protocolDirParameters 作为表项的索引，另外还为每个表项指定了一个唯一的索引 protocolDirLocalIndex，可由 RMON2 的其他组引用该表项。对另外 5 个变量解释如下。

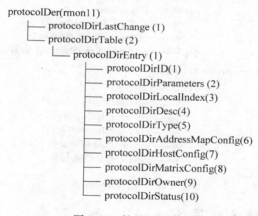

图 5-25 协议目录表

（1）protocolDirDesc(4)：关于该协议的文字描述。

（2）protocolDirType(5)：协议类型是可扩展的，如果表中生成一个新项，所表示的协议是该协议的孩子；协议类型是具有地址识别能力的，监控器可以区别源地址和目标地址，并分别对源和目标计数。

（3）protocolDirAddressMapConfig(6)：表示协议是否支持网络层对数据链路层的地址映像。

（4）protocolDirHostConfig(7)：与网络层和应用层主机表有关。

（5）protocolDirMatrixConfig(8)：与网络层和应用层矩阵表有关。

5.4.3 用户定义的数据收集机制

关于历史数据收集在 RMON1 中是预先定义的，在 RMON2 中可以由用户定义。下面介绍的用户历史收集组规定了定义历史数据的方法。

历史收集组由 3 级表组成。第一级是控制表 usrHistoryControlTable。这个表说明了一种采样功能的细节(采样的对象数、采样区间数和采样区间长度等),它的一行定义了下一级的一个表。第二级是用户历史对象表 usrHistoryObjectTable,它也是一个控制表,说明采样的变量和采样类型。该表的行数等于上一级表定义的采样对象数。第三级表 usrHistoryTable 才是历史数据表。该表由第二级表的一行控制,记录着各个采样变量的值和状态,以及采样间隔的起止时间。用户历史收集组表示在图 5-26 中。

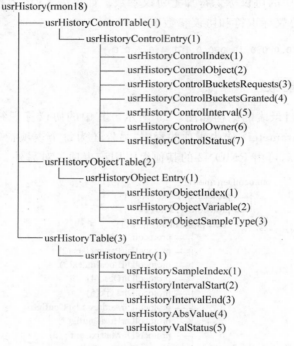

图 5-26　用户历史收集

5.4.4　监视器的标准配置法

为了增强管理站和监视器之间的互操作性,RMON2 在监视器配置组中定义了远程配置监视器的标准化方法。这个组由一些标量对象和 4 个表组成。这些标量对象如下。

(1) probeCapabilities:说明支持哪些 RMON 组。

(2) probeSoftwareRev:设备的软件版本。

(3) probeHardwareRev:设备的硬件版本。

(4) probeDateTime:监视器的日期和时间。

(5) probeResetControl:可以取不同的值,表示运行、热启动或冷启动等。

(6) probeDownloadFile:自举配置文件名。

(7) probeDownLoadTFTPServer:自举配置文件所在的 TFTP 服务器地址。

(8) probeDownloadAction:若取值 imageValid(1),则继续运行;若取值 downloadTo-PROM(2)或 downloadToRAM(3),则重新启动装入另外一个应用程序。

(9) probeDownloadStatus:表示不同的运行状态。

监视器配置组中的 4 个表是串行配置表、网络配置表、陷入定义表和串行连接表。串行配置表用于定义监视器的串行接口,它包含下列变量。

(1) serialMode:连接模式可以是直接连接或通过调制解调器连接。

(2) serialProtocol:数据链路协议可以 SLIP 或其他协议。

(3) serialTimeout:终止连接之前等待的秒数。

(4) serialModemInitiString:用于初始化 Modem 的控制字符串。

(5) serialModemHangUpString:断开 Modem 连接的控制字符串。

(6) serialModemConnectResp:描述 Modem 响应代码和数据速率的 ASCII 串。

(7) serialModemNo ConnectResp:由 Modem 产生的报告连接失效的 ASCII 串。

(8) serialDialoutTimeout:拨出等待时间。

网络配置表用于定义监视器的网络接口,它包含下列变量。

(1) netConfigIpAddress:接口的 IP 地址。

(2) netConfigSubnetMask:子网掩码。

(3) netDefaultGateway:默认网关的 IP 地址。

陷入定义表定义了陷入的目标地址等有关信息,它包含的变量如下。

(1) trapDestIndex:行索引。

(2) trapDestProtocol:接收陷入的团体名。

(3) trapDestAddress:传送陷入报文的协议。

(4) serialConnectIndex:接收陷入的站地址。

串行连接表存储与管理站建立 SLIP 连接需要的参数,其中有下列变量。

(1) serialConnectIndex:行索引。

(2) serialConnectDestIpAddress:SLIP 连接的 IP 地址。

(3) serialConnectType:可分为 direct(1)、modem(2)、switch(3)、modemSwitch(4) 4 种类型。

(4) serialConnectDialString:控制建立 Modem 连接的字符串。

(5) serialConnectSwitchconnectSeg:控制建立数据交换连接的字符串。

(6) serialConnectDisconnectSeg:控制终止数据交换连接的字符串。

(7) serialConnectSwitchResetSeg:使数据交换连接复位的字符串。

5.4.5 配置 RMON

1. 建立配置任务

如果要对某一网段的网络状况进行监控、流量统计,可以配置 RMON。对 RMON 功能的启动时间没有特殊要求,可以预先启动该功能,也可以在怀疑某个接口所连接子网的流量异常时进行配置。

推荐的做法是:预先配置好统计表,对流量有异常的端口配置两条历史控制策略,对某项指标或某几项指标有怀疑时进行告警配置,设定上下阈值,查看告警信息。

RMON 只能提供一些流量统计和异常等信息,并不能防止这些信息尤其是异常情况,要消除异常还需要其他管理手段。

在配置 RMON 之前,需完成以下任务。

(1) 配置以太网接口的参数。

（2）配置 SNMP 基本功能。

在配置 RMON 之前，需要准备以下数据：

序号	数　据
1	确定要使能统计功能的接口
2	确定要使用的统计表及相关参数

使能接口的 RMON 统计功能操作步骤如下。

（1）执行命令 system-view，进入系统视图。

（2）执行命令 **interface** { **ethernet** | **gigabitethernet** } interface-number，进入接口视图。

（3）执行命令 rmon-statistics enable，使能接口的 RMON 统计功能。

如果没有使能接口统计功能，RMON 统计表和历史表采集的统计值为零。

2. 配置统计表

操作步骤如下。

（1）执行命令 system-view，进入系统视图。

（2）执行命令 interface { ethernet | gigabitethernet } interface-number，进入接口视图。

（3）执行命令 rmon statistics entry-number [owner name]，配置统计表。

网络管理员监控设备接口的统计信息时，要为相应的接口创建一（表）行，给出接口的 OID、行索引和行的状态。此后，网络管理员可以通过读取本行的方式获取最新统计数据。

3. 配置历史控制表

历史数据管理功能可以设定对某个接口进行采样、保存数量和采样参数（时间间隔），定期对指定的端口进行数据采集并将采集到的信息保存到历史表中以备查看。

RMON 规范建议每个被监视的接口有 2 个以上历史控制条目，1 个 30 秒取样 1 次，另 1 个 30 分钟取样 1 次。短周期取样使监视器能够探测到流量模式的突变，长周期取样则监视接口的稳定状态行为。目前，NE80E/40E 为每个历史控制条目最多保留 10 条最近的记录。

为减少 RMON 对系统性能的影响，历史表的采样间隔应在 10 秒以上，且不要对同一端口配置过多的历史控制表项和告警表项。请在需要进行流量统计的接口上进行配置，操作步骤如下。

（1）执行命令 system-view，进入系统视图。

（2）执行命令 interface { ethernet | gigabitethernet } interface-number，进入接口视图。

（3）执行命令 rmon history entry-number buckets number interval sampling-interval [owner name]，配置历史控制表。

4. 配置事件表

操作步骤如下。

（1）执行命令 system-view，进入系统视图。

（2）执行命令 rmon event event-entry [description string] { log | log-trap object | none | trap object } [owner name]，配置事件表。

（3）RMON 事件管理在事件表的指定行添加事件，并定义事件的处理方式，如下。

log：只发送日志。

log-trap：既发送日志同时也向 NMS 发送 Trap 消息。

none：标记为没有事件发生。

trap：只向 NMS 发送 Trap 消息。

5. 配置告警表

RMON 告警管理可以按照指定的采样间隔对指定的告警变量(用此变量的 OID 指定)进行监视,当被监视数据的值越过定义的阈值时会产生告警事件。事件通常会记录在设备的日志表中,或向 NMS 发送 Trap。

如果告警上限和下限所对应事件(event-entry1、event-entry2)在事件表中均没有配置,即使达到了告警条件也不会产生告警(此时告警记录的状态为 undercreation,不是有效状态 valid)。

只要事件表中配置了上限和下限其中一个事件,符合条件便会触发相应的告警(告警记录的状态为 valid)。同理,如果告警变量设置错误,例如设置成一个不存在的 OID,告警记录的状态也为 undercreation,不会正常告警。请在被监控的设备上进行配置,操作步骤如下。

(1) 执行命令 system-view,进入系统视图。

(2) 执行命令 rmon alarm entry-number alarm-OID sampling-time { delta | absolute } rising-threshold threshold-value1 event-entry1 falling-threshold threshold-value2 event-entry2 [owner owner-name],配置告警表。

6. 配置扩展告警表

在 RFC2819 的告警表基础上,RMON 扩展告警管理增加了用表达式设定告警对象的功能,并且可以限定扩展告警行的总生存时间。

扩展告警表比告警表多了以下几项。

(1) 扩展告警变量的表达式字符串,可以是若干简单告警变量 OID 组成的四则表达式(+,-,*,/和小括号)。

(2) 扩展告警行的描述字符串。

(3) 采样类型为变化率。

扩展告警状态类型,包括两种类型：永远(Forever)和限定时间(Cycle)。对于 Cycle 类型,当经过了扩展告警状态周期指定时间后,不再产生告警并且此表行被删除。

如果告警上限和下限所对应事件(event-entry1、event-entry2)在事件表中均没有配置,即使达到了告警条件也不会产生告警。告警记录的状态为 undercreation,不是有效状态 valid。

只要上限和下限其中一个事件在事件表中配置了,符合条件便会触发相应的告警,告警记录的状态为 valid。请在被监控的设备上进行配置,操作步骤如下。

(1) 执行命令 system-view,进入系统视图。

(2) 执行命令 rmon prialarm entry-number prialarm-formula description-string sampling-interval { delta | changeratio | absolute } rising-threshold threshold-value1 event-entry1 falling-threshold threshold-value2 event-entry2 entrytype { cycle entry-period | forever } [owner text-string],配置扩展告警表。

7. 检查配置结果

前提是已经完成 RMON 功能的所有配置。

操作步骤如下。

（1）执行 display rmon alarm ［ entry-number ］命令查看 RMON 告警信息。

（2）执行 display rmon event ［ entry-number ］命令查看 RMON 事件。

（3）执行 display rmon eventlog ［ entry-number ］命令查看 RMON 事件日志。

（4）执行 display rmon history ［ ethernet interface-number | gigabitethernet interface-number ］命令查看 RMON 历史信息。

（5）执行 display rmon prialarm ［ entry-number ］命令查看 RMON 扩展告警表。

（6）执行 display rmon statistics ［ ethernet interface-number | gigabitethernet interface-number ］命令查看 RMON 统计消息。

8. 任务示例

配置成功后，执行命令 display rmon alarm，查看告警表的信息。

```
< HUAWEI > display rmon alarm 1
Alarm table 1 owned by Test300 is VALID.
Samples absolute value    : 1.3.6.1.2.1.16.1.1.1.6.1 < etherStatsBroadcastPkts.1 >
Sampling interval         : 30(sec)
Rising threshold          : 500(linked with event 1)
Falling threshold         : 100(linked with event 1)
When startup enables      : risingOrFallingAlarm
Latest value              : 1975
```

执行命令 display rmon event，查看事件表信息。

```
< HUAWEI > display rmon event
Event table 1 owned by Test300 is VALID.
Description: null.
    Will cause log when triggered, last triggered at 0days 00h:24m:10s.
Event table 2 owned by Test300 is VALID.
Description: forUseofPrialarm.
    Will cause snmp - trap when triggered, last triggered at 0days 00h:26m:10s.
```

执行命令 display rmon eventlog，查看事件记录的日志信息。

```
< HUAWEI > display rmon eventlog
Event table 1 owned by Test300 is VALID.
    Generates eventLog 1.1 at 0days 00h:39m:30s.
    Description: The 1.3.6.1.2.1.16.1.1.1.6.1 defined in alarm table 1,
        less than(or = ) 100 with alarm value 0. Alarm sample type is absolute.
```

执行命令 display rmon history，查看 RMON 历史信息。

```
< HUAWEI > display rmon history
History control entry 1 owned by Creator is VALID,
    Samples interface     : GigabitEthernet3/0/0 < ifEntry.402653698 >
    Sampling interval     : 30(sec) with 10 buckets max.
    Last Sampling time    : 0days 00h:09m:43s
    Latest sampled values:
```

```
        Dropevents          :0          , octets              :645
        packets             :7          , broadcast packets    :7
        multicast packets :0            , CRC alignment errors :0
        undersize packets :6            , oversize packets     :0
        fragments           :0          , jabbers              :0
        collisions          :0          , utilization          :0
```

执行命令 display rmon prialarm,查看 RMON 扩展告警表信息。

```
< HUAWEI > display rmon prialarm 1
Prialarm table 1 owned by Test300 is VALID.
    Samples delta value    : .1.3.6.1.2.1.16.1.1.1.6.1 + .1.3.6.1.2.1.16.1.1.1.7.1
    Sampling interval      : 30(sec)
    Rising threshold       : 1000(linked with event 2)
    Falling threshold      : 0(linked with event 2)
    When startup enables   : risingOrFallingAlarm
    This entry will exist  : forever.
    Latest value           : 16
```

执行命令 display rmon statistics,查看 RMON 统计信息。

```
< HUAWEI > display rmon statistics
Statistics entry 1 owned by Creator is VALID.
  Interface : GigabitEthernet3/0/0 < ifEntry. 402653698 >
  Received  :
  octets              :142915224 , packets            :1749151
  broadcast packets   :11603     , multicast packets:756252
  undersized packets  :0         , oversized packets:0
  fragments packets   :0         , jabbers packets    :0
  CRC alignment errors:0         , collisions         :0
  Dropped packet ( insufficient resources):1795
  Packets received according to length (octets):
  64      :150183     ,  65 - 127  :150183   ,  128 - 255  :1383
  256 - 511:3698      ,  512 - 1023:0        ,  1024
```

5.4.6 配置 RMON2

1. 建立配置任务

如果要对网络上某一接口进行流量监控,分析所有进出该接口的数据来自于哪些主机、去向哪些主机,并分别对网络上每台主机流经该接口的数据进行统计,可以通过配置MON2 来实现。

在配置 RMON2 之前,需准备如下的数据:

序号	数据
1	主机控制表中 hlHostControlDataSource、hlHostControlStatus 的值
2	协议目录表中 protocolDirDescr、protocolDirHostConfig 的值

2. 配置主机控制表

在被监控的设备上进行配置,操作步骤如下。

（1）执行命令 system-view，进入系统视图。

（2）执行命令 rmon2 hlhostcontroltable index ctrl-index［datasource interface interface-type interface-number］［maxentry maxentry］［owner name］［status｛active｜inactive｝］，配置主机控制表。

对某一个接口进行流量统计，必须创建该接口的主机控制表条目。

索引用来判断是创建一个条目还是对已存在的条目进行修改。

创建条目时必须配置参数 datasource interface（即 hlHostControlDataSource）。每个接口在主机控制表中只能创建一行条目，不能重复创建。

当设置 hlHostControlStatus 的值为 inactive 时，会自动删除主机表中所有与其相关的条目。

当 hlHostControlStatus 的值是 active 时，不能修改 hlHostControlDataSource 和 hlHostControlNlMaxDesiredEntries 的值。

当 hlHostControlDataSource 对应的接口物理状态为 Down 时，如果 hlHostControlStatus 的值是 active，则会自动转换为 not in service，在命令行下显示为 Plug-out 状态，在 NMS 上看到的状态为 not in service。此时该行不允许用户修改，只能被删除。当接口状态变为 UP 时，主机控制表的状态又将恢复为 active。

当某行中 hlHostControlDataSource 对应的接口被删除时，该行也被删除。

3. 配置协议目录表

在被监控的设备上进行配置，操作步骤如下。

（1）执行命令 system-view，进入系统视图。

（2）执行命令 rmon2 protocoldirtable protocoldirid protocol-id parameter parameter-value［descr description］［host｛notsupported｜supportedoff｜supportedon｝］［owner name］［status｛active｜inactive｝］，配置协议目录表。

目前，RMON2 只支持以太网口的 IP 协议包的流量统计，一种协议占一个条目，所以这个表最多只有一行。

当创建一个条目或将一个条目的状态（protocolDirStatus）设置为 active 时，必须同时设置 parameter（相当于 protocolDirDescr）和 host（相当于 protocolDirHostConfig）参数。

当 protocolDirStatus 设为 active 时，不能修改 protocolDirDescr 中的值。如果这时对象 protocolDirHostConfig 的值为 notsupported 时，也不能被修改为其他值；如果为非 notsupported，则可以在 supportedon 和 supportedoff 之间切换。当 protocolDirHostConfig 的值从 supportedon 变成 supportedoff 时，将删除主机控制表中对应的条目。

当 protocolDirStatus 设置为 inactive 时，将删除主机表中的相关条目。

4. 检查配置结果

前提是已经完成 RMON2 功能的所有配置。

操作步骤如下。

（1）执行 display rmon2 protocoldirtable 命令查看协议目录表信息。

（2）执行 display rmon2 hlhostcontroltable［index ctrl-index］命令查看控制表信息。

（3）执行 display rmon2 nlhosttable［hostcontrolindex ctrl-index］［timemark time-value］［protocoldirlocalindex index］［hostaddress ip-address］命令查看主机表信息。

5. 任务示例

配置成功后,执行命令 display rmon2 protocoldirtable,查看协议目录表信息。

```
< HUAWEI > display rmon2 protocoldirtable
protocol directory table last change time : 0days 06h:48m:34s(2451478)
protocolDirId                      : 8.0.0.0.1.0.0.8.0
protocolDirParameters              : 2.0.0
protocolDirLocalIndex              : 1
protocolDirDescr                   : aaa
protocolDirAddressMapConfig        : notsupported
protocolDirHostConfig              : supportedon
protocolDirMatrixConfig            : notsupported
protocolDirOwner                   :
protocolDirStatus                  : active
```

执行命令 display rmon2 hlhostcontroltable,查看主机控制表信息。

```
< HUAWEI > display rmon2 hlhostcontroltable
Abbreviation:
index     - hlhostcontrolindex
datasource - hlhostcontroldatasource
droppedfrm - hlhostcontrolnldroppedframes
inserts   - hlhostcontrolnlinserts
Deletes   - hlHostControlNlDeletes
maxentries - hlhostcontrolnlmaxdesiredentries
owner     - hlhostcontrolowner
status    - hlhostcontrolstatus
index datasource     droppedfrm inserts   eletes     maxentries owner   status
123   GigabitEthernet2/2/0  0        19        0          100        China   active
```

执行命令 display rmon2 nlhosttable,查看主机表信息。

```
< HUAWEI > display rmon2 nlhosttable hostcontrolindex 123 timemark 1000 hostaddress 10.110.99.2
Abbreviation:
HIdx   - hlHostControlIndex
PIdx   - ProtocolDirLocalIndex
Addr   - nlHostAddress
InPkts - nlHostInPkts
OutPkts - nlHostOutPkts
InOctes - nlHostInOctets
OutOctes - nlHostOutOctets
OutMac - nlHostOutMacNonUnicastPkts
ChgTm  - nlHostTimeMark
CrtTm  - nlHostCreateTime

HIdx PIdx  Addr          InPkts OutPkts InOctes OutOctes OutMac ChgTm  CrtTm
123  1     10.110.99.2   0      78      0       10046    78     81489  40859
```

5.4.7 RMON 和 RMON2 配置举例

1. 配置 RMON 示例

1) 组网需求

如图 5-27 所示,要求对 RouterA 的接口 GE3/0/0 连接的子网进行监控,包括:

有关流量和各种类型包数量的实时和历史统计信息；

对此接口流量的字节数设置告警监控，当每分钟的流量超过设定值时，记录日志；

监控此子网的广播和组播信息流量，对该子网的组播和广播总数进行告警设置，当超过设定值时，主动向 NMS 上报告警信息。

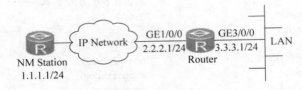

图 5-27　配置 RMON 组网图

2）配置思路

采用如下的思路配置 RMON：

使用 SNMP 配置命令允许发送 Trap 报文并设置相应的团体名；

使能统计功能并配置统计表；

配置历史控制表；

配置事件表；

配置告警表及扩展告警表。

3）数据准备

为完成此配置例，需准备如下的数据：

信息采样时间间隔；

触发告警事件阈值。

4）操作步骤

（1）配置路由器和网管端路由可达（略）。

（2）配置允许向网管端发送 Trap，如下所示。

```
# 使能 SNMP 发送 Trap 的功能
<HUAWEI> system - view
# 配置向指定的网管发送 Trap
[HUAWEI] snmp - agent target - host trap address udp - domain 1.1.1.1 params securityname public
```

（3）配置统计功能，如下所示。

```
# 使能 RMON 接口统计功能
<HUAWEI> system - view
[HUAWEI] interface gigabitethernet 3/0/0
[HUAWEI - GigabitEthernet3/0/0] rmon - statistics enable
# 配置统计表
[HUAWEI - GigabitEthernet3/0/0] rmon statistics 1 owner Test300
```

（4）配置历史控制表，如下所示。

```
# 设置 RMON 对子网中的流量信息采样，采样间隔为 30 秒钟，并保存最近 10 次数据
[HUAWEI - GigabitEthernet3/0/0] rmon history 1 buckets 10 interval 30 owner Test300
```

（5）配置事件表，如下所示。

＃ 设置 RMON 的 1 号事件处理方式为记录日志，2 号事件处理方式为向网管站发送 Trap 消息
< HUAWEI > system − view
[HUAWEI] rmon event 1 log owner Test300
[HUAWEI] rmon event 2 description forUseofPrialarm trap public owner Test300

（6）配置告警表，如下所示。

＃ 设置采样间隔时间和触发告警事件 1 的阈值
[HUAWEI] rmon alarm 1 1.3.6.1.2.1.16.1.1.1.6.1 30 absolute rising − threshold 500 1 falling −
threshold 100 1
owner Test300

（7）配置扩展告警表，如下所示。

＃ 设置 RMON 对统计表中广播和组播总数每 30 秒钟进行 1 次采样，当采样变化值高于最大阈值 1000
或低于最小阈值 0 时触发事件 2，向网管站发送 Trap 信息
[HUAWEI] rmon   prialarm 1 . 1.3.6.1.2.1.16.1.1.1.6.1 + . 1.3.6.1.2.1.16.1.1.1.7.1
sumofbroadandmulti 30
delta rising − threshold 1000 2 falling − threshold 0 2 entrytype forever owner Test300

（8）检测配置结果，如下所示。

＃ 查看配置效果. 可以随时查看子网的数据流量信息
< HUAWEI > display rmon statistics gigabitethernet 3/0/0
Statistics entry 1 owned by Test300 is VALID.
  Interface : GigabitEthernet3/0/0 < ifEntry. 402653698 >
  Received   :
  octets   :142915224 , packets   :1749151
  broadcast packets   :11603   , multicast packets :756252
  undersized packets :0   , oversized packets :0
  fragments packets   :0   , jabbers packets   :0
  CRC alignment errors:0   , collisions   :0
  Dropped packet (insufficient resources) :1795
  Packets received according to length (octets):
  64   :150183   , 65 − 127 :150183   , 128 − 255 :1383
  256 − 511:3698   , 512 − 1023:0   , 1024 − 1518:0

＃ 查看配置效果。命令行方式只显示最后一次采样记录，如果要查看所有历史记录，需要使用特定
网管站软件
< HUAWEI > display rmon history gigabitethernet 3/0/0
History control entry 1 owned by Test300 is VALID,
  Samples Interface   :GigabitEthernet3/0/0 < ifEntry. 402653698 >
  Sampling interval   :30(sec) with 10 buckets max.
  Lastest Sampling time   :0days 00h:19m:43s
  Latest sampled values:
  Dropevents   :0   , octets   :645
  Packets   :7   , broadcast packets :7
  multicast packets :0   , CRC alignment errors :0
  undersize packets :6   , oversize packets   :0
  fragments   :0   , jabbers   :0
  collisions   :0   , utilization   :0

＃ 查看事件信息

< HUAWEI > display rmon event

Event table 1 owned by Test300 is VALID.

Description: null.

Will cause log when triggered, last triggered at 0days 00h:24m:10s.

Event table 2 owned by Test300 is VALID.

Description: forUseofPrialarm.

Will cause snmp－trap when triggered, last triggered at 0days 00h:26m:10s.

＃ 查看告警信息

< HUAWEI > display rmon alarm 1

Alarm table 1 owned by Test300 is VALID.

Samples absolute value : 1.3.6.1.2.1.16.1.1.1.6.1 < etherStatsBroadcastPkts.1 >

```
Sampling interval        : 30(sec)
Rising threshold         : 500(linked with event 1)
Falling threshold        : 100(linked with event 1)
When startup enables     : risingOrFallingAlarm
Latest value             : 1975
```

＃ 查看扩展告警表信息

< HUAWEI > display rmon prialarm 1

Prialarm table 1 owned by Test300 is VALID.

Samples delta value: .1.3.6.1.2.1.16.1.1.1.6.1 + .1.3.6.1.2.1.16.1.1.1.7.1

```
Sampling interval        : 30(sec)
Rising threshold         : 1000(linked with event 2)
Falling threshold        : 0(linked with event 2)
When startup enables     : risingOrFallingAlarm
This entry will exist     : forever.
Latest value             : 16
```

＃ 查看事件日志信息

< HUAWEI > display rmon eventlog

Event table 1 owned by Test300 is VALID.

Generates eventLog 1.1 at 0days 00h:39m:30s.

Description: The 1.3.6.1.2.1.16.1.1.1.6.1 defined in alarm table 1,

less than(or ＝) 100 with alarm value 0. Alarm sample type is absolute.

如果所设置的扩展告警变量超过预定范围,网管站可以接收到告警 Trap 信息。

(9) 配置文件,如下所示。

```
#
 sysname HUAWEI
#
interface GigabitEthernet1/0/0
 undo shutdown
 ip address 2.2.2.1 255.255.255.0
interface GigabitEthernet3/0/0
 undo shutdown
 ip address 3.3.3.1 255.255.2555.0
rmon－statistics enable
rmon statistics 1 owner Test300
rmon history 1 buckets 10 interval 30 owner Test300
 #
rmon event 1 description null log owner Test300
```

```
rmon event 2 description forUseofPrialarm trap public owner Test 300
rmon alarm 1 1.3.6.1.2.1.16.1.1.1.6.1 30 absolute rising - threshold 500 1 falling - threshold
1001 owner Test300
rmon prialarm 1 .1.3.6.1.2.1.16.1.1.1.6.1 + .1.3.6.1.2.1.16.1.1.1.7.1 sumofbroadandmulti 30
delta rising - threshold 1000 2 falling - threshold 0 2 entrytype forever owner Test300
#
 ip route - static 1.1.1.0 255.255.255.0 2.2.2.2
#
 snmp - agent
 snmp - agent local - engineid 000007DB7FFFFFFF0000017C
 snmp - agent sys - info version v3
 snmp - agent target - host trap address udp - domain 1.1.1.1 params securityname public
#
return
```

2. 配置 RMON2 示例

1）组网需求

如图 5-28 所示，通过配置 RMON2，对路由器的 GE3/0/0 接口进行 IP 协议包的流量统计。

RMON2 可以通过 SNMP 网管工作站进行远程监视，也可以通过命令行配置方式进行流量监视。本例主要通过命令行配置来进行流量监视。

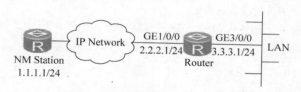

图 5-28　RMON2 典型配置组网图

2）配置思路

采用如下的思路配置 RMON2：

配置主机控制表；

配置协议目录表。

3）数据准备

为完成此配置示例，需准备如下的数据：

主机控制表索引和主机表最大表项；

协议 ID。

4）操作步骤

（1）配置 RMON2，如下所示。

```
# 配置主机控制表。设置索引为 123,并将主机表的最大条目数设为 100
< HUAWEI > system - view
[ HUAWEI ] rmon2 hlhostcontroltable index 123 datasource interface gigabitethernet 3/0/0
maxentry 100
owner china status active
# 配置协议目录表。协议 ID 目前只支持 8.0.0.0.1.0.0.8.0,parameter 只支持 2.0.0,host 的值设
```

置为 suppurtedon(即对该协议进行流量统计)

[HUAWEI] rmon2 protocoldirtable protocoldirid 8.0.0.0.1.0.0.8.0 parameter 2.0.0 descr ip host supportedon

owner china status active

（2）检验配置结果，如下所示。

\# 查看整个主机表的信息
```
< HUAWEI > display rmon2 nlhosttable hostcontrolindex 123
Abbreviation:
HIdx  -  hlHostControlIndex
PIdx  -  ProtocolDirLocalIndex
Addr  -  nlHostAddress
InPkts  -  nlHostInPkts
OutPkts  -  nlHostOutPkts
InOctes  -  nlHostInOctets
OutOctes  -  nlHostOutOctets
OutMac  -  nlHostOutMacNonUnicastPkts
ChgTm  -  nlHostTimeMark
CrtTm  -  nlHostCreateTime
```

HIdx	PIdx	Addr	InPkts	OutPkts	InOctes	OutOctes	OutMac	ChgTm	CrtTm
123	1	10.110.99.2	0	78	0	10046	78	81489	40859
123	1	10.110.99.255	78	0	10046	0	0	81489	40859

\# 指定 IP 地址来查看特定主机的流量
```
< HUAWEI > display rmon2 nlhosttable hostcontrolindex 123 hostaddress 10.110.99.2
Abbreviation:
HIdx  -  hlHostControlIndex
PIdx  -  ProtocolDirLocalIndex
Addr  -  nlHostAddress
InPkts  -  nlHostInPkts
OutPkts  -  nlHostOutPkts
InOctes  -  nlHostInOctets
OutOctes  -  nlHostOutOctets
OutMac  -  nlHostOutMacNonUnicastPkts
ChgTm  -  nlHostTimeMark
CrtTm  -  nlHostCreateTime
```

HIdx	PIdx	Addr	InPkts	OutPkts	InOctes	OutOctes	OutMac	ChgTm	CrtTm
123	1	10.110.99.2	0	78	0	10046	78	81489	40859

\# 设置时间过滤器的值,只查看符合过滤条件的条目
```
< HUAWEI > display rmon2 nlhosttable hostcontrolindex 123 timemark 1000 hostaddress 10.110.99.2
Abbreviation:
HIdx  -  hlHostControlIndex
PIdx  -  ProtocolDirLocalIndex
Addr  -  nlHostAddress
InPkts  -  nlHostInPkts
OutPkts  -  nlHostOutPkts
InOctes  -  nlHostInOctets
OutOctes  -  nlHostOutOctets
OutMac  -  nlHostOutMacNonUnicastPkts
ChgTm  -  nlHostTimeMark
CrtTm  -  nlHostCreateTime
```

```
HIdx PIdx Addr         InPkts    OutPkts   InOctes    OutOctes   OutMac   ChgTm   CrtTm
123  1    10.110.99.2  0         78        0          10046      78       81489   40859
```
查看主机控制表信息,可以看到该接口上的增加主机条目数、删除的主机条目数和主机表的最大条目数

```
< HUAWEI > display rmon2 hlhostcontroltable
Abbreviation:
index — hlhostcontrolindex
datasource — hlhostcontroldatasource
droppedfrm — hlhostcontrolnldroppedframes
inserts — hlhostcontrolnlinserts
Deletes — hlHostControlNlDeletes
maxentries — hlhostcontrolnlmaxdesiredentries
owner — hlhostcontrolowner
status — hlhostcontrolstatus
index datasource          droppedfrm inserts   eletes     maxentries owner   status
123   GigabitEthernet3/0/0 0         19        0          100        China   active
```

(3) 配置文件,如下所示。

```
#
sysname HUAWEI
#
interface GigabitEthernet1/0/0
 undo shutdown
 ip address 2.2.2.1 255.255.255.0
interface GigabitEthernet3/0/0
 undo shutdown
 ip address 3.3.3.1 255.255.255.0
#
rmon2 protocoldirtable protocoldirid 8. 0. 0. 1. 0. 0. 8. 0 parameter 2. 0. 0 descr ip
host supportedon
owner china status active
rmon2 hlhostcontroltable index 123 datasource interface GigabitEthernet3/0/0 maxentry 100
owner china status active
#
return
```

5.5　习　　题

一、单项选择题

1. 管理站用 set 命令在 RMON 表中增加新行,以下叙述(　　)是正确的。

　　A. 管理站用 setRequest 生成一个新行,如果新行索引值与表中其他行的索引值冲突,则代理新生一个新行,其状态值为 createRequest(2)。

　　B. 新行产生后,由代理把状态对象的值置为 UnderCreation(3)。

　　C. 新行的状态值保持为 UnderCreation(3),直到管理站产生某一个要生成的新行。这时,由代理设置每一行新状态对象的值为 Valid(1)。

远程网络监控 *RMON*

D. 如果管理站要生成的新行已经存在,则重新生成一个新行覆盖它。

2. 有关历史组的叙述,(　　)是正确的。

    A. 历史组存储的是以随机间隔取样所获得的子网数据。该组由一个历史控制表和三个历史数据表组成。

    B. 历史控制表定义的变量 HistoryControlInterval 表示取样间隔长度,取值范围为 $1\sim1800s$,默认值为 $900s$。

    C. 变量 HistoryControlBucketsGranted 表示可存储的样品数,默认值为 50。

    D. 历史数据表提供关于各种分组的计数信息,与统计表的区别是这个表提供所有时间的统计结果。

3. 下列叙述(　　)是正确的。

    A. 矩阵组收集新出现的主机信息,其内容与接口组相同。

    B. 最高 N 台主机组的信息来源是历史组。

    C. 主机组记录网中一对主机之间的通信量。

    D. 包捕获组建立一组缓冲区,用于存储从通道中捕获的分组。

4. RMON2 在 MIB 的定义中用(　　)方法,实现了监视器每次只返回那些自上次查询以来改变的值。

    A. 时间过滤器索引   B. 外部对象索引   C. 事件过滤器索引   D. 时间对象索引

5. 有关 RMON2 叙述正确的是(　　)。

    A. 监视 OSI/RM 第 3 到第 7 层的通信,能对数据链路层以上的分组进行译码。

    B. 可以管理 IP 协议,能了解分组中的源地址和目的地址。

    C. 能监视应用层协议,如 E-mail、FTP、HTTP。

    D. 以上都对。

6. 在不修改、不违反 SNMPv1 管理框架的前提下,RMON 规范提供了(　　)。

    A. 检索未知对象的操作   B. 检索表对象的操作

    C. 行增加和行删除的操作   D. 设置或更新变量值的操作

7. 在 RMON1 中,实现报警组(alarm)时必须先实现(　　)。

    A. 事件组   B. 统计组   C. 捕获组   D. 主机组

8. 在 RMON1 中能引起代理进程发送陷入消息的分组是(　　)。

    A. 统计组   B. 主机组   C. 过滤组   D. 事件组

9. 在 RMON 中,网络监视器的作用是(　　)。

    A. 监视被管设备   B. 监视网段通信情况

    C. 代表不支持 SNMP 的设备工作   D. 向管理站报告异常

10. 根据 RMON 定义的增量报警机制,按照双重采样规则,每 5 秒观察一次,得到下面的结果:

时间()	0	5	10	15	20
观察值	0	11	21	32	39

如果上升门限是 20,则产生报警事件的个数是(　　)。

    A. 0   B. 1   C. 2   D. 3

11. 在 RMON 中,与以太统计信息无关的功能组是(　　)。
   A. 历史组　　　　　　　　　　　　B. 最高 N 台主机组
   C. 矩阵组　　　　　　　　　　　　D. 报警组

12. 在 RMON 规范中,访问控制机制是(　　)。
   A. 访问控制表　　　　　　　　　　B. 所属关系
   C. 状态行　　　　　　　　　　　　D. SNMP 视阈和团体名

13. RMON2 监视器配置组中,定义陷入目标地址是(　　)。
   A. 串行配置表　　B. 网络配置表　　C. 陷入定义表　　D. 串行连接表

14. RMON2 监视器配置组中,存储与管理建立 SLIP 连接参数的是(　　)。
   A. 串行配置表　　B. 网络配置表　　C. 陷入定义表　　D. 串行连接表

15. 在 RMON 规范中,包含了一组文本约定和过程化规则,在不修改、不违反 SNMP 管理框架的前提下,对表的操作提供了明晰而规律的(　　)操作。
   A. 行增加和行删除　　　　　　　　B. 列增加和列删除
   C. 行增加和列删除　　　　　　　　D. 列增加和行删除

二、填空题

1. 通常用于监视整个网络通信情况的设备叫网络监视器、_____或_____等。通常每个子网配置一个监视器,并且与_____通信,因此叫远程监视器。

2. 统计组提供一个表,该表每一行表示一个子网的统计信息。其中的大部分对象是_____,记录_____从子网上收集到的各种不同状态的分组数。

3. 在 RMON2 中,历史收集组由三级表组成,第一级是_____,第二级是_____,第三级是_____。

4. 过滤组中定义了两种过滤器,数据过滤器是按_____模式匹配,_____按状态匹配。各种过滤器都可以用逻辑运算进行组合,形成复杂的测试模式,一组过滤器的组合叫_____。

5. RMON2 的监视器配置组由_____、_____、_____和_____4 张表组成。

6. RMON 规范中的表结构由两部分组成。其中,数据表用于存储数据,_____表用于定义数据结构。

7. RMON 的过滤组定义了两种过滤器,数据过滤器和_____过滤器。

8. RMON 定义了_____的管理信息库,以及 SNMP 管理站与远程监视器之间的接口。

9. RMON2 新增了两种与对象索引有关的功能,即_____索引和时间过滤器索引。

10. RMON1 MIB 只能存储_____层管理信息,RMON2 MIB 则能够监视该层以上的通信。

三、简述题

1. 为什么需要 RMON?网络监视器能提供哪些管理信息?

2. RMON 对表对象的管理做出了什么改进?

3. 试根据矩阵组定义的管理对象设计一个显示网络会话的工具。

4. 试写出产生下降警报的规则。

5. 举例说明 RMON 进行状态过滤的逻辑。

6. 试描述警报组、过滤组、事件组和包捕获组的关系。

7. RMON2 扩充了哪些功能组？它们的作用是什么？

8. 为什么要使用外部对象作为表的索引？

9. RMON2 如何标识协议之间的关系？

10. 试把 RMON 对象划分到各个管理功能域。

四、综合题

1. 写出以太网的 TFTP 的协议标识符，并简述各层协议字节串的表示方法。

2. 用图示画出当 alarmStartUpAlarm＝2 时，发出报警信号的时刻。

第6章　规划部署 Windows Server 2003

6.1　Windows Server 2003 简介

Windows Server 2003 是功能强大的网络操作系统,2003 年 4 月由微软正式发布,多年来得到了广泛的应用,其主要特点如下。

(1) Windows Server 2003 标准版:是一个灵活、可靠的网络操作系统,是小型企业和部门应用的理想选择。支持 4 个处理器,主要用于提供文件和打印机共享及安全的 Internet 连接,允许集中化的桌面应用程序部署。该版本不支持服务器群集,所谓群集是指多台服务器共同负责原来一台服务器的工作,它可以提供负载平衡的能力,同时可以防止服务器单点故障的产生,也使网络更易于扩展。

(2) Windows Server 2003 企业版:是为满足各种规模的企业的一般用途而设计的,是一种全功能的服务器操作系统,提供高度可靠、高性能的软件服务,是构建各种应用程序、Web 服务和基础结构的理想平台。企业版支持 8 个 CPU 和 64 位计算平台,在功能上与标准版基本相同,只是提供了对更高硬件系统的支持,可用于更大规模的网络,支持更多数量的用户和更复杂的网络应用。

(3) Windows Server 2003 数据中心版:是为运行企业和任务所倚重的应用程序(这些应用程序需要最大的可伸缩性和可用性)而设计的,是微软公司迄今为止开发的功能最强大的服务器操作系统。它支持多达 32 路的 SMP 和 64GB 的 RAM,提供 8 结点群集和负载平衡服务,可用于能够支持 64 位处理器和 512GB RAM 的 64 位计算平台。数据中心版软件一般不单独销售,可以通过指定的合作伙伴获得。

(4) Windows Server 2003 Web 版:是 Windows 系列中的新产品,主要目的是作为 IIS 6.0 Web 服务器使用,用于生成和承载 Web 应用程序、Web 页面以及 XML Web 服务,提供一个快速开发和部署 XML Web 服务和应用程序的平台,实现 Web 服务和托管。与标准版相同,Web 版也不支持服务器群集。Windows Server 2003 启动界面如图 6-1 所示。

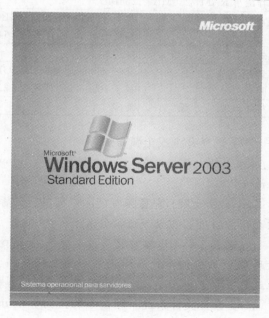

图 6-1　Windows Server 2003 启动界面

6.2　Windows Server 2003 的安装

开始安装 Windows Server 2003 之前必须做好如下准备工作。

（1）切断非必要的硬件连接。

（2）查看硬件和软件兼容性，见表 6-1。

（3）检查系统日志错误。

（4）备份文件。

（5）重新格式化硬盘。

（6）选择安装模式——Windows Server 2003 可以有不同的安装方式，主要是根据安装程序所在的位置、原有的操作系统等进行分类的。

① 从 CD-ROM 启动开始全新的安装。

② 在运行 Windows 98/NT/2000/XP 的计算机上安装。

③ 从网络进行安装。

④ 通过远程安装服务器进行安装。

⑤ 无人值守安装。

⑥ 升级安装。

表 6-1　不同版本的 Windows Server 2003 的系统需求

需　　求	标准版	企　业　版	数据中心版	Web 版
最低 CPU 速度	133MHz	基于 x86 的计算机：133MHz 基于 Itanium 的计算机：733MHz	基于 x86 的计算机：400MHz 基于 Itanium 的计算机：733MHz ＊	133MHz
推荐 CPU 速度	550MHz	733MHz	733MHz	550MHz
最小 RAM	128MB	128MB	512MB	128MB
推荐最小 RAM	256MB	256MB	1GB	256MB
最大 RAM	4GB	基于 x86 的计算机：32GB 基于 Itanium 的计算机：64GB	基于 x86 的计算机：64GB 基于 Itanium 的计算机：128GB	2GB
多处理器支持	1 或 2	多达 8	要求最少 8，最多 32	1 或 2
安装所需磁盘空间	1.5GB	基于 x86 的计算机：1.5GB 基于 Itanium 的计算机：2.0GB	基于 x86 的计算机：1.5GB 基于 Itanium 的计算机：2.0GB	1.5GB
群集结点数	无	最多 8 个	最多 8 个	无

（7）选择升级或全新安装——

① 升级：就是将 Windows NT 或 Windows 2000 Server 的某个版本替换为 Windows Server 2003。

② 全新安装：它意味着清除以前的操作系统，或将 Windows Server 2003 安装在以前没有操作系统的磁盘或磁盘分区上。

注意：不要在压缩的驱动器上进行 Windows Server 2003 的升级或安装，除非该驱动器使用 NTFS 文件系统压缩实用程序进行压缩。要在 DriveSpace 或 DoubleSpace 压缩的卷上运行 Windows Server 2003 安装程序，需要先将其解压缩。

（8）选择文件系统。硬盘中的任何一个分区，都必须被格式化成合适的文件系统后才能正常使用。Windows Server 2003 可以安装在 FAT32 或 NTFS 格式的分区中。安装程序提供两种格式化方式——快速格式化与完全格式化。在 FAT32 格式的分区中，有许多功能(如安装活动目录、设置磁盘配额等)不能使用，所以最好采用 NTFS(New Technology File System)文件系统。

(9) 选择授权模式——

① 每服务器(Per Server)：若选择该模式，并设置"同时连接数"，则 Windows Server 2003 服务器可以限制并发连接数，也就是同时连接到该服务器的客户机数量，默认为 5 用户。

② 每客户(Per Seat)：若选择该模式，每个访问 Windows Server 2003 的客户机，都需要有各自的 CAL(Client Access License，客户访问许可证)。

注意：用户可以将许可证模式从"每服务器"转换为"每客户"，但是不能从"每客户"转换为"每服务器"模式。所以，如果用户不知道采用哪一种模式，建议选择"每服务器"模式，这样，以后还可以将其转换为"每客户"模式，而且它是免费的，但只能转换一次，无法再次转换回"每服务器"模式。

(10) 硬盘分区的规划。Windows Server 2003 可以有不同的安装方式，主要是根据安装程序所在的位置、原有的操作系统等进行分类的。运行安装程序，执行全新安装之前，需要决定安装 Windows Server 2003 的分区大小。没有固定的公式计算分区大小，基本规则就是为一同安装在该分区上的操作系统、应用程序及其他文件预留足够的磁盘空间。若安装 Windows Server 2003 的文件需要至少 2GB 的可用磁盘空间，建议要预留比最小需求多得多的磁盘空间，如 10GB 的磁盘空间。这样为各种项目预留了空间，如安装可选组件、用户账户、Active Directory 信息、日志、未来的 Service Pack、操作系统使用的分页文件以及其他项目。

(11) 是否使用多重引导。计算机可以被设置多重引导，即可在一台计算机上安装多个操作系统。例如，可以将服务器设置为大部分时间运行 Windows Server 2003，但有时也运行 Windows NT Server 4.0 或 Windows 2000 Server 以便支持早期的应用程序，这样做一般需要选择特定的文件系统并可能需要最新的 Service Pack。在重新启动系统的过程中，列出系统选择选项，如果没有做出选择，将运行默认的操作系统。设置多重引导的缺点是，每个操作系统都占用大量的磁盘空间，并使兼容性问题变得复杂，尤其是文件系统的兼容性。此外，动态磁盘格式并不在多个操作系统上起作用。只有单独运行 Windows 2000 Server 或者 Windows Server 2003 操作系统才能使用动态磁盘格式访问硬盘。

6.2.1 从 CD-ROM 启动开始全新安装

(1) 从光盘引导计算机：如果计算机的 CMOS 设置为从光盘(CD-ROM)引导，将 Windows Server 2003 安装光盘置于光驱内并重新启动。如果硬盘内没有安装任何操作系统，计算机便会直接从光盘启动到安装界面；如果硬盘内安装有其他操作系统，计算机就会显示"Press any key to boot from CD……"的提示信息，此时在键盘上按任意键，才可从 CD-ROM 启动。

(2) 准备安装 SCSI 设备：从光盘启动后，便会出现"Windows Setup"蓝色界面。安装程序会先检测计算机中的硬件设备，如果安装有 Windows Server 2003 不支持的 RAID 卡或 SCSI 存储设备，则当安装程序界面底部显示"Press F6 if you need to install a third party SCSI or RAID driver..."提示信息时，必须按下"F6"键，准备为该 RAID 卡或 SCSI 设备提供驱动程序。

（3）提示安装 SCSI 设备：当按下 F6 键后，将弹出如图 6-2 所示的窗口，提示用户安装特殊的 SCSI 设备。

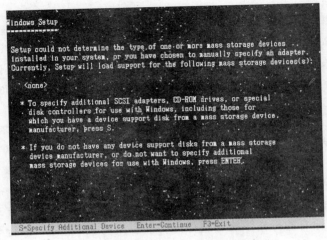

图 6-2　安装特殊的 SCSI 设备

（4）插入驱动程序：按下 S 键，弹出如图 6-3 所示的界面，要求用户将相关设备的安装盘插入软驱"A："中。按下回车键，开始向系统复制驱动程序。若安装两个以上的 SCSI 设备，则当第一个设备安装完毕后，重复显示该页面，按下 S 键，继续新设备的安装；否则，在第一个设备安装完毕后，直接按下回车键。

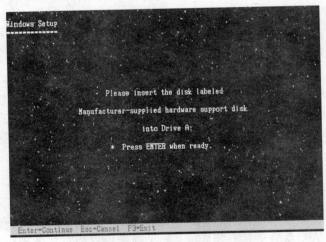

图 6-3　插入驱动软盘

（5）安装驱动程序：安装程序开始向计算机中复制安装所需要的文件及驱动程序。安装完成后弹出如图 6-4 所示的窗口，即可安装 Windows Server 2003 了。

系统显示"Windows 许可协议"画面，要求用户确认 Windows Server 2003 许可协议，如图 6-5 所示，按 F8 键接受协议并继续安装过程。

（6）选择分区：如果硬盘已经分区，会弹出如图 6-6 所示的画面，选择 Windows Server 2003 安装的分区，建议分区的格式为 NTFS。

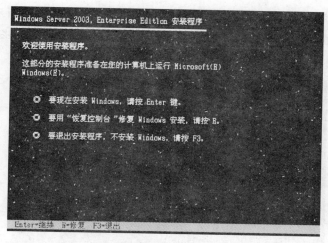

图 6-4　开始安装 Windows Server 2003

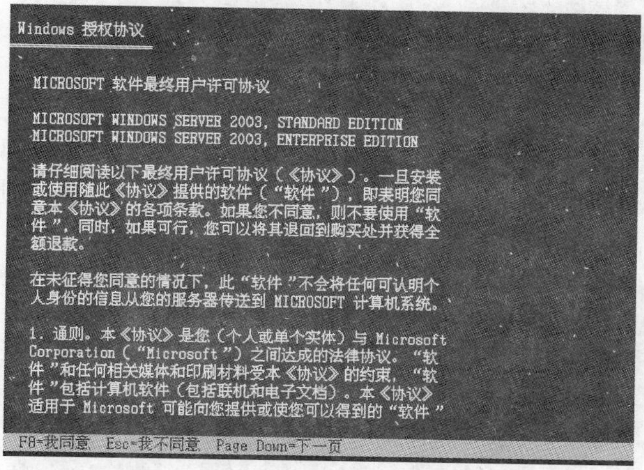

图 6-5　Windows Server 2003 许可协议

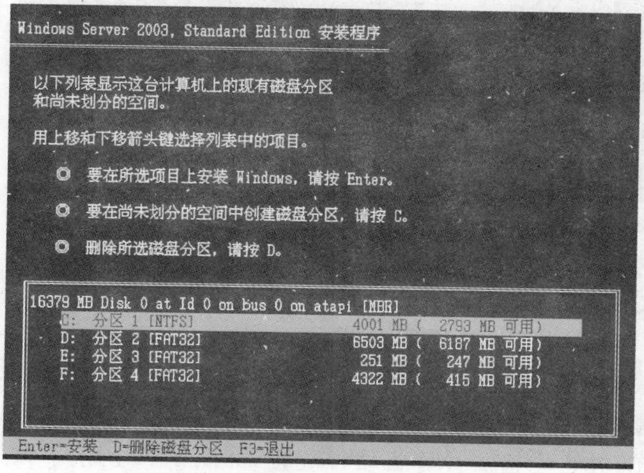

图 6-6　选择分区

规划部署 Windows Server 2003

（7）选择文件系统：选择 C 分区完成以后，按回车键弹出如图 6-7 所示的界面，要求选择格式化磁盘分区的文件系统，在此最好选择"用 NTFS 文件系统格式化磁盘分区"选项，将磁盘格式化为 NTFS 文件系统。

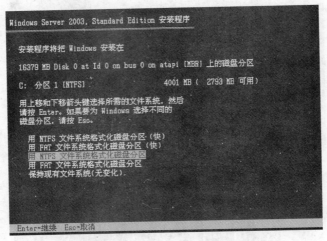

图 6-7　选择文件系统格式化硬盘

（8）格式化硬盘：按回车键，系统开始格式化硬盘，如图 6-8 所示。只有用光盘启动安装程序，才能在安装过程中提供格式化分区选项。如果用 MS-DOS 启动盘启动进入 DOS 下，运行 i386\winnt.exe 进行安装。

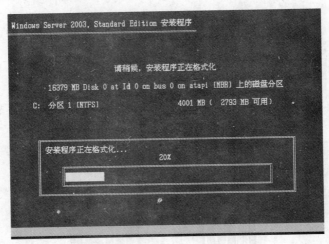

图 6-8　格式化硬盘

（9）复制安装文件：格式化完成后就会向硬盘中复制安装文件，如图 6-9 所示，文件复制完成，计算机会自动重新启动，如图 6-10 所示。

（10）计算机第一次重新启动后，将控制权从安装程序转移给系统。这时要注意了，建议在系统重启时将硬盘设为第一启动盘，不改变也可以，只是不要按键盘上的任何键，计算机会自动进入新系统，并自动检测计算机硬件配置，如图 6-11 所示。该过程可能会需要几分钟，请耐心等待，检测完成后就开始安装。

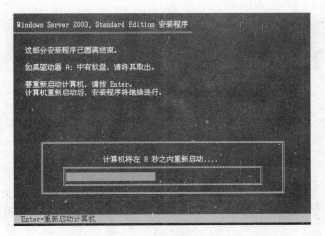

图 6-9　复制安装文件

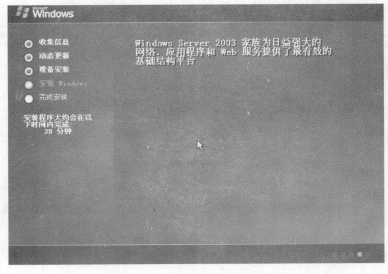

图 6-10　计算机重新启动

图 6-11　自动检测计算机硬件配置

195

第
6
章

规划部署 *Windows Server 2003*

（11）选择区域和语言：如图 6-12 所示，可以采用默认值。

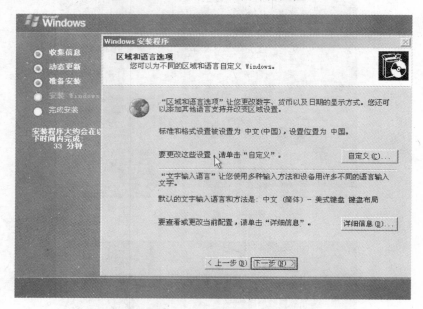

图 6-12　区域和语言设置

（12）自定义软件：在图 6-13 所示"自定义软件"窗口中，输入管理员的姓名和所在单位名称，不能省略。

（13）输入 Windows Server 2003 的安装密钥，如图 6-14 所示。该密钥通常贴在包装袋封面上的黄色不干胶纸上，是一串 5 组、每组 5 位的数字串。

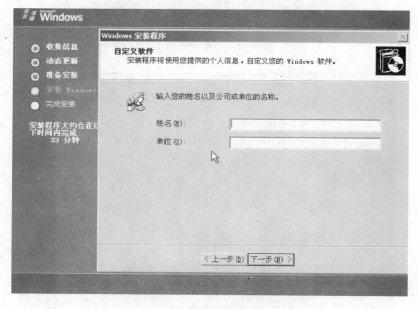

图 6-13　自定义软件

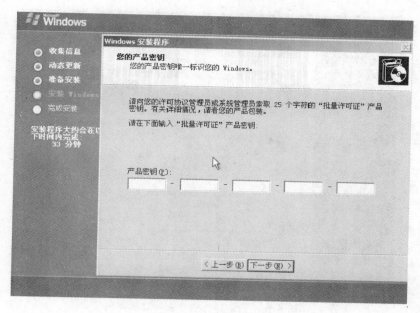

图 6-14　输入产品密钥

（14）选择授权方式及同时连接数，如图 6-15 所示。用户可以查阅上节中相关注意事项。

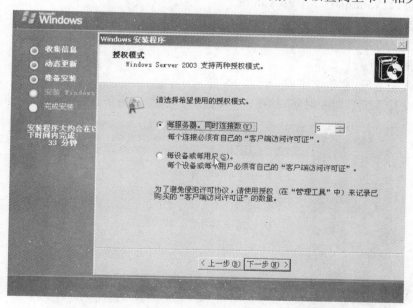

图 6-15　设置授权模式

（15）为该服务器指定一个计算机名和管理员密码，如图 6-16 所示。

提示：计算机名既要在网络中独一无二，又要能标识该服务器的身份。另外，在这里输入的管理员密码必须牢记，否则，将无法登录系统。对于管理员密码，Windows Server 2003 的要求非常严格，管理员口令要求必须符合以下条件中的前两个，并且至少符合 3 个条件。

第 6 章

规划部署 Windows Server 2003

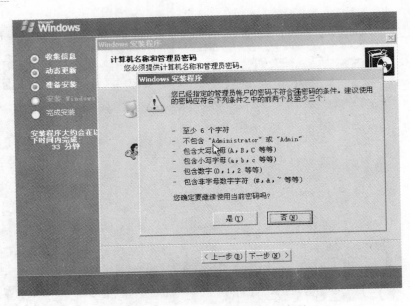

图 6-16　指定计算机名和管理员密码

① 至少 6 个字符。

② 不包含 Administrator 或 Admin。

③ 包含大写字母(A、B、C 等)。

④ 包含小写字母(a、b、c 等)。

⑤ 包含数字(0、1、2 等)。

⑥ 包含非字母、非数字字符(♯、&、～等)。

(16) 设置系统日期和时间,如图 6-17 所示,如无特殊需要保持系统默认即可。

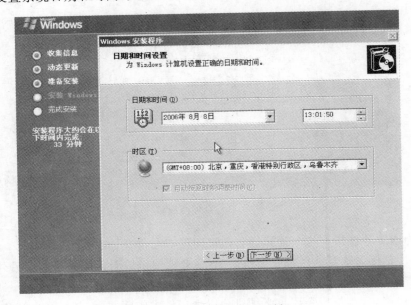

图 6-17　修改系统日期和时间

（17）进行网络设置：如果对网络连接没有特殊要求，可选择"典型设置"选项，如图 6-18 所示。如果有特别需求，如设置 IP 地址、安装网络协议等，请选择"自定义设置"选项。

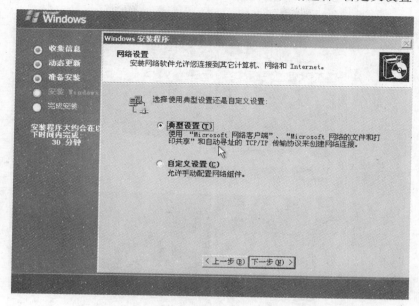

图 6-18　网络设置窗口

（18）设置计算机所在的工作组或域，如图 6-19 所示。如果网络中只有这一台服务器，或者网络中没有域控制器，应当选择"不，此计算机不在网络上，或者在没有域的网络上"选项；否则，应当选择"是，把此计算机作为下面域的成员"，并在"工作组或计算机域"文本框中输入该计算机所在工作组或域的名称，也可以在安装完成后再将计算机加入到域中。

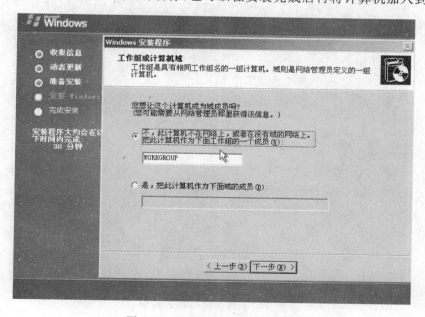

图 6-19　设置工作组和计算机域

（19）配置完成以后，开始复制文件并对系统进行配置，然后系统自动重新引导。启动成功后将弹出如图 6-20 所示的"欢迎使用 Windows"窗口。

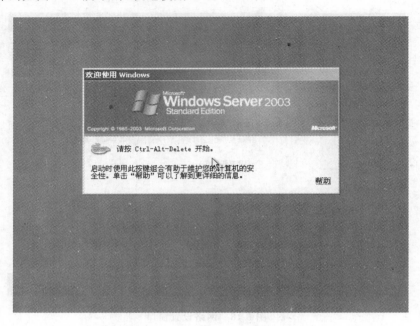

图 6-20　欢迎使用 Windows Server 2003

（20）按照要求按下 Ctrl＋Alt＋Delete 组合键后，即可打开如图 6-21 所示的"登录到 Windows"窗口，正确输入用户名和密码并按回车键，即可登录系统。

图 6-21　登录到 Windows 窗口

（21）单击"确定"按钮之后，即可进入 Windows Server 2003 操作系统，弹出如图 6-22 所示的"管理您的服务器"窗口。此时表明已经成功安装好 Windows Server 2003 系统。

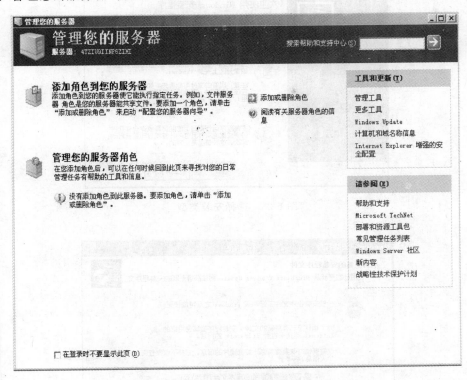

图 6-22 "管理您的服务器"窗口

6.2.2 在运行 Windows 的环境中安装

可以在 Windows 环境下开始 Windows Server 2003 的安装，利用安装光盘中的 i386 目录下的 winnt32.exe 文件进行。

（1）不带参数运行 winnt32.exe：找到安装光盘中的 i386\winnt32.exe，双击运行该文件，如图 6-23 所示，选择安装类型——全新安装或者升级安装，单击"下一步"按钮；选择接受协议，单击"下一步"按钮，输入产品的密钥；紧接着是安装选项，采用默认选项即可；下一步是选择是否对原有的文件系统进行升级，如果该计算机还需存在 Windows 95/98，则应该保留原有的文件系统，否则推荐把文件系统升级到 NTFS；单击"下一步"按钮，如图 6-24 所示，如果计算机已经连接到 Internet，可以选择下载更新的安装程序，否则选择跳过这一步；单击"下一步"按钮继续安装，安装程序开始将 i386 目录下的文件复制到硬盘上的一个临时目录下；复制完毕后，计算机自动重新启动；在重新启动后，用户选择"Windows Server 2003，Enterprise 安装程序"选项，随后的安装步骤和 6.2.1 小节中介绍的基本相同，不再赘述。

（2）带参数运行 winnt32.exe：可以在运行 winnt32.exe 时，用参数控制安装过程中的一些选项。执行"开始"→"运行"命令，在弹出的对话框中输入 cmd 命令，进入到 DOS 提示符下；切换目录到安装光盘上的 i386 目录下，执行 winnt32.exe 命令。这里介绍 winnt32

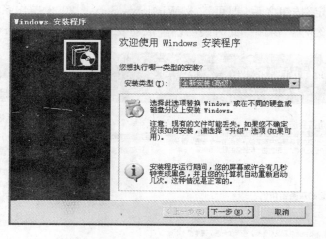

图 6-23　选择安装类型

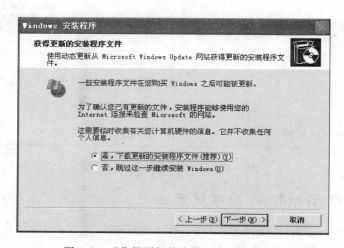

图 6-24　"获得更新的安装程序文件"窗口

常用的几个参数。

① winnt32/checkupgradeonly：仅检查计算机升级兼容性，不执行安装。

② winnt32[/s：sourcepath][/tempdriver：driver_letter]：指明 sourcepath 目录为安装文件的源路径，安装程序将把临时文件放置在 driver-letter 所指的盘上。

③ winnt32 unattend：answer_file：指明执行无人值守安装，应答文件为 answer_file。

④ winnt32/noreboot：指示安装程序在文件复制完成后不要重新启动计算机。

6.2.3　从网络安装

从网络安装适合于局域网已经存在的场合。通常把 Windows Server 2003 安装光盘上的 i386 目录复制在网络中的一台服务器上，并把该目录共享出来，或者直接把光盘共享出来。然后在要安装 Windows Server 2003 的计算机上，通过"网上邻居"查找到该共享，运行 i386 目录下的 winnt32.exe 文件。也可以在目标计算机上执行"开始"→"运行"命令，在弹出的对话框中,直接输入\\servername\sharename\winnt32,这里的 servername 是存放有 i386 目录的计算机名,sharename 是 i386 目录的共享名,其余步骤和 6.2.2 小节中介绍的一样。

6.2.4 无人值守安装

无人值守安装:实际上是把 Windows Server 2003 安装过程中要回答的问题,保存在一个称为应答文件的文件中,安装程序从该文件中读取所需的内容。管理员在启动安装程序后,就可以去做别的事情。

在安装光盘的 i386 目录下有一个 unattend. txt 文件,该文件是无人值守应答文件的样本,可以对该文件进行适当的修改。注意以";"开头的为注释行,文件内容如下。修改好应答文件后,保存在软盘上或者其他介质上,然后运行 winnt32. exe。例如:

winnt32 /s: F:\i386 /unattend: a:\unattend. txt

其中:/s: F:\i386 表示安装源在 F 盘的 i386 目录;

/unattend: a:\unattend. txt 表示进行无人值守安装,应答文件为 A 盘上的 unatend. txt。

```
; Microsoft Windows
; (c) 1994 - 2001 Microsoft Corporation. All rights reserved. ;
; 无人参与安装应答文件示例;
; 此文件包含如何自动安装或升级 Windows 的信息,
; 这样安装程序的运行就不需要用户的输入.您可以
; 在 CD:\support\tools\deploy.cab 中的 ref.chm
; 文件中获得更多信息;
[Unattended]
Unattendmode = FullUnattended
OemPreinstall = NO
TargetPath = *
Filesystem = LeaveAlone
[GuiUnattended]
; 设置时区为中国
; 设置管理员密码为 ycserver07
; 设置 AutoLogon 为 ON 并登录
TimeZone = "210"
AdminPassword = ycserver007
AutoLogon = Yes
AutoLogonCount = 1
[LicenseFilePrintData]
; 用于 Server 安装,授权模式为每服务器模式,用户数为 5 个
AutoMode = "PerServer"
AutoUsers = "5"
[GuiRunOnce]
; 列出当第一次登录计算机时您想启动的程序
[Display]
BitsPerPel = 16
XResolution = 800
```

```
YResolution = 600
VRefresh = 70
[Networking]
[Identification]
; 为工作组模式,工作组名为 Workgroup
JoinWorkgroup = Workgroup
[UserData]
; 用户的姓名、单位以及计算机名称
FullName - "邹均超"
OrgName = "湖南理工职业技术学院"
ComputerName = 2003server
; 产品密钥
ProductKey = "QW32K－48T2T－3D2PJ－DXBWY－C6WRJ"
```

无人值守应答文件也可以用安装管理器来产生,步骤如下。

(1) 在 Windows Server 2003 安装光盘上,\support\tools 目录下有一个名为 deploy.cab 的压缩文件,该文件中包含一个 setupmgr.exe 程序。把 setupmgr.exe 程序还原后运行,可以选择创建新的文件或者修改现有的文件,单击"下一步"按钮。如图 6-25 所示,选择"无人参与安装"单选按钮,单击"下一步"按钮。

(2) 根据正在安装的 Windows Server 2003 的版本选择 Windows 产品,单击"下一步"按钮;选择"全部自动"单选按钮,单击"下一步"按钮。

(3) 选择安装程序所在的位置,可以是从 CD 安装,也可以是从网络进行安装,单击"下一步"按钮;选中"接受许可协议"复选框,单击"下一步"按钮。

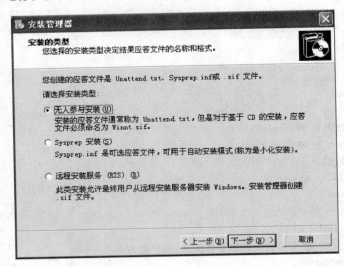

图 6-25　选择"无人参与安装"单选按钮

(4) 在图 6-26 所示的对话框中,选择窗口左部的列表,在窗口的右部输入相应的应答参数。注意所有的栏目都需要进行设置,全部设置完毕后,单击"下一步"按钮,把应答文件保存在软盘或者指定的目录中,如图 6-27 所示。

（5）安装管理器会产生两个文件，一个是 .bat 文件，一个是 .txt 文件。直接执行 .bat 文件，即可开始无人值守安装。

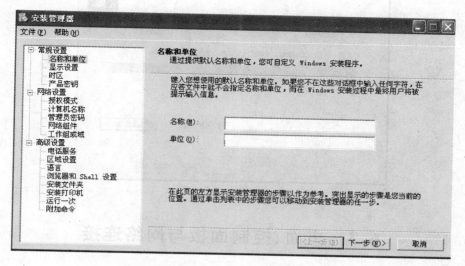

图 6-26　设置应答参数

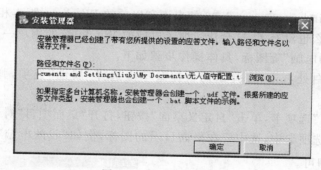

图 6-27　保存应答文件

6.2.5　升级安装

（1）不是所有 Windows Server 2003 之前的 Windows 都可以升级到 Windows Server 2003，只有 Windows NT 4. 0 Server 和 Windows 2000 Server 才能升级到 Windows Server 2003，Windows 98/NT 4. 0Workstation/2000 Professional 无法升级到 Windows Server 2003。如果是 Windows NT 4.0 Server，则还必须安装 Service Packet 5。

（2）要升级到 Windows Server 2003，首先启动原有的系统（Windows NT 4. 0 Server 或者 Windows 2000 Server），将 Windows Server 2003 安装光盘放入光驱，选择安装 Windows Server 2003；安装类型选择"升级（推荐）"单选按钮，单击"下一步"按钮开始安装，其余步骤和 6.2.1 小节介绍的类似。

（3）如果出现兼容性问题，如图 6-28 所示，升级将无法继续。选择相应的选项，单击"详细信息"按钮，根据提示解决问题。图 6-28 所示的对话框中指出安装程序不支持从 Windows XP Professional 升级到 Windows Server 2003。

205

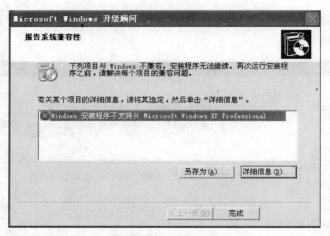

图 6-28　版本兼容性问题

6.3　桌面、控制面板与网络连接

6.3.1　桌面

刚安装好的 Windows Server 2003 的桌面和以前的 Windows 版本相比,除了右下角有一个回收站外就什么也没有了,这会让习惯了以前的 Windows 的用户一下子手足无措。要在桌面上显示"我的电脑"等图标,具体操作步骤如下。

(1) 在桌面空白处右击,在弹出的快捷菜单中选择"属性"选项,弹出"显示属性"对话框。

(2) 选择"桌面"选项卡,单击"自定义桌面"按钮,打开"桌面项目"对话框。

(3) 在"常规"选项卡中,选中要在桌面显示的图标,例如"我的电脑"、"网上邻居"等的复选框,然后确定即可。

1. 文件夹选项

文件夹选项控制着资源管理器中的文件与文件夹的显示,不同用户常常有自己习惯的风格,可以设置适合自己的文件夹选项,具体操作步骤如下。

(1) 打开"我的电脑"窗口,选择"工具"→"文件夹选项"命令,弹出"文件夹选项"对话框,有"常规"、"查看"、"文件类型"、"脱机文件"几个选项卡。

(2) 在"常规"选项卡中,有以下几个选项。

① "任务"选项。

② "浏览文件夹"选项。

③ "打开项目的方式"选项。

(3) 在"查看"选项卡中,如图 6-29 所示,

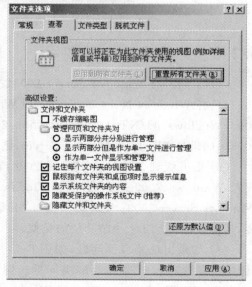

图 6-29　"查看"选项卡

可以设置文件或文件夹在资源管理器中的显示属性。

2. 控制面板

Windows Server 2003 要管理很多软件和硬件,这些管理大多是通过控制面板来完成的,这和以前的 Windows 版本一致。控制面板中有许多图标用来管理系统。

1) Internet 选项

用于设置 IE 浏览器。

2) 存储的用户名和密码

在局域网中或 Internet 上有的服务器不能提供匿名访问,必须使用特定的用户名和密码,这时可以创建登录到该服务器的用户名和密码。如图 6-30 所示,在其左边窗口,单击"添加"按钮打开"登录信息属性"对话框,可以从中添加登录到指定服务器的用户名和密码,也可以修改用户名和密码。

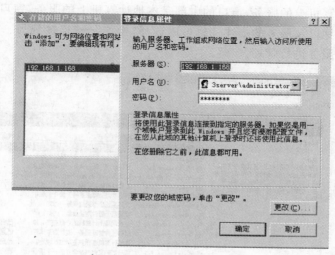

图 6-30　存储的用户名和密码

3) 打印机和传真

4) 电话和调制解调器

5) 电源

6) 辅助功能

7) 管理工具

8) 键盘

9) 区域和语言

10) 任务计划

11) 日期和时间

12) 扫描仪和照相机

13) 声音和音频设备

14) 授权

15) 鼠标

16) 添加或删除程序

17）添加硬件

18）网络连接

19）文件夹选项

20）系统

21）显示

22）游戏控制器

23）语音

24）字体

Windows Server 2003 为用户提供了多种多样的网络服务，例如 DHCP、DNS 服务等，可以使用"管理工具"中的"服务"工具，对系统的服务器进行管理，具体的操作步骤如下。

（1）双击"管理工具"中的"服务"图标，弹出"服务"窗口，如图 6-31 所示。在窗口的左部显示的是某台计算机上的服务，窗口的中部是本地计算机上的服务，窗口的右部显示的是各种不同的服务名称以及服务的描述。也可以选择"操作"→"连接到另一台计算机"命令，对远程计算机上的服务进行管理。

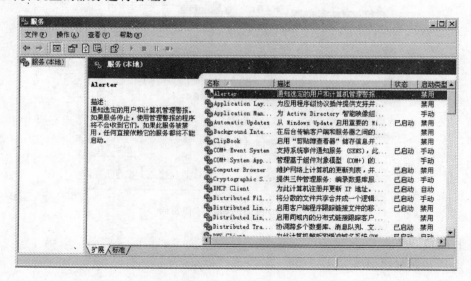

图 6-31　"服务"窗口

（2）在窗口的右部有"扩展"和"标准"两个选项，选择"扩展"选项后，在服务窗口上会显示服务的描述，各种服务功能及其用途可参见服务的描述以及以后的章节，不在此介绍。

（3）要管理某一系统服务，直接双击服务打开服务的属性窗口。以 Network Connections 服务为例，如图 6-32 所示，其属性对话框中的主要部分如下。

①"可执行文件的路径"文本框。

②"启动类型"下拉列表框。

③"服务状态"栏。

（4）在服务属性窗口中的"登录"选项卡中，可以设定服务是以何登录身份运行的，默认时是"本地系统账户"，如图 6-33 所示。如果要为服务指定登录身份，选择"此账户"单选按钮，然后单击"浏览"按钮，打开"选择用户"对话框，选择登录用户后单击"确定"按钮，输入账户的密码。同时可以指定哪个硬件配置文件启动或者禁止该服务。如果管理员在某个硬件配置文件中禁止了某服务，则系统启动时选择该硬件配置文件，系统将不启动该服务。

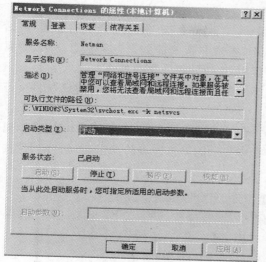

图 6-32　Network Connections 服务属性

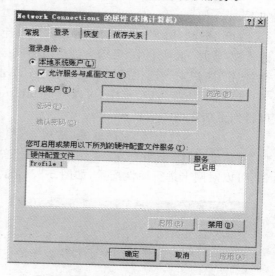

图 6-33　"登录"选项卡

（5）选择"恢复"选项卡，如图 6-34 所示，可以设定服务启动第一次、第二次、后续失败后系统应采取的相应操作。操作可以是"不操作"、"重新启动服务"、"运行一个程序"和"重新启动计算机"。如果选择"运行一个程序"，还可以选择要运行的程序、命令行参数以及程序在何时启动；如果选择"重新启动计算机"，则可以单击"重新启动计算机选项"按钮，打开"重新启动计算机选项"对话框，并可以设置在几分钟后启动计算机，以及是否向管理员发送消息。

（6）在"依存关系"选项卡中可以显示该服务依赖其他哪些服务，以及有哪些服务依赖于它，如图 6-35 所示。如果停止某一服务，可能导致依赖于它的其他服务不能正常工作。

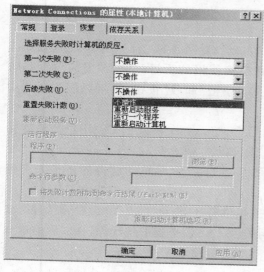

图 6-34　"恢复"选项卡

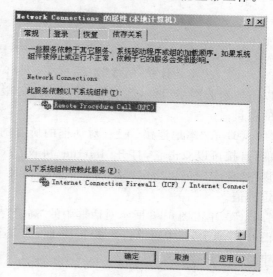

图 6-35　"依存关系"选项卡

规划部署 Windows Server 2003

3. 网络连接

对于网络操作系统来说，网络连接属性的设置是至关重要的内容，具体的操作步骤如下。

（1）选择"开始"→"控制面板"→"网络连接"→"本地连接"命令，弹出"本地连接"对话框。在"常规"选项卡中，可以看到当前的连接状态、发送和接收的数据包等信息。单击"属性"按钮，可以对该连接的属性进行设置；单击"禁用"按钮则该连接被禁止。

（2）在"支持"选项卡中，可以看到 Internet 协议的基本信息；单击"详细信息"按钮，可以得到更加详细的信息。

（3）在"本地连接"对话框的"常规"选项卡中单击"属性"按钮，可以打开"本地连接 属性"对话框，如图 6-36 所示。"连接时使用"文本框中显示的是该连接的网卡，单击"配置"按钮，可以对网卡进行属性配置，如图 6-37 所示。

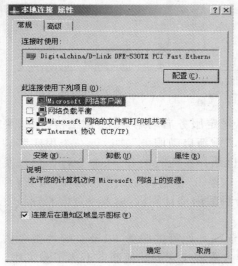

图 6-36　"本地连接 属性"对话框　　　　图 6-37　网卡属性配置

（4）在网卡的属性对话框的"高级"选项卡中，可以设置网卡的工作速率、双工模式等。

（5）在"本地连接 属性"对话框中，列出了此连接使用的项目。单击"安装"按钮，可以添加新的网络组件，例如新的网络协议、服务等；单击"卸载"按钮，则可以删除所选中的项目。

（6）在"本地连接 属性"对话框的所有的项目中，"Internet 协议（TCP/IP）"是最常用的，直接可以双击它，打开"Internet 协议（TCP/IP）属性"对话框，如图 6-38 所示，在"常规"选项卡中可以指定网络的 IP 地址，以及 DNS 服务器的 IP 是自动获得的还是人工指定的值。

（7）单击图 6-38 所示对话框中的"高级"按钮，可以打开"高级 TCP/IP 设置"对话框，如图 6-39 所示，从中可以设置多个 IP 地址、多个网关、WINS 服务器的地址等，在以后的章节中将介绍这些设置。

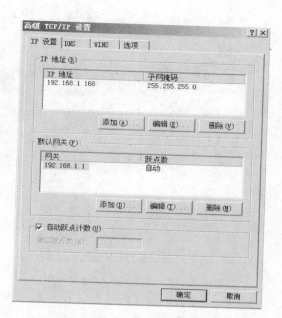

图 6-38 "Internet 协议（TCP/IP）属性"对话框

图 6-39 "高级 TCP/IP 设置"对话框

（8）在"高级"选项卡中单击"设置"按钮，如图 6-40 所示，可以设置防火墙来保护计算机和网络。在"服务"选项卡中，如图 6-41 所示，可以选择运行于计算机上的服务。在"高级设置"对话框中的"安全日志"选项卡中，如图 6-42 所示，可以设置日志文件名、文件大小、对何种事件进行记录（记录被丢弃的数据包或者成功的连接）。在 ICMP 选项卡中，如图 6-43 所示，可以控制该计算机对 ICMP 数据包是如何处理的。ICMP 译为 Internet 控制消息协议，ping 命令使用的数据包就是图 6-43 所示列表框中的第一项。如果要允许其他计算机 ping 该计算机，应选中"允许传入响应请求"复选框。

图 6-40 "高级"选项卡

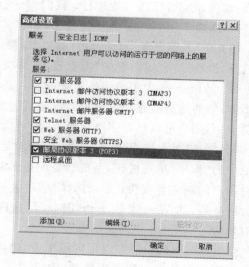

图 6-41 "高级设置"对话框

211

第6章

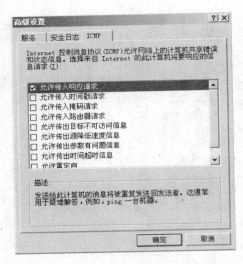

图 6-42 "安全日志"选项卡　　　　图 6-43 "ICMP"选项卡

6.3.2 系统属性

系统属性中包含计算机名、性能优化等各种设置,对计算机能否优化地运行有着重要的影响。选择"开始"→"控制面板"→"系统"命令,可以打开"系统属性"对话框。

(1)"常规"选项卡:显示了当前计算机的 Windows 版本、软件序列号、计算机 CPU 的频率、内存大小等信息。

(2)"计算机名"选项卡:对计算机进行描述,要更改计算机的名字,则单击"更改"按钮,打开"计算机名称更改"对话框,输入新的计算机名,单击"确定"按钮即可。新的计算机名要等系统重新启动后才能生效。

(3)"高级"选项卡:对系统的性能等进行调整。由于这些操作常常会严重影响系统的运行,需要系统管理员方能进行。我们重点学习了解"高级"选项卡,相关设置如下。

1. 性能

(1)在"系统属性"对话框的"高级"选项卡中,单击"性能"选项区域中的"设置"按钮,即可打开"性能选项"对话框的"视觉效果"选项卡,如图 6-44 所示。

(2)Windows 为了增强外观采取了一系列的方法,例如滑动打开组合框、在菜单中显示阴影等,然而这些措施是以增加系统的负担、降低系统的运行性能为代价的。在"视觉效果"选项卡中,用户可以选择多个项目,注意平衡 Windows 外观和系统性能之间的矛盾。

(3)在如图 6-45 所示的"性能选项"对话框的"高级"选项卡中,选择"处理器计划"选项区域中的"程序"单选按钮,系统会分配更多的 CPU 时间给在前台运行的应用程序,这样系统对用户的响应会较快;如果选择"后台服务"单选按钮,则系统会分配更多的 CPU 时间给后台服务器,如 Web 服务、FTP 服务等,这样在前台运行程序的用户可能得不到计算机的及时响应。

(4)和"处理器计划"选项区域类似,选择"内存使用"选项区域中的"程序"单选按钮,系统会分配更多的内存给应用程序;如果选择"系统缓存"单选按钮,则系统会分配更多的内存作为缓存。

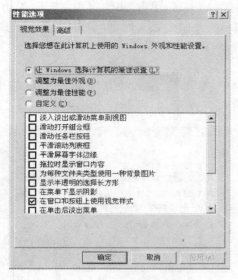
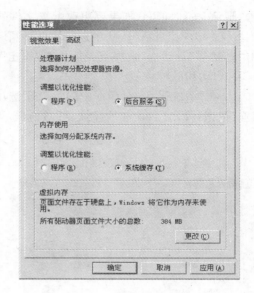

图 6-44 "视觉效果"选项卡　　　　　　　图 6-45 "高级"选项卡

（5）在 Windows 中，如果内存不够，系统会把内存中暂时不用的一些数据写到磁盘上，以腾出内存空间给别的应用程序使用，在系统需要这些数据时，再重新把数据从磁盘读回内存中。用来临时存放内存数据的磁盘空间称为虚拟内存，对于虚拟内存的大小，建议为实际内存的 1.5 倍（例如服务器内存为 256MB，系统一般分配的虚拟内存为 384MB），太小会导致系统没有足够的内存运行程序，特别是当实际的内存不大时更是这样。在"高级"选项卡中，单击"虚拟内存"选项区域中的"更改"按钮，打开"虚拟内存"对话框，从中可以设置虚拟内存的大小。

（6）虚拟内存可以分布在不同的驱动器中，总的虚拟内存等于各个驱动器上的虚拟内存之和。如果计算机上有多个物理磁盘，建议把虚拟内存放在不同的磁盘上，以增加虚拟内存的读写性能。要设置某一驱动器上的虚拟内存大小，在驱动器列表中选中该驱动器，输入页面文件（即虚拟内存）大小后，单击"设置"按钮即可。虚拟内存的大小可以是自定义大小，即管理员手动指定，或者由系统自行决定。页面文件所使用的文件名是根目录下的 pagefile. sys，不要轻易删除该文件，否则可能导致系统的崩溃。

2. 用户配置文件

所谓用户配置文件其实是一个文件夹，这个文件夹位于\Documents and Settings 下，并且以用户名来命名。该文件夹是用来存放用户的工作环境的，如桌面背景、快捷方式等。当用户注销时，系统会把当前用户的这些设置保存到用户配置文件中，下次用户在该计算机登录时，会加载该配置文件，用户的工作环境又会恢复到上次注销时的样子。用户配置文件有 3 种：本地配置文件、漫游配置文件和强制配置文件。这里介绍本地配置文件，另外两种配置文件将在以后的章节中介绍。

（1）在"系统属性"对话框的"高级"选项卡中，单击"用户配置文件"选项区域中的"设置"按钮，弹出"用户配置文件"对话框，如图 6-46 所示。

（2）在列表框中列出了本机已经存储的配置文件，如果要删除某个配置文件，选中它，单击"删除"按钮即可；如果要更改配置文件的类型，选中它，单击"更改类型"按钮，弹出"更改配置文件类型"对话框，从中进行更改即可；如果要复制配置文件，可单击"复制到"按钮，弹出"复制到"对话框，选择目录后单击"确定"按钮即可。

3. 启动和故障恢复

（1）在"系统属性"对话框中的"高级"选项卡中，单击"启动和故障恢复"选项区域中的"设置"按钮，弹出"启动和故障恢复"对话框，如图 6-47 所示。

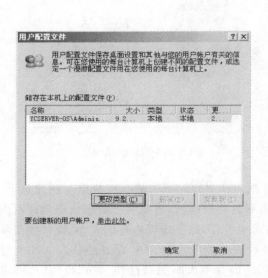

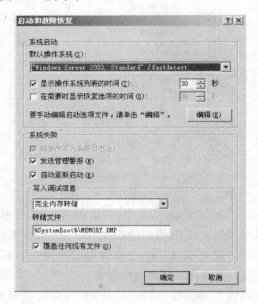

图 6-46　"用户配置文件"对话框　　　　　图 6-47　"启动和故障恢复"对话框

（2）Windows 支持多系统引导，要指定计算机启动时引导到哪个操作系统，在"系统启动"选项区域中的"默认操作系统"下拉列表框中选择即可。

（3）如果有多个操作系统存在，则系统在启动时会等待用户选择操作系统，等待时间为在"显示操作系统列表的时间"中输入的值，单位为秒；如果不选中复选框，则系统会直接进入默认的操作系统，而不会给予用户选择的权利。

（4）系统管理员也可以通过手工修改启动选项文件 boot. ini 来设置启动选项，单击"编辑"按钮，就会弹出"boot. ini 记事本"窗口，编辑后存盘即可。

（5）虽然管理员精心管理 Windows Server 2003，但是系统也有可能崩溃。在"系统失败"选项区域中，可以控制系统在失败时如何处理失败。选中"自动重新启动"复选框后，系统失败后会重新引导系统，这对系统管理员不是 24 小时职守，而系统需要 24 小时运行时十分有用，然而系统管理员也可能因此而看不到系统故障时的状态。

（6）系统故障的原因常常难以一下子查找清楚，可以让系统在失败时把内存中的数据全部或者部分写到文件中，以便事后专业人员进行详细的分析。要保存的内存数据在"写入调试信息"选项区域可以控制，可以选择"（无）"、"小内存转储（64KB）"、"核心内存转储"或"完全内存转储"，转储的文件名在"转储文件"文本框中输入。

4. 环境变量

环境变量是操作系统或者应用程序运行时所需要的一些数据，不少应用程序依赖于它们来控制应用程序的运行。环境变量中有用户变量和系统变量之分,用户变量是某一用户登录时可以使用的变量,系统变量是系统启动后所有用户都可以使用的变量,通常用户变量会覆盖系统变量中同名的变量。设置环境变量的具体操作步骤如下。

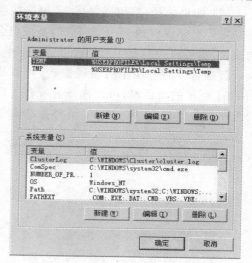

(1) 在"系统属性"对话框的"高级"选项卡中,单击"环境变量"按钮可以打开"环境变量"对话框,如图 6-48 所示。

(2) 在两个列表框中,列出了当前已经设置的环境变量名和变量的值。需要添加新的变量时,单击"Administrator 的用户变量"或者"系统变量"选项区域中的"新建"按钮,弹出新的对话框,输入变量名和变量的值,单击"确定"按钮即可。

(3) 在系统变量中,Path 变量定义了系统搜索可执行文件的路径,Windir 定义了 Windows 的目录。不是所有的变量都可以在"环境变量"对话框中设定,有的系统变量因为不能更改而不

图 6-48 "环境变量"对话框

在对话框中列出。要查看所有的环境变量,可以选择"开始"→"运行"命令,在"运行"窗口中,输入 cmd 命令打开命令提示符窗口,输入 set 命令查看。如图 6-49 所示,set 命令不仅可以显示当前的环境变量,也可以删除和修改变量,具体的使用方法用 help set 命令获取。

图 6-49 set 命令

5. 错误报告

这是 Windows Server 2003 新增加的功能,即系统错误或程序错误时,通过网络向微软报告错误,从而提高软件的产品质量。设定的具体操作步骤如下。

（1）在"系统属性"对话框的"高级"选项中，单击"错误报告"按钮，打开"错误报告"对话框，如图 6-50 所示。

（2）如果选择"禁用错误报告"单选按钮，则系统不会产生错误报告，但是如果选择"但在发生严重错误时通知我"复选框，系统仍会通知系统管理员；如果选择"启用错误报告"单选按钮，则可以控制是否对"Windows 操作系统"、"未计划的计算机关闭"或者"程序"的错误进行报告。对于程序的错误报告，可以指定具体的程序，单击"选择程序"按钮，弹出如图 6-51 所示的对话框，可以选择为所有的程序报告错误或者选择为指定的 Microsoft 提供的程序报告错误和 Windows 组件报告错误，或者单击"添加"按钮添加需要报告错误的程序。

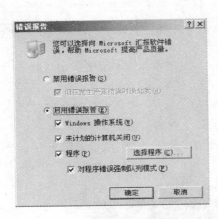

图 6-50　"错误报告"对话框

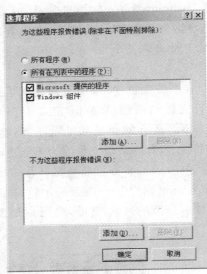

图 6-51　"选择程序"对话框

6. 自动更新

Windows 总是在不断地发展着，微软几乎每个月都会有 Windows 的补丁出现，保持系统是最新的可以大大增加系统的安全性。在"系统属性"对话框的"自动更新"选项卡中，可以控制系统通过网络和微软的网站连接，并自动下载补丁。

7. 设备管理器

在"系统属性"对话框的"硬件"选项卡中，可以对硬件进行管理，单击"设备管理器"按钮，可以打开"设备管理器"窗口，如图 6-52 所示，在其中可以设置设备的启停和属性。

（1）启用设备：在设备管理器中找到要启用的设备，右击弹出快捷菜单，选择"启用"命令即可，如图 6-53 所示。

（2）禁用设备和卸载：在设备管理器中找到要禁用的设备，右击弹出快捷菜单，选择"禁用"或者"卸载"命令即可。如图 6-53 所示，被禁用的设备上会有"×"符号。

（3）设备属性：在设备管理器中双击设备，可以打开设备的属性对话框。如图 6-54 所示，在"常规"选项卡中，显示了设备的类型以及设备的位置、设备状态，在"设备用法"下拉列表框中，也可以启用或禁用设备。

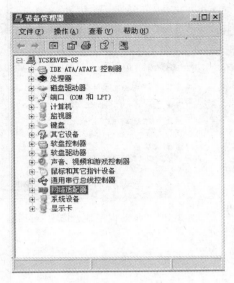

图 6-52　"设备管理器"窗口

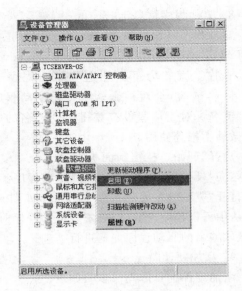

图 6-53　启用设备

计算机的硬件会使用计算机的某些资源,这些资源包括:直接内存访问通道(DMA)、中断请求号(IRQ)、输入/输出(I/O)地址、内存地址等。必须保证所有的设备的资源不互相冲突,否则设备会无法正常工作。

如果存在设备的冲突,会在"冲突设备列表"列表框中显示。万一资源发生冲突,需要对资源进行修改,选择"资源"选项卡,如图 6-55 所示,取消选中"使用自动设置"复选框后,双击要修改的资源,输入资源值后单击"确定"按钮即可。对于即插即用资源控制的设备,管理员无法修改资源。资源的设置错误可能会导致硬件无法使用,所以要慎重进行。

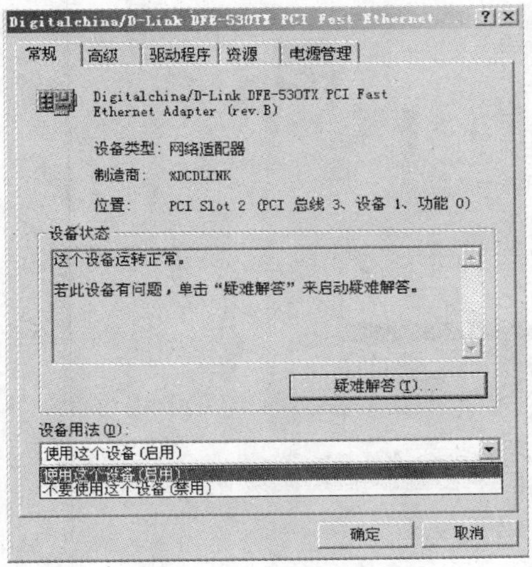

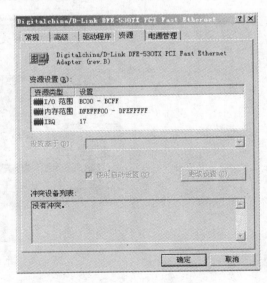

图 6-54　"常规"选项卡

图 6-55　"资源"选项卡

217

8. 驱动程序信息

驱动程序是设备在 Windows 下能够正常工作的保证,不同的设备厂家都会提供 Windows 下的驱动程序。微软为了保证这些驱动程序一定和 Windows 兼容,会对被微软认可的驱动程序进行数字签名。对于那些没有获得微软签名的驱动程序,微软不推荐使用。

选择"开始"→"控制面板"→"系统"→"硬件"命令,在"硬件"选项卡中,单击"驱动程序签名"按钮,打开"驱动程序签名选项"对话框,如图 6-56 所示,从中可以控制 Windows 安装驱动程序时,对没有微软签名的驱动程序如何进行处理。

图 6-56 "驱动程序签名选项"对话框

9. 添加硬件向导

添加硬件的具体操作步骤如下。

(1) 当安装了新的硬件后开机,系统将会自动查找并安装驱动程序。如果找不到驱动程序,则会出现"添加硬件向导"对话框。也可以选择"开始"→"控制面板"→"系统"→"硬件"命令,在"硬件"选项卡中,单击"添加硬件向导"按钮,打开该对话框。

(2) 单击"下一步"按钮,系统开始搜索新的硬件设备。如果设备是即插即用型的,系统会自动安装驱动程序,用户可以立即使用。如果是非即插即用设备,需要手动添加,系统会要求确认硬件是否已经连接,选择后单击"下一步"按钮。

(3) 如图 6-57 所示,如果需要对某个已经安装的设备的驱动程序进行更新,可以在列表框中选择设备;如果要添加新的硬件,则在列表中选择"添加新的硬件设备",然后单击"下一步"按钮。

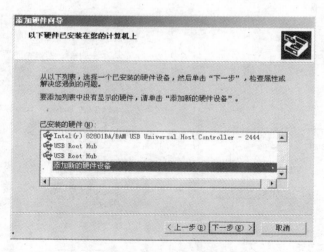

图 6-57 添加新的硬件设备

(4) 在图 6-58 所示的对话框中,如果选择"搜索并自动安装硬件(推荐)"单选按钮,系统将自动安装驱动程序;如果选择"安装我手动从列表选择的硬件(高级)"单选按钮,则需要选择要安装的硬件类型。单击"下一步"按钮,从列表框中选择不同厂商的不同型号的硬件设备。

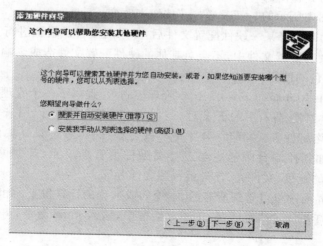

图 6-58　搜索并自动安装

（5）常常会购买到没有在列表中列出的硬件设备,因此需要从软盘或者光盘上进行安装。单击"从磁盘安装"按钮,弹出"从磁盘安装"对话框,单击"浏览"按钮找到设备驱动程序所在的目录,单击"确定"按钮,即可进行安装。

10. 硬件配置文件

计算机有多种多样的硬件,某一时候需要启用一些硬件而禁用另一些硬件;在另一时候,又需要禁用不同的硬件。这种情况下可以使用硬件配置文件。硬件配置文件记录了各种硬件设备的资源、驱动程序、启用或者禁用的状态等。

可以针对每一种工作需要建立一个硬件配置文件,当系统启动时选择预先设置好的硬件配置文件即可,具体的操作步骤如下。

（1）选择"开始"→"控制面板"→"系统"→"硬件"命令,单击"硬件配置文件"按钮,弹出"硬件配置文件"对话框,如图 6-59 所示。

（2）在"可用的硬件配置文件"列表框中列出了系统中存在的硬件配置文件。如果要删除某个硬件配置文件,选中它,单击"删除"按钮即可。

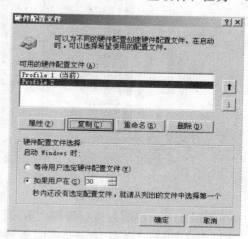

图 6-59　"硬件配置文件"对话框

（3）要复制硬件配置文件,选择要被复制的硬件配置文件,单击"复制"按钮,输入目标配置文件名,单击"确定"按钮即可。

（4）有了多个硬件配置文件后,系统在启动时,会出现硬件配置文件选择列表,根据需要选择启动的硬件配置文件。

（5）在"硬件配置文件选择"选项区域中，可以设定系统等待用户选定硬件配置文件的时间。如果用户没有在设定的时间内选择，系统自动选择第一个硬件配置文件，硬件配置文件的顺序可以通过图中所示的"↑"或者"↓"按钮来改变。

（6）在系统启动时选择某一硬件配置文件后，如果对硬件的设置进行了改动，硬件的设置会保存在当前的硬件配置文件中，不会对其他的硬件配置文件造成影响。

11. MMC 控制台的使用

MMC（Microsoft Manage Console，微软管理控制台）提供了一个管理工具的途径。

MMC 允许用户创建、保存并打开管理工具，这些管理工具可以用来管理硬件、软件和 Windows 系统的网络组件等。MMC 本身并不执行管理功能，它只是集成管理工具而已。使用 MMC 可以添加到控制台中的主要工具类型称为管理单元，其他可添加的项目包括 ActiveX 控件、网页的链接、文件夹、任务板视图和任务等。

在 MMC 管理界面中可以管理所有的、本地的或远程的计算机上的相应信息。选择"开始"→"运行"命令，打开"运行"对话框，在该对话框中，输入 mmc 命令，可以打开控制台，如图 6-60 所示。

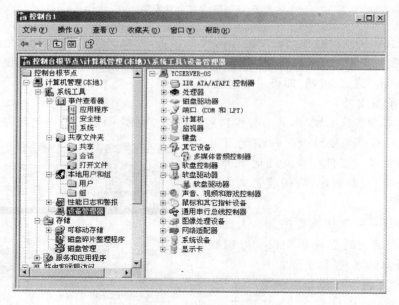

图 6-60　MMC 控制台

在使用 MMC 控制台进行管理之前，需要添加相应的管理插件，主要步骤如下。

（1）运行"mmc"命令，打开 MMC 管理控制台。

（2）在"文件"菜单中选择"添加/删除管理单元"命令，或者按 Ctrl＋M 组合键，显示"添加/删除管理单元"对话框，如图 6-61 所示。

（3）单击"添加"按钮，显示"添加独立管理单元"对话框，如图 6-62 所示，显示当前计算机中安装的所有 MMC 插件。选中一个插件，单击"添加"按钮，即可将其添加到 MMC 控制台。

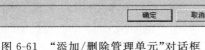

图 6-61 "添加/删除管理单元"对话框   图 6-62 "添加独立管理单元"对话框

如果添加的插件是针对本地计算机的,管理插件会自动添加到 MMC 控制台;如果添加的插件也可以管理远程计算机,将显示选择管理对象的窗口(如图 6-63 所示)。

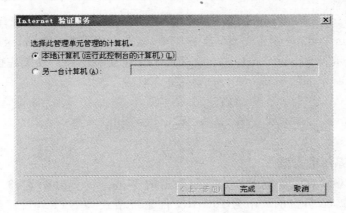

图 6-63 选择管理对象的窗口

若是直接在被管理的服务器上安装 MMC,可以选择"本地计算机(运行此控制台的计算机)"单选按钮,将只能管理本地计算机。要实现对远程计算机的管理,则选择"另一台计算机"单选按钮,并输入另一台计算机的名称。

1)使用 MMC 管理本地服务

使用 MMC 可以简化本地计算机的管理。例如,如果要管理 DHCP 服务器,需要从"管理工具"中运行"DHCP";如果要管理 DNS 服务器,就需要运行 DNS;如果要管理证书服务,就需要运行证书服务。在管理多个服务时,会频繁地用鼠标选择"开始"→"管理工具"命令,运行多个服务。

运行 MMC,将本地计算机上的所有 MMC 插件添加到一个 MMC 控制台,保存为一个控制台文件。然后,就可以直接从"管理工具"菜单中打开这个控制台文件,实现对本地计算机所有服务的管理了,非常简便。

2)使用 MMC 管理远程服务

使用 MMC,还可以管理网络上的远程服务器,但前提是拥有相应权限,在本地计算机上有相应的 MMC 插件。具体的操作步骤如下。

(1)运行 MMC 控制台,添加独立管理单元,选择"另一台计算机"单选按钮,并输入其 IP 地址。

(2)双击新添加的管理单元,在"选择计算机"窗口选中"以下计算机"单选按钮,并输入欲管理的计算机的地址。之后,即可像管理本地计算机一样管理远程计算机。

如果在管理远程计算机时,出现"拒绝访问"或"没有访问远程计算机的权限"警告框,说明当前登录的账号没有管理远程计算机的权限。此时,可以保存当前的控制台为"远程计算机管理",关闭 MMC 控制台。从"管理工具"中,用鼠标右键单击选中"远程计算机管理",从出现的快捷菜单中选择"运行方式"选项之后,输入管理远程计算机的用户名及密码。再次进入 MMC 控制台后,就可以管理远程计算机了。

3)使用 MMC 管理其他服务器

使用本地计算机管理远程计算机上的相关服务,但本地计算机没有相关的组件时,或者本地计算机与远程计算机不是同类系统时,可以在本地计算机上安装相关的 MMC 管理组件。

在 Windows 2000/XP Professional 中安装 Windows Server 2003 管理工具的方法,是将 Windows Server 2003 的安装光盘放在光驱中,运行安装光盘\i386 目录下的"adminpak.msi"程序,即可显示 Windows Server 2003 管理工具包安装向导。安装完成之后,其 MMC 管理控制台,将拥有全部的 Windows Server 2003 管理工具。

6.4 实　　训

1. 网络操作系统的安装

(1)用 CD-ROM 在一台服务器上开始全新的 Windows Server 2003 安装,要求如下: Windows Server 2003 分区的大小为 10GB,文件系统格式为 NTFS,授权模式为每服务器 15 个连接,计算机名称为 nos－win2003,管理员密码为 nosadmin,服务器的 IP 地址为 192.168.1.1,子网掩码为 255.255.255.0,DNS 地址为 202.203.0.117、202.103.6.46,网关设置为 192.168.1.254,属于工作组。

(2)在另外一台服务器上,用安装管理器产生无人值守安装的应答文件,应答文件的基本信息如下:授权模式为每服务器 10 个连接,计算机名称为 nos－win2003bak,管理员密码为 nosadmin,服务器的 IP 地址为 192.168.1.250,子网掩码为 255.255.255.0,DNS 地址为 202.203.0.117、202.103.6.46,网关设置为 192.168.1.254,属于工作组。然后采用无人值守的方式安装这台服务器。

2. 网络操作系统的配置

(1)配置计算机为:桌面上显示"我的电脑"、"网上邻居"、"我的文档"以及"Internet Explorer"图标;通过单击打开项目,系统开机时自动启动 Messenger 项目,系统失败时不自动重新启动；虚拟内存大小为实际内存的 2 倍，CPU 和内存调整成为应用程序而优化；建立两个配置文件，分别为 profile1 和 profile2，在 profile 中启用网卡，在 profile2 中禁用网卡，用户可以在 60 秒内选择硬件配置文件。

（2）制作控制台文件：控制台文件名为 nostest. mmc，控制台的模式为用户模式—受限访问，单窗口，控制台集成的管理工具有"计算机管理"、"服务管理"、"远程桌面"，以及它们全部的扩展管理单元。

参 考 文 献

[1] 谢希仁.计算机网络[M].4版.大连：大连理工大学出版社,2004.

[2] 白新峰,等.TCP/IP 协议与网络管理.北京：清华大学出版社,2007.

[3] 雷震甲.计算机网络管理[M].北京：经济科学出版社,2006.

[4] 李洪涛.计算机网络管理[M].北京：人民日报出版社,2004.

[5] 吴功宜.计算机网络[M].北京：清华大学出版社,2004.

[6] Klensin. Simple Mail Transfer Protocol. http://www. rfc-editor.org/rfc/rfc2821. txt,2001.

[7] J. Myers. SMTP Server Extension for Authentication. http:// www. rfc-editor. org/rfc/rfc25541. txt, 1999.

[8] 夏明萍,等.计算机网络管理：Windows2000 管理基础[M].北京：清华大学出版社,北京交通大学出版社,2005.

[9] 唐树才,等.计算机网络管理[M].北京：清华大学出版社,2002.

[10] 杜威.计算机网络管理与安全技术[M].武汉：武汉大学出版社,2008.

[11] 云红艳,等.计算机网络管理[M].北京：人民邮电出版社,2008.

[12] 平寒.Windows Server 2003 配置管理[M].北京：中国水利水电出版社,2009.

21 世纪高等学校数字媒体专业规划教材

以上教材样书可以免费赠送给授课教师,如果需要,请发电子邮件与我们联系。

教学资源支持

敬爱的教师:

感谢您一直以来对清华版计算机教材的支持和爱护。为了配合本课程的教学需要,本教材配有配套的电子教案(素材),有需求的教师可以与我们联系,我们将向使用本教材进行教学的教师免费赠送电子教案(素材),希望有助于教学活动的开展。

相关信息请拨打电话 010-62776969 或发送电子邮件至 weijj@tup.tsinghua.edu.cn 咨询,也可以到清华大学出版社主页(http://www.tup.com.cn 或 http://www.tup.tsinghua.edu.cn)上查询和下载。

如果您在使用本教材的过程中遇到了什么问题,或者有相关教材出版计划,也请您发邮件或来信告诉我们,以便我们更好地为您服务。

地址:北京市海淀区双清路学研大厦 A 座 707　　　计算机与信息分社魏江江　收

邮编:100084　　　　　　　　　　　　　　　电子邮件:weijj@tup.tsinghua.edu.cn

电话:010-62770175-4604　　　　　　　　　邮购电话:010-62786544

《网页设计与制作（第2版）》目录

ISBN 978-7-302-25413-3　　梁　芳　主编

图书简介：

　　Dreamweaver CS3、Fireworks CS3 和 Flash CS3 是 Macromedia 公司为网页制作人员研制的新一代网页设计软件，被称为网页制作"三剑客"。它们在专业网页制作、网页图形处理、矢量动画以及 Web 编程等领域中占有十分重要的地位。

　　本书共 11 章，从基础网络知识出发，从网站规划开始，重点介绍了使用"网页三剑客"制作网页的方法。内容包括了网页设计基础、HTML 语言基础、使用 Dreamweaver CS3 管理站点和制作网页、使用 Fireworks CS3 处理网页图像、使用 Flash CS3 制作动画和动态交互式网页，以及网站制作的综合应用。

　　本书遵循循序渐进的原则，通过实例结合基础知识讲解的方法介绍了网页设计与制作的基础知识和基本操作技能，在每章的后面都提供了配套的习题。

　　为了方便教学和读者上机操作练习，作者还编写了《网页设计与制作实践教程》一书，作为与本书配套的实验教材。另外，还有与本书配套的电子课件，供教师教学参考。

　　本书可作为高等院校本、专科网页设计课程的教材，也可作为高职高专院校相关课程的教材或培训教材。